Alfons Weber

Wachstum von Dünnschichten des Materialsystems Cu-Zn-Sn-S

Alfons Weber

Wachstum von Dünnschichten des Materialsystems Cu-Zn-Sn-S

Materialwissenschaftliche Grundlagen zur Entwicklung von Kesterit-Solarzellen

Südwestdeutscher Verlag für Hochschulschriften

Impressum / Imprint
Bibliografische Information der Deutschen Nationalbibliothek: Die Deutsche Nationalbibliothek verzeichnet diese Publikation in der Deutschen Nationalbibliografie; detaillierte bibliografische Daten sind im Internet über http://dnb.d-nb.de abrufbar.

Bibliographic information published by the Deutsche Nationalbibliothek: The Deutsche Nationalbibliothek lists this publication in the Deutsche Nationalbibliografie; detailed bibliographic data are available in the Internet at http://dnb.d-nb.de.

Verlag / Publisher:
Südwestdeutscher Verlag für Hochschulschriften
ist ein Imprint der / is a trademark of
OmniScriptum GmbH & Co. KG
Heinrich-Böcking-Str. 6-8, 66121 Saarbrücken, Deutschland / Germany
Email: info@svh-verlag.de

Herstellung: siehe letzte Seite /
Printed at: see last page
ISBN: 978-3-8381-1621-1

Zugl. / Approved by: Erlangen, Friedrich-Alexander-Universität, Dissertation, 2009

Inhaltsverzeichnis

1. Einleitung

Dünnschicht-Solarzellen auf Basis der Chalkopyrite $CuInS_2$ und $Cu(In,Ga)Se_2$ entwickeln sich zu einer viel versprechenden Alternative zu den weit verbreiteten Siliziumsolarzellen auf Wafer-Basis. Mit Spitzenwerten bis zu 20 % [1] weisen diese Chalkopyrit-Solarzellen die höchsten Umwandlungswirkungsgrade aller Dünnschichttechnologien auf und sind diesbezüglich vergleichbar mit polykristallinem Silizium. Die Dünnschichttechnologie birgt zusätzlich einige Vorteile gegenüber der gängigen Siliziumtechnologie, etwa in Form von niedrigeren Prozesstemperaturen, geringerem Materialverbrauch sowie weiter reichenden Möglichkeiten zur Prozessautomatisierung. Trotz des geringen Materialverbrauchs kann sich allerdings die Verwendung der seltenen Elemente Indium und Gallium für die Produktion von großen Stückzahlen als problematisch erweisen. Als Indiz dafür kann die Entwicklung des Indiumpreises dienen, der mit der Verbreitung von Indium-haltigen Flachbildschirmen zwischen den Jahren 2002 und 2006 seinen Wert auf ca. 900 \$ pro Kilogramm nahezu verzehnfachte [2]. Eine grobe Abschätzung zeigt, dass in einer Solarmodul-Fabrik für die Produktion von 1 GW_p Modul-Nennleistung (Wirkungsgrad 10 %, Schichtdicke 2 µm, kein Materialverlust) etwa 50 Tonnen Indium benötigt werden, was ca. 10 % des momentanen weltweiten Indium-Verbrauchs entspricht [2]. Es ist abzusehen, dass sich eine solche Veränderung der Nachfrage auch mittelfristig auf den Indiumpreis auswirken würde, da eine Erhöhung des Angebots durch eine Forcierung des Indium-Bergbaus erst zeitlich verzögert einsetzen könnte. Mit einem solchen Preisanstieg wären für die Photovoltaik-Unternehmen schwer kalkulierbare Risiken verbunden.

Um dieses Problem zu umgehen, wird daher ein photovoltaischer Absorber gesucht, der ähnlich gute Materialeigenschaften wie Chalkopyrit aufweist, aber frei von seltenen, und damit teuren, Elementbestandteilen ist. Ein Blick in das Periodensystem zeigt, dass das dreiwertige In in der Chalkopyritstruktur durch den alternierenden Einbau von vierwertigem Sn und zweiwertigem Zn ersetzt werden kann. Tatsächlich existieren natürliche Minerale, deren Zusammensetzung näherungsweise einer Summenformel Cu_2ZnSnS_4 entspricht. Die ersten derartigen Funde wurden um 1956 aus der sogenannten Kêster-Ablagerung in Yakutien (Russland) berichtet [3, 4]. Das Mineral wurde nach dem Fundort im Deutschen als "Kesterit" bzw. im Englischen als "Kesterite" bezeichnet [5, 6]. Detaillierte Untersuchungen zum kristallinen Aufbau des Minerals 1978 durch HALL [7] zeigten, dass es sich, wie beim Chalkopyrit, um eine tetraedrisch koordinierte Kristallstruktur mit tetragonaler Symmetrie handelt. ITO [8] konnte 1988 bei Experimenten an gesputterten Cu_2ZnSnS_4-Schichten eine optische Bandlücke von 1,45 eV bei einem Absorptionskoeffizienten über 10^4 cm^{-1} messen. Damit war die prinzipielle Eignung des Kesterits als Absorber in Dünnschichtsolarzellen nachgewiesen. Erst ab Mitte der 90er Jahre wurden allerdings weitere Fortschritte bei der Herstellung von Kesterit-basierten Solarzellen berichtet. FRIEDLMEIER [9, 10] konnte 1997 in einem Ko-Verdampfungsprozess Kesterit-Solarzellen mit bis zu 2,3 Prozent Wirkungsgrad herstellen. Weitere sukzessive Verbesserungen gründeten ab Ende der Neunziger Jahre auf Arbeiten einer japanischen Gruppe um KATAGIRI [11, 12, 13, 14, 15, 16, 17]. In einem Prozess, der sich aus dem Abscheiden von metallisch-sulfidischen Schichtstapeln und einer anschließenden thermischen Nachbehandlung in H_2S-Atmosphäre zusammensetzt, konnte diese Gruppe die Wirkungsgrade auf aktuell 6,7 % steigern [14]. Trotz dieser ermutigenden Entwicklung muss aber bedacht werden, dass eine weitere Verbesserung der Wirkungsgrade in den Bereich über 10 % nötig sein wird, um unter aktuellen Bedingungen eine wirtschaftliche Erzeugung von Dünnschicht-Solarmodulen zu ermöglichen. Einer wirtschaftlichen Umsetzung steht dabei zudem das von KATAGIRI verwendete Verfahren mit mehrstündigen Hochtemperaturschritten entgegen.

Motivation und Methodik dieser Arbeit

KATAGIRIs mehrstündiger Herstellungsprozess für Kesterit-Absorberschichten wirft die Frage auf, ob die Bildung von Cu_2ZnSnS_4 durch eine langsame Reaktionskinetik gehemmt wird. Daneben stellt sich die Frage, ob nicht ein Mehrstufen-Aufdampfprozess, wie er bei der Herstellung von $Cu(In,Ga)Se_2$-Absorbern erfolgreich eingesetzt wird, eine bessere Prozessierungsvariante darstellt.

Zur Klärung dieser Fragen wird in der vorliegenden Arbeit zunächst die Bildung von Cu_2ZnSnS_4-Dünnschichten sowohl unter kinetischen als auch unter thermodynamischen Aspekten behandelt. Im ersten Teil der Arbeit bilden Schichtpakete verschiedener sulfidischer Verbindungen aus dem Materialsystem Cu-Zn-Sn-S den Ausgangspunkt der Untersuchungen. Diese Schichtpakete, im weiteren Verlauf als Precursor bezeichnet, sollen in Heizexperimenten zu Cu_2ZnSnS_4 umgesetzt werden. Der Reaktionsablauf wird dabei in-situ durch energiedispersive Röntgenbeugungs- und Röntgenfluoreszenzmessungen aufgezeichnet.

In Kapitel 4.1 werden nach diesem Verfahren zunächst Phasenübergänge, Kristallisationsvorgänge und Materialverlust in den binären, sulfidischen Untersystemen Cu-S, Sn-S und Zn-S behandelt. Kapitel 4.2 befasst sich mit den ternären, sulfidischen Systemen Sn-Zn-S, Cu-Zn-S und Cu-Sn-S. Die Ergebnisdiskussion zu den Systemen Sn-Zn-S und Cu-Zn-S fokussiert dabei auf Kristallisations- und Transportvorgänge in den Schichten. Beim System Cu-Sn-S liegt der Schwerpunkt auf der Bildung der verschiedenen ternären Kupferzinnsulfid-Phasen.

Aufbauend auf die Daten der binären und ternären Systeme wird schließlich in Kapitel 4.3 die Bildung von Cu_2ZnSnS_4 aus sulfidischen Schichtpaketen untersucht. In einem qualitativen Vergleich werden zunächst Parallelen zwischen der Bildung der Kupferzinnsulfide und Cu_2ZnSnS_4 herausgearbeitet. Anhand einer Experimentserie mit variierten Schichtdicken wird anschließend ein kinetisches Modell für die Bildung von Cu_2ZnSnS_4-Dünnschichten vorgestellt.

Bei einigen Schichttypen wird während der Heizexperimente ein signifikanter Sn-Verlust in die Gasphase beobachtet. In Kapitel 4.4 wird dieser Effekt durch eine Auswertung der Zinn-Fluoreszenzlinie quantifiziert und seine Auswirkung auf die Prozessierung von Cu_2ZnSnS_4-Dünnschichten diskutiert.

Im zweiten Teil der Arbeit (Kapitel 5) wird die Bildung von Cu_2ZnSnS_4-Schichten bei der Reaktion einer Festkörperphase mit einer Gas- bzw Dampfphase behandelt. Dieser Prozessierungsansatz stellt eine Weiterentwicklung der reinen Festkörperreaktionen aus Kapitel 4 dar und ist an die Mehrstufen-Aufdampfprozesse des $Cu(In,Ga)Se_2$ angelehnt. Wie bei $Cu(In,Ga)Se_2$ werden Festkörperphasen ausgewählt, deren Anionengitter vergleichbar mit dem des Cu_2ZnSnS_4 ist. Die Schichtbildung wird durch kontrolliertes Unterbrechen des Wachstumsprozesses und eine nachfolgende Charakterisierung untersucht. Sowohl für die Festkörperphase Cu_2SnS_3 (Kapitel 5.2) als auch für die Festkörperphase ZnS (Kapitel 5.1) wird ein Modell für den Wachstumsmechanismus vorgestellt. Anhand der Ergebnisse wird in Abschnitt 5.3 diskutiert, welche der beiden Phasen sich besser als Ausgangspunkt für die Bildung von Cu_2ZnSnS_4 in einem Mehrstufen-Aufdampfprozess eignet.

In Kapitel 6 werden die wichtigsten Ergebnisse zusammengefasst und darauf aufbauend Ansätze für die verbesserte Prozessierung von Cu_2ZnSnS_4-Dünnschichten vorgestellt.

2. Grundlagen

In diesem Kapitel werden die physikalisch-chemischen Grundlagen behandelt, die für die Interpretation der experimentellen Ergebnisse der vorliegenden Arbeit von Bedeutung sind. Im ersten Abschnitt werden zunächst die thermodynamisch stabilen Phasen im System Cu-Zn-Sn-S und seinen sulfidischen Untersystemen vorgestellt. Der zweite Abschnitt gibt einen Überblick über verschiedene Ansätze zur Auswertung der Kinetik von Festkörperreaktionen mit einem Schwerpunkt auf diffusionskontrollierten Reaktionen. Das Konzept der topotaktischen/epitaktischen Festkörperreaktion wird vorgestellt.

2.1. Thermodynamik im Materialsystem Cu-Zn-Sn-S

Die Thermodynamik beschreibt, welchen Zustand ein System für bestimmte Werte der Zustandsvariablen (Druck, Temperatur, Zusammensetzung) einnimmt. Eine wichtige Fragestellung bei Festkörpersystemen ist dabei die Phasenzusammensetzung für bestimmte Systemparameter. Aufgrund der Komplexität des Festkörperzustands werden solche konzentrations-, druck- oder temperaturabhängigen Phasendiagramme in den meisten Fällen durch umfangreiche Messserien rein empirisch bestimmt. Die dabei häufig angewendeten kalorimetrischen Messverfahren können auch verwendet werden, um charakteristische Größen wie Reaktionsenthalpien oder Wärmekapazitäten beteiligter Phasen zu bestimmen. Aufbauend auf diese Daten sind damit auch die nicht direkt gemessenen Parameterbereiche durch thermodynamische Rechnungen zugänglich. Im Folgenden werden für das System Cu-Zn-Sn-S zum einen die aus der Literatur bekannten temperatur- und konzentrationsabhängigen Phasendiagramme vorgestellt. Zum anderen werden thermodynamische Gleichgewichtsrechnungen zu verschiedenen relevanten Systemzuständen gezeigt.

2.1.1. Die verschiedenen Phasen im System Cu-Zn-Sn-S

Da in dieser Arbeit ausschließlich schwefelhaltige Schichten untersucht werden, beschränkt sich dieser Überblick auf die sulfidischen Phasen in diesem System. Für die Untersysteme Cu-Zn-S und Zn-Sn-S sind keine ternären Verbindungen bekannt, sie werden daher hier nicht behandelt. Die quasibinären Phasendiagramme für die Schnitte Cu_2S-ZnS und ZnS-SnS_2 sind im Anhang B aufgeführt. Dort finden sich auch weitere Phasendiagramme der binären und ternären Teilsysteme. Die folgende Auflistung der verschiedenen Phasen, ihrer strukturellen Parameter und Existenzbereiche ist für die spätere Identifkation der experimentell gefundenen Phasen notwendig. Da für einige Phasen die Atombesetzungen im Kristall nicht bekannt sind, erfolgte die Phasenidentifikation anhand der PDF-Karten der ICDD [1].

Das binäre System Zn-S

Nach dem Phasendiagramm in Abbildung B.1 auf Seite 129 bildet in diesem System ZnS die einzige Verbindungsphase. ZnS ist polymorph und tritt in seiner Niedertemperaturmodifkation als kubischer Sphalerit und in seiner Hochtemperaturmodifikation ($T > 1020$ °C [18]) als hexagonaler Wurtzit auf. Wurtzit kann allerdings auch bei Raumtemperatur vorkommen [19], etwa

[1] *P*owder *D*iffraction *F*iles of the *I*nternational *C*entre for *D*iffraction *D*ata

durch Einfrieren der hexagonalen Struktur beim Abkühlen. Für Wurtzit sind zahlreiche Polytypen aus der Literatur bekannt [20, 21, 22, 23]. Diese Polytypen weisen eine unterschiedliche Stapelabfolge entlang der hexagonalen c-Achse auf. Eine Übersicht über die Gitterparameter des Sphalerit und verschiedener Polytypen des Wurtzit ist in Tabelle 2.1 aufgeführt.

Tabelle 2.1.: Phasen im binären System Zn-S.

Phase	Raumgruppe	Gitterparameter (nm)	PDF-Karten
ZnS (Sphalerit)	$F\bar{4}3m$	a = 0,5417 [24]	71-5975 [24]
2H-ZnS (Wurtzit)	$P6_3mc$	a = 0,38227 c = 0,62607 [19]	79-2204 [19]
4H-ZnS (Wurtzit)	$P6_3mc$	a = 0,38227 c = 1,252 [20]	89-7334 [20]
8H-ZnS (Wurtzit)	$P6_3mc$	a = 0,382 c = 2,496 [22]	72-0163 [22]

Das binäre System Cu-S

Das Phasendiagramm für das System Cu-S ist im Anhang unter Abbildung B.2 auf Seite 130 aufgetragen. Als kristalline Phasen treten α-Chalcocit (Cu_2S), β-Chalcocit (Cu_2S), Digenit ($Cu_{2-x}S$), Djurleit ($Cu_{31}S_{16}$), Anilit (Cu_7S_4) und Covellit (CuS) auf. Die Kristallstrukturen und Gitterparameter der entsprechenden Phasen sind in Tabelle 2.2 aufgeführt. Die Cu-reiche Phase Cu_2S, α-Chalcocit, tritt bei Raumtemperatur in monokliner Modifikation auf. Bei Temperaturen über 105 °C geht diese Phase in die hexagonale Struktur des β-Chalcocit über. Bei 435 °C zerfällt β-Chalcocit in Cu und $Cu_{2-x}S$ (Digenit). Digenit ist laut Phasendiagramm ab einer Temperatur von 72 °C stabil. Diese Phase weist bezüglich ihrer chemischen Zusammensetzung einen weiten Existenzbereich auf, was sich im variablen Cu-Koeffizienten 2-x (mit $x < 0{,}3$) widerspiegelt. Ein hoher x-Wert führt dabei zum vermehrten Einbau von Cu-Fehlstellen in die kubische Kristallstruktur [25, 26, 27]. Die Gitterkonstante steigt mit höherem Cu-Anteil - und damit geringerer Leerstellendichte - an [26]. Bei Temperaturen unter 72 °C tritt im Zusammensetzungsbereich des Digenit die orthorhombische Phase Cu_7S_4 (Anilit) auf. Daneben ist eine metastabile Phase der Zusammensetzung $Cu_{1,96}S$ bekannt, die in tetragonaler Struktur kristallisiert [28]. Im Phasendiagramm grenzt an den Anilit auf Cu-reicher Seite die monokline Phase $Cu_{31}S_{16}$ (Djurleit). Djurleit zerfällt dabei für Temperaturen über 93 °C in Digenit und Chalcocit. Auf Cu-armer Seite schließt sich an Anilit die Phase CuS (Covellit) an. Covellit weist eine hexagonale Struktur auf und ist laut Phasendiagramm bis zu einer Temperatur von 507 °C stabil, wo es in Digenit und Schwefelschmelze zerfällt.

Tabelle 2.2.: Phasen im binären System Cu-S.

Phase	Raumgruppe	Gitterparameter (nm)	PDF-Karten
Cu_2S (T < 105 °C, α-Chalcocit)	$P2_1/c$	a = 1,5246 b = 1,1884 c = 1,3494 β = 116,35° [29]	73-1138 [29]
Cu_2S (T > 105 °C, β-Chalcocit)	$P6_3/mmc$	a = 0,3959 c = 0,6784 [30]	84-0206 [30]
$Cu_{1,96}S$ (metastabil)	$P4_32_12$	a = 0,3996 c = 1,1287 [28]	29-0578 [28]
$Cu_{2-x}S$ (Digenit, x < 0,3)	$Fm\bar{3}m$	a = 0,56286 [31]	84-1770 [31]
$Cu_{31}S_{16}$ (Djurleit)	$P2_1/n$	a = 2,6897 b = 1,1884 c = 1,3494 β = 90,13° [32]	83-1463 [32]
Cu_7S_4 (Anilit)	Pnma	a = 0,789 b = 0,784 c = 1,101 [33]	72-0617 [33]
CuS (Covellit)	$P6_3/mmc$	a = 0,3792 b = 1,6344 [33]	75-2233 [33]

Das binäre System Sn-S

Nach dem Phasendiagramm in Abbildung B.3 auf Seite 130 des Anhangs sind SnS, Sn_2S_3 und SnS_2 die stabilen Verbindungen in diesem System. Für alle drei Phasen kommt es im Temperaturbereich über 600 °C zur Bildung von Hochtemperaturmodifikationen. Der Übergang zum Hochtemperatur-SnS (β-SnS) liegt dabei mit 605 °C am niedrigsten, die Kristallstruktur dieser Phase ist daher mit denen der Niedertemperaturmodifikationen in Tabelle 2.3 wiedergegeben. Die Niedertemperaturmodifikation des SnS (α-SnS) weist eine orthorhombische Struktur auf. Die Sn-Atome befinden sich in der Oxidationsstufe +II und sind in einer stark verzerrten oktaedrischen Geometrie an die benachbarten Schwefelatome koordiniert [34, 35]. Die Verzerrung äußert sich in drei kurzen Sn-S Bindungen (ca. 0,27 nm) und drei langen Sn-S Bindungen (ca. 0,34 nm), ausgehend von jedem Sn-Atom [34]. Im Kristallverbund sind die verschiedenen Bindungen der einzelnen Atome gleich ausgerichtet, wodurch sich Ebenen mit unterschiedlicher Bindungslänge ausbilden. Dadurch ergibt sich die für SnS typische Schichtstruktur [35, 34]. Die Verbindung Sn_2S_3 kristallisiert wie SnS in orthorhombischer Struktur. Die Sn-Atome befinden sich dabei gemischt in der Oxidationsstufe +II und +IV. Die Sn-Atome sind dreiseitig (Ox.stufe +II) oder oktaedrisch (Ox.stufe +IV) an Schwefel koordiniert. Die schwefelreiche Phase SnS_2 kristallisiert in hexagonaler Struktur. Die Sn-Atome (Ox.stufe +IV) sind oktaedrisch koordiniert. Auch die SnS_2-Struktur ist schichtartig aufgebaut, entlang der hexagonalen c-Achse wechseln sich Sn- und S-Ebenen ab. Die Sn-Ebenen werden dabei jeweils durch zwei S-Schichten getrennt, welche wiederum nur durch schwache Van-der-Waals-Bindungen verbunden sind [34, 36]. Aufgrund von unterschiedlichen Stapelabfolgen entlang der c-Achse treten bei SnS_2 eine Reihe von Polytypen auf. Als Beispiel ist in Tabelle 2.3 der 4H-Polytyp eingetragen. Nach dem von SHARMA [37] vorgestellten Phasendiagramm in Abbildung B.3 auf Seite 130 sind die verschiedenen Zinnsulfide nicht ineinander löslich.

Tabelle 2.3.: Phasen im binären System Sn-S.

Phase	Raumgruppe	Gitterparameter (nm)	PDF-Karten
α-SnS (T < 605 °C, Herzenbergit)	Cmcm	a = 0,4128 b = 1,148 c = 0,4173 [38]	83-1758 [39]
β-SnS (T > 605 °C)	Pnma	a = 0,4336 c = 1,143 c = 0,3971 [30]	73-1859 [40]
Sn_2S_3 (Ottemanit)	Pnma	a = 0,8878 b = 0,3751 c = 1,402 [41]	75-2183 [41]
2H-SnS_2 (Berndit)	P$\bar{3}$m1	a = 0,3638 b = 0,588 [36]	83-1705 [36]
4H-SnS_2	P6_3mc	a = 0,3645 b = 1,1802 [42]	21-1231 [42]

Das ternäre System Cu-Sn-S

In Tabelle 2.4 sind die verschiedenen aus der Literatur bekannten ternären Verbindungsphasen aus dem Materialsystem Cu-Sn-S aufgeführt. Ihre Anordnung im ternären Phasendreieck ist im Anhang in Abbildung B.6 auf Seite 132 gezeigt. Ein großer Teil dieser Verbindungen ist entlang eines quasibinären Schnitts mit den Endpunkten Cu_2S und SnS_2 angeordnet, eine Darstellung des quasibinären Schnitts nach FIECHTER [43] ist in Abbildung B.5 auf Seite 131 gezeigt. Beginnend von der Cu-reichen Seite des Schnittes tritt hier zunächst das in orthorhombischer Struktur kristallisierende Cu_4SnS_4 auf. Nach KHANAFER [44], PISKACH [45] und FIECHTER [43] bildet diese Phase keine Mischkristalle mit den angrenzenden Phasen Cu_2S und Cu_2SnS_3 aus. Die Phase Cu_2SnS_3 wird in den neuesten Veröffentlichungen nicht mehr einer triklinen [46, 47] sondern einer monoklinen Kristallstruktur zugeordnet [48]. Die Bezeichnung „Mohit" für diese Phase ist in neueren Veröffentlichungen nicht mehr anzutreffen. Daneben tritt in diesem Zusammensetzungsbereich auch eine tetragonale Phase auf, die als „Kuramit" [49] bezeichnet wird. In der neuesten Veröffentlichung zu diesem Thema (CHEN [50]) wird diese Phase als Cu_2SnS_3 bezeichnet, obschon das vorgeschlagene Strukturmodell eine Zusammensetzung von $Cu_{2,7}Sn_{1,3}S_4$ ergibt. Damit liegt die Zusammensetzung nahe bei Cu_3SnS_4, wie sie auch in älteren Veröffentlichungen für Kuramit vorgeschlagen wird [49, 51]. Auch in der offiziellen Datenbank der International Mineralogical Association [52] wird Kuramit als Cu_3SnS_4 bezeichnet. Bei Temperaturen über 780 °C wird für Cu_2SnS_3 der Übergang in eine kubische Struktur berichtet [53]. Wie bei der Verbindung Cu_4SnS_4 finden sich auch für Cu_2SnS_3 in der Literatur keine Hinweise auf eine Löslichkeit der im Phasendiagramm angrenzenden Verbindungen. In Richtung Sn-reicher Zusammensetzung tritt entlang des quasibinären Schnittes eine Phase mit Defekt-Spinell-Struktur auf, die sich nach FIECHTER [43] mit der Summenformel $Cu_2Sn_{3+x}S_{7+2x}$ (mit der Abschätzung $1 > x > -1$ für $T = 600$ °C) ausdrücken lässt. Es finden sich in der Literatur mehrere Berichte zu Phasen in diesem Zusammensetzungsbereich, die vermutlich mit der von FIECHTER gefundenen Phase identisch sind (siehe letzter Abschnitt in Tabelle 2.4 auf der nächsten Seite). In der Nähe des Schnittes Cu_2S-SnS_2 tritt eine weitere Phase mit der Summenformel Cu_3SnS_4 (Mineralname Petrukit) auf. Nach MOH [54] ist diese Phase nur bis zu einer Temperatur von 330 °C stabil. Eine ähnliche Zusammensetzung wie Cu_3SnS_4 weist die von WU [55] gefundene Phase $Cu_5Sn_2S_7$ auf. Die Existenz dieser Phase wurde allerdings bisher nicht durch andere Arbeiten bestätigt. Hingegen wird eine Phase mit der Zusammensetzung Cu_4SnS_6 von mehreren Autoren berichtet (siehe 2. Abschnitt in Tabelle 2.4). Nach CHEN [50] kristallisiert diese Phase in einer Schichtgitterstruktur. Ein Vergleich der Röntgenbeugungsreflexe mit der von WU [55] postulierten Phase $Cu_{10}Sn_2S_{13}$ zeigt, dass es sich vermutlich auch dabei um Cu_4SnS_6 handelt.

Tabelle 2.4.: Phasen im ternären System Cu-Sn-S. Die Strukturierung durch Querstriche gibt wieder, welche Phasen möglicherweise identisch sind.

Phase	Raumgruppe	Gitterparameter	PDF-Karten
$Cu_5Sn_2S_7$			$Cu_5Sn_2S_7$ 40-0924 [55]
Cu_4SnS_6	$R\bar{3}m$	a = 0,3739 c = 3,2941 [50]	$Cu_{10}Sn_2S_{13}$ 40-0925 [55] Cu_4SnS_6 36-0053 [56] $Cu_{9,67}Sn_{2,33}S_{13}$ 33-0502 [57]
$Cu_{10}Sn_2S_{13}$	tetragonal	a = 0,954 c = 1,093 [55]	
Cu_4SnS_4	Pnma	a = 1,3558 b = 0,7681 c = 0,6412 [58]	Cu_4SnS_4 71-0129 [58]
Cu_3SnS_4 (Petrukit [59])	$Pmn2_1$	a = 0,6525 b = 0,7523 c = 3,7662 [54]	Cu_3SnS_4 36-0217 [54]
Cu_3SnS_4 (Kuramit [49])	$I\bar{4}2m$	a = 0,5445 c = 1,075 [51]	Cu_3SnS_4 33-0501 [51]
Cu_2SnS_3	$I\bar{4}2m$	a = 0,54131 c = 1,0824 [60]	Cu_2SnS_3 89-4714 [60]
Cu_2SnS_3 (Mohit [61])	Cc	a = 0,6653 b = 1,1537 c = 0,6665 β = 109,39° [48]	Cu_2SnS_3 70-6338 [48] Cu_2SnS_3 27-0198 [46] Cu_2SnS_3 35-0684 [47]
$Cu_4Sn_7S_{16}$	$R\bar{3}m$	a = 0,7372 c = 3,601 [60]	$Cu_2Sn_3S_8$ 27-0197 [46] $Cu_2Sn_3S_7$ 39-0970 [55]
$Cu_2Sn_4S_9$	$F4_132$	a = 1,040 [44]	
$Cu_4Sn_{15}S_{32}$	$F\bar{4}3R$	a = 1,039 [62]	

Das quaternäre System Cu-Zn-Sn-S

In quaternären Stoffsystemen ist die Darstellung der Phasenzusammensetzung in Abhängigkeit der chemischen Zusammensetzung nur im 3-Dimensionalen möglich. Für eine 2-dimensionale Auftragung muss ein Freiheitsgrad fixiert werden, d.h. die Konzentration eines Elementes muss festgelegt sein. Auf diese Weise lässt sich ein quasiternärer Schnitt durch das quaternäre Phasendiagramm legen. Ein entsprechender Schnitt für das quaternäre System Cu-Zn-Sn-S mit den Endpunkten ZnS, SnS_2 und Cu_2S ist in Abbildung 2.1 für eine Temperatur von 600 °C dargestellt. In dieser Auftragung, die auf experimentellen Daten von MOH [63] basiert, tritt Cu_2ZnSnS_4 als einzige quaternäre Verbindungsphase auf. Für Cu_2ZnSnS_4 werden in der Literatur unterschiedliche Kristallstrukturen vorgeschlagen, die sich in der Besetzung der Kationenplätze unterscheiden [64]. In dieser Arbeit wird für Cu_2ZnSnS_4 die Kesteritstruktur angenommen, da es sich dabei um die energetisch günstigste Kristallstruktur für diese Verbindung handelt [64].

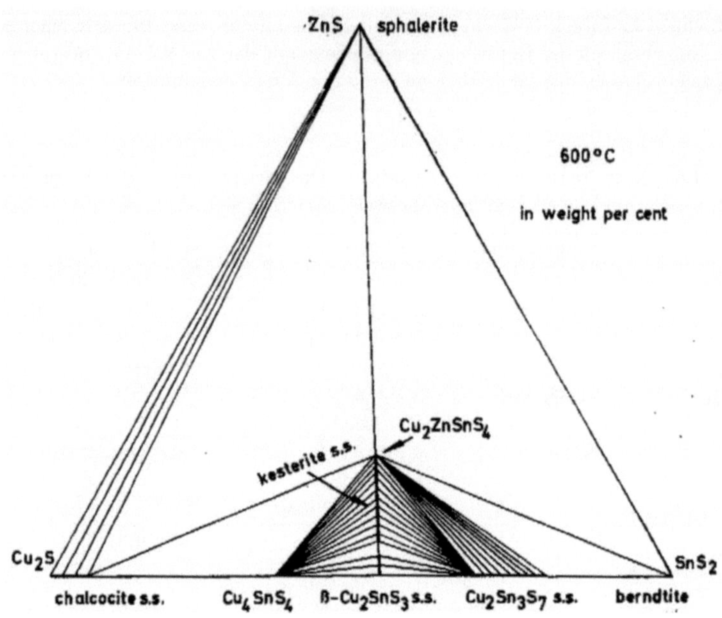

Abbildung 2.1.: Quasiternäres Phasendiagramm des Systems Cu_2S - SnS_2- ZnS nach MOH [63]. Die Verbindungslinien zeigen an, welche Phasen koexistieren. Die Linienscharen verdeutlichen die Bildung von Mischkristallen (solid solution, s.s.).

Nach einer Arbeit von OLEKSEYUK [65] bildet sich bei Sn-reicher Zusammensetzung eine weitere quaternäre Verbindung mit der Summenformel $Cu_2ZnSn_3S_8$. Gemäß OLEKSEYUK kristallisiert diese Phase wie Kesterit in tetragonaler Struktur, die postulierten Gitterparameter unterscheiden sich nur geringfügig von Kesterit (siehe Tabelle 2.5). In der Literatur findet sich keine Bestätigung für die Existenz dieser Phase. Da sich zudem OLEKSEYUK [65] nicht zu den exakten Messbedingungen und -auswertungen äußert, wird die postulierte Phase in dieser Arbeit nicht weiter berücksichtigt.

Tabelle 2.5.: Quaternäre Phasen im System Cu-Zn-Sn-S. Die Phase $Cu_2ZnSn_3S_8$ wurde durch OLEKSEYUK [65] vorgeschlagen, aber bisher nicht durch andere Arbeiten bestätigt.

Phase	Raumgruppe	Gitterparameter (nm)	PDF-Karte
Cu_2ZnSnS_4 (Kesterit)	$I\bar{4}$	a = 0,5427 c = 1,0871 [7]	26-0575 [66]
$Cu_2ZnSn_3S_8$	$I4_1/a$	a = 0,5435 c = 1,0825 [65]	

In der Darstellung des quasiternären Phasendiagramms in Abbildung 2.1 ist die Bildung einer Mischkristallreihe entlang der Verbindungslinie Cu_2ZnSnS_4-Cu_2SnS_3 durch eine Linienschar angedeutet. Um die Temperaturabhängigkeit der Mischkristallbildung in diesem Bereich graphisch wiederzugeben, wird eine weitere Einschränkung in den Freiheitsgraden der chemischen

Zusammensetzung eingeführt, nach der Cu_2S/SnS_2 gleich eins ist. Ein entsprechendes quasibinäres Phasendiagramm nach ROY-CHOUDHURY [67] ist in Abbildung B.7 auf Seite 133 des Anhangs dargestellt. Die Arbeit von ROY-CHOUDHURY [67] zeigt, dass sich zwei Mischkristalle bilden, die durch ein Zwei-Phasengebiet getrennt sind. Im Gegensatz dazu gibt OLEKSEYUK [65] für den Schnitt Cu_2ZnSnS_4-Cu_2SnS_3 ein durchgehendes Zwei-Phasengebiet ohne Mischkristallbildung an. Die widersprüchlichen Literaturangaben sind vermutlich darauf zurückzuführen, dass Cu_2ZnSnS_4 und Cu_2SnS_3 durch röntgenographische Methoden nur schwer zu unterscheiden sind.

Führt man den Schnitt durch das quasiternäre Phasendiagramm weiter, so erhält man das quasibinäre Phasendiagramm Cu_2ZnSnS_4 - ZnS. Abbildung B.8 auf Seite 133 des Anhangs zeigt diese Auftragung gemäß einer Arbeit von MOH [63]. ZnS löst sich demnach nur geringfügig (maximal ca. 3 Gew.% bei 825 °C) in Kesterit. Die Löslichkeit von Kesterit in ZnS ist stark temperaturabhängig und erreicht bei 972 °C einen Maximalwert von ca. 40 Gew.%. Eine Untersuchung dieses Phasendiagramms durch OLEKSEYUK [65] zeigt ebenfalls einen hohen Anteil gelösten Kesterits in ZnS bei hohen Temperaturen, die Löslichkeit von ZnS in Kesterit wird mit Null angegeben.

Zusammenfassend lässt sich sagen, dass bei einer chemischen Zusammensetzung Cu:Zn:Sn:S gleich 2:1:1:4 Kesterit die einzig stabile Phase darstellt. MOH [63] und OLEKSEYUK [65] finden übereinstimmend, dass Kesterit erst bei einer Temperatur von ca. 990 °C in eine Schmelze und ZnS zerfällt. Da Kesterit die einzige (bestätigte) quaternäre Phase ist, wird unterhalb dieser Temperatur für alle quaternären Zusammensetzungen auch Kesterit oder ein Kesteritmischkristall gebildet. Ob eine abweichende chemische Zusammensetzung zur Bildung weiterer binärer oder ternärer Phasen führt, hängt von der Löslichkeit der zusätzlichen Komponenten im Kesterit ab.

2.1.2. Berechnung der thermodynamischen Stabilität der Binärphasen

Im Materialsystem Cu-Zn-Sn-S sind nur für die Elemente und die binären sulfidischen Phasen die Parameter für thermodynamische Rechnungen aus der Literatur bekannt. Die Berechnungen werden dazu dienen, die freien Bildungsenthalpien der verschiedenen binären Sulfide temperaturabhängig zu bestimmen. Damit kann wiederum ermittelt werden, welche Metallsulfide Schwefel an andere Metallelemente abgeben können.

Um die Vorgehensweise bei der Berechnung darzulegen, sei zunächst der allgemeine Fall einer Reaktion zweier Edukte A, B zu einem Produkt C angenommen:

$$\nu_A A + \nu_B B \rightleftharpoons \nu_C C. \tag{2.1}$$

Dabei sind ν_A, ν_B und ν_C die stöchiometrischen Koeffizienten der beteiligten Spezies. Für Spezies auf der rechten Gleichungsseite wird das Vorzeichen der Koeffizienten negativ gesetzt [68]. Im Gleichgewichtsfall ist das Verhältnis der Aktivitäten der beiden Gleichungsseiten konstant. Die Gleichgewichtskonstante K lässt sich durch das Massenwirkungsgesetz nach Gleichung 2.2 darstellen

$$K = \prod_J (a_J^{\nu_J})_{eq} = \frac{a_C^{\nu_C}}{a_A^{\nu_A} \cdot a_B^{\nu_B}} \approx \frac{[C]^{\nu_C}}{[A]^{\nu_A} \cdot [B]^{\nu_B}}, \tag{2.2}$$

wobei a_J die Aktivität der Spezies J wiedergibt, welche vereinfachend durch die Konzentration $[J]$ angenähert werden kann. Mit der thermodynamischen Gleichgewichtskonstante K und der allgemeinen Gaskonstante R lässt sich die freie Standard-Reaktionsenthalpie $\triangle_R G^o$ gemäß Gleichung 2.3 berechnen [68].

$$\triangle_R G^o = -R \cdot T \cdot ln(K) \tag{2.3}$$

Die freie Standard-Reaktionsenthalpie $\triangle_R G^o$ lässt sich auch durch die Standard-Reaktionsenthalpie $\triangle_R H^o$ und die Standard-Reaktionsentropie $\triangle_R S^o$ ausdrücken als

$$\triangle_R G^o = \triangle_R H^o - T \cdot \triangle_R S^o. \tag{2.4}$$

Sowohl $\triangle_R H^o$ als auch $\triangle_R S^o$ sind temperaturabhängig. Die Standard-Reaktionsenthalpie ist nach dem Kirchhoffschen Gesetz der Thermodynamik definiert als

$$\triangle_R H^o(T) = \triangle_R H^o(T_1) + \int_{T_1}^{T} \triangle_R c_p^o(T^{'})dT^{'}. \tag{2.5}$$

Die temperaturabhängige Bestimmung von $\triangle_R H^o$ erfordert damit einen Referenzwert bei einer definierten Temperatur T_1. Weiterhin gilt für $\triangle_R c_p^o(T)$

$$\triangle_R c_p^o(T) = \sum_J \nu_J c_{p,m}^o(J,T). \tag{2.6}$$

Dabei ist $c_{p,m}^o(J,T)$ die molare Wärmekapazität der Komponente J in ihrem Standardzustand bei konstantem Druck und der Temperatur T.
Für die Standard-Reaktionsentropie gilt allgemein

$$\triangle_R S^o(T) = \sum_J \nu_J S_m^o(J,T). \tag{2.7}$$

Dabei ist $S_m^o(J,T)$ die molare Entropie der Komponente J in ihrem Standardzustand bei der Temperatur T. Die Temperaturabhängigkeit lässt sich auch für die Entropie über die Wärmekapazität ausdrücken zu

$$S_m^o(T) = S_m^o(T_1) + \int_{T_1}^{T} \frac{c_{p,m}^o(T^{'})}{T^{'}} dT^{'}. \tag{2.8}$$

Für kleine Temperaturänderungen kann die Veränderung der Wärmekapazität $c_{p,m}^o$ bei konstantem Druck in erster Näherung als linear betrachtet werden, gemäß

$$c_{p,m}^o(T) = c_a + c_b \cdot T. \tag{2.9}$$

Die Parameter c_a und c_b sind für viele gängige Verbindungen in Tabellenwerken aufgeführt. In Tabelle 2.6 sind die Parameter für die Elemente und verschiedene Verbindungen des Systems Cu-Zn-Sn-S aufgelistet. Neben der Parametrisierung der Wärmekapazität sind in Tabelle 2.6 auch die Standard-Entropien der einzelnen Phasen und die Standard-Bildungsenthalpie der Verbindungen bei 298 Kelvin eingetragen. Die Bildungsenthalpie ist dabei definiert als die Reaktionsenthalpie bei der Bildung einer Verbindung aus den Elementen.

Tabelle 2.6.: Thermodynamische Parameter der Elemente Cu, Zn, Sn, S und einiger Verbindungen aus diesen Elementen im festen Zustand. Mit Hilfe der Parameter c_a und c_b kann die Wärmekapazität $c^o_{p,m}$ temperaturabhängig ausgedrückt werden. Die Angaben beziehen sich auf den Standardzustand, d.h. auf einen Druck von 10^5 Pa.

Phase	$\triangle_B H^o_{298K}$ (kJ/mol)	S^o_{298K} (J/(Kmol))	c_a (J/K)	$c_b \cdot 10^3$ (J/K²)	Referenz
S		34,3	14,8	24,1	[69]
Sn		51,2	21,6	18,2	[69]
Cu		33,1	24,1	5,4	[70]
Zn		41,6	21,3	11,6	[69]
ZnS	-205,2	57,8	49,3	5,3	[71]
SnS	-108,4	77,0	35,7	31,3	[71, 72]
SnS_2	-153,6	87,5	64,9	17,6	[71]
CuS	-73,3	66,6	44,4	11,1	[71]
Cu_2S	-79,6	117,2	52,8	78,8	[73, 74]

Mit den Daten aus Tabelle 2.6 wurden die Standard-Reaktionsenthalpien und auch die freien Standard-Reaktionsenthalpien für verschiedene Reaktionswege bei der Bildung der binären Sulfide berechnet. Da die Berechnungen dazu dienen sollen, die Stabilität der verschiedenen Sulfide zu vergleichen, werden im Folgenden nur die Reaktionen aus den Elementen betrachtet. Damit kann der Terminus „Reaktionsenthalpie“ durch „Bildungsenthalpie“ ersetzt werden.

In der Abbildung 2.2 sind sowohl $\triangle_B H^o$ als auch $\triangle_B G^o$ für die verschiedenen Verbindungen aufgetragen. Nach der Berechnung ist die Bildung aller Verbindungen im technologisch relevanten Temperaturbereich bis 600 °C sowohl exotherm ($\triangle_B H^o$<0) als auch exergonisch ($\triangle_B G^o$<0).

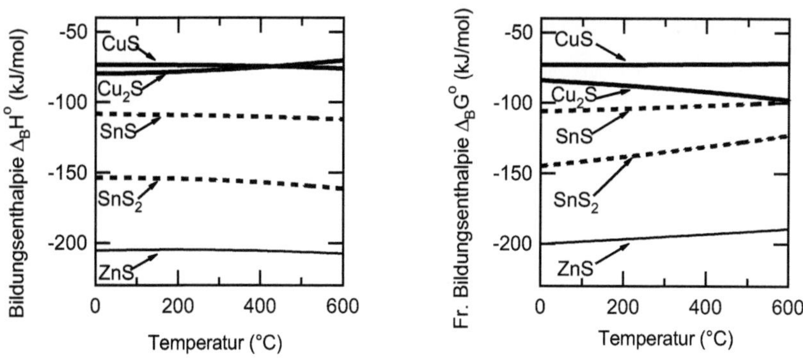

Abbildung 2.2.: Temperaturabhängige Auftragung der Standard-Bildungsenthalpie (linker Graph) und der freien Standard-Bildungsenthalpie (rechter Graph) für verschiedene binäre Sulfide.

Nach dem zweiten Hauptsatz der Thermodynamik strebt ein abgeschlossenes System in Richtung negativer Werte der freien Enthalpie G, das heißt nur für negative Werte von $\triangle_B G^o$ wird eine Verbindung als stabil betrachtet. Für die untersuchten Verbindungen zeigt sich ZnS nach diesem Kriterium als am stabilsten. Wie sich dies quantitativ ausdrücken lässt, soll anhand der folgenden Reaktion verdeutlicht werden:

$$ZnS + Sn \rightleftharpoons SnS + Zn. \tag{2.10}$$

Die freie Standard-Reaktionsenthalpie $\triangle_R G^o$ für einen Umsatz auf die rechte Seite dieser Gleichung beträgt +91 kJ/mol, bei einer Temperatur von 400 °C. Nach Gleichung 2.2 ist damit das Verhältnis der Konzentrationen der rechten Gleichungsseite zur linken Gleichungsseite gleich $8{\times}10^{-8}$. Eine SnS-Schicht würde damit in Gegenwart von Zn zum größten Teil zu Sn reduziert. Ebenso würde eine CuS-Schicht durch Sn weitgehend zu Cu reduziert.

Diese Berechnungen zeigen, dass bei bekannten thermodynamischen Parametern auch Fragestellungen jenseits der empirisch bestimmten Phasendiagramme behandelt werden können. Die Berechnungen werden für die Interpretation von Aufdampfprozessen im experimentellen Teil dieser Arbeit (Abschnitt 5.1.1.3) herangezogen.

2.2. Kinetik von Festkörperreaktionen

Wie im vorangehenden Abschnitt zur Thermodynamik gezeigt, sind für zahlreiche Stoffsysteme die Endpunkte von Reaktionen in Form von Phasenzusammensetzungen bei verschiedenen Zustandsparametern bekannt. Diese Betrachtungen sind allerdings nur dann allgemein gültig, wenn für die Reaktionszeit $t \rightarrow \infty$ gilt. Die Konzentration (exakt: das chemische Potential) der verschiedenen Reaktanden ist daher in vielen realen Systemen eine Funktion der Reaktionszeit. Die Kinetik einer Reaktion gibt nun wieder, wie schnell sich die Phasenzusammensetzung des Systems in Richtung der thermodynamischen Gleichgewichtskonstante K (siehe Gleichung 2.2) bewegt. Für die weitere Behandlung der Reaktionskinetik werden im Folgenden homogene und heterogene Reaktionen unterschieden.

2.2.1. Homogene Reaktionen

Diese Art von Reaktionen tritt in Systemen ohne Phasengrenzen und Konzentrationsgradienten auf. Als Beispiel kann hier die Reaktion zweier ideal durchmischter Gase A und B zu einem Gas C gemäß Gleichung 2.11 angenommen werden.

$$\nu_A A + \nu_B B \rightarrow \nu_C C \tag{2.11}$$

Dabei geben ν_A, ν_B und ν_C die Anzahl von Atomen der beteiligten Spezies pro Formelumsatz an. Für eine homogene Reaktion lässt sich die zeitliche Änderung der Produktkonzentration $[C]$ durch Gleichung 2.12 ausdrücken [75].

$$\frac{d[C]}{dt} = \tilde{k}(T) \cdot [A]^\alpha \cdot [B]^\beta \tag{2.12}$$

Dabei ist $\tilde{k}(T)$ die sog. Geschwindigkeitskonstante, die Exponenten α und β geben die Reaktionsordnung wieder und sind häufig mit ν_A und ν_B gleichsetzbar [75]. Die Reaktionsgeschwindigkeit einer homogenen Reaktion wird damit entscheidend von der Konzentration der Edukte bestimmt. Die Bedeutung der Geschwindigkeitskonstante $\tilde{k}(T)$ wird durch das Reaktionsmodell des aktivierten Zustands deutlich. Dazu wird angenommen, dass die Edukte im Lauf der Reaktion einen Zwischenzustand höherer Energie einnehmen müssen, um zu den Produkten umgesetzt zu werden. Die Geschwindigkeitskonstante gibt wieder, wieviele Edukt-Partikel die Energiebarriere E_a des aktivierten Zustands überwinden können. Nimmt man an, dass die Energieverteilung der Edukte einer Boltzmannstatistik folgt, so lässt sich $\tilde{k}(T)$ gemäß Gleichung 2.13 ausdrücken.

$$\tilde{k}(T) = \tilde{k}_0 e^{-\frac{E_a}{RT}} \tag{2.13}$$

Dabei ist $\tilde{k}_0$ der präexponentielle Faktor dieser Arrheniusgleichung. Für eine homogene Reaktion wird er entsprechend einer atomistischen Betrachtung auch als Frequenzfaktor bezeichnet. Er gibt formal die Geschwindigkeitskonstante bei unendlicher Temperatur wieder.

Die Kinetik von homogenen Reaktionen lässt sich durch dieses atomistische Modell gut beschreiben. Auch in Festkörpern können homogene Reaktionen auftreten, etwa bei der temperaturabhängigen Einstellung bestimmter Kristallfehlordnungen (Beispiel: Frenkeldefekt in Silberbromid [76]).

2.2.2. Heterogene Reaktionen

Heterogene Reaktionen treten in Systemen mit Phasengrenzen und/oder Konzentrationsgradienten auf. Bei den weitaus meisten untersuchten Festkörperreaktionen handelt es sich um heterogene Reaktionen. In diesen Fällen ist der Zusammenhang zwischen der Konzentration der Edukte und der Reaktionsgeschwindigkeit nicht mehr eindeutig gegeben. Aus diesem Grund wird eine neue Größe, der Umwandlungsgrad $\alpha(t)$, eingeführt. Dabei gilt $\alpha(0) = 0$ und $\alpha(\infty) = 1$ (entspricht dem Zustand im thermodynamischen Gleichgewicht).

Ein allgemeiner Zusammenhang, mit dem sich experimentell beobachtete Festkörperreaktionen beschreiben lassen, ist nach SESTAK [77] in Gleichung 2.14 wiedergegeben.

$$\frac{d\alpha}{dt} = k^*(T) \cdot \alpha^m \cdot (1-\alpha)^n \cdot (-ln(1-\alpha))^p \tag{2.14}$$

Es tritt auch hier wieder eine temperaturabhängige Geschwindigkeitskonstante $k^*(T)$ auf, die wie in Gleichung 2.13 aus Vorfaktor und Exponentialterm zusammengesetzt ist. Die Gleichsetzung des Vorfaktors mit einem atomistischen Frequenzfaktor ist allerdings für die heterogene Reaktion nicht mehr sinnvoll [78]. Die Werte der Exponenten m, n und p sind charakteristisch für den jeweiligen Reaktionstyp, eine entsprechende Zuordnung findet sich in der Literatur [78, 77, 79].

1-dimensionale Diffusionsreaktion

Für den Fall einer 1-dimensionalen diffusionskontrollierten Reaktion gilt die Bedingung $m = -1$, $n = 0$ und $p = 0$. Damit vereinfacht sich Gleichung 2.14 für diesen Reaktionstyp zu

$$\frac{d\alpha}{dt} = \frac{k^*(T)}{\alpha}. \tag{2.15}$$

Der Umwandlungsgrad α kann für eine 1-dimensionale Diffusionsreaktion als Dicke x einer gebildeten Produktschicht zwischen zwei Eduktschichten ausgedrückt werden (siehe Darstellung in Abbildung 2.3). Nach dem 1. Fickschen Gesetz gilt für den Diffusionsstrom j

$$j = -D \cdot grad(c_J), \tag{2.16}$$

wobei D den Diffusionskoeffizienten und c_J die Konzentration einer Komponente J wiedergibt. Nimmt man an, dass der Diffusionsstrom in jedem Bereich der Produktschicht konstant ist, so muss der Konzentrationsgradient der Edukte in der Produktschicht einen linearen Verlauf aufweisen. Damit ist also gemäß Abbildung 2.3 der Konzentrationsgradient ausdrückbar als $\triangle c_{1-2}/x$, wobei $\triangle c_{1-2}$ den Konzentrationsunterschied zwischen den Punkten 1 und 2 wiedergibt.

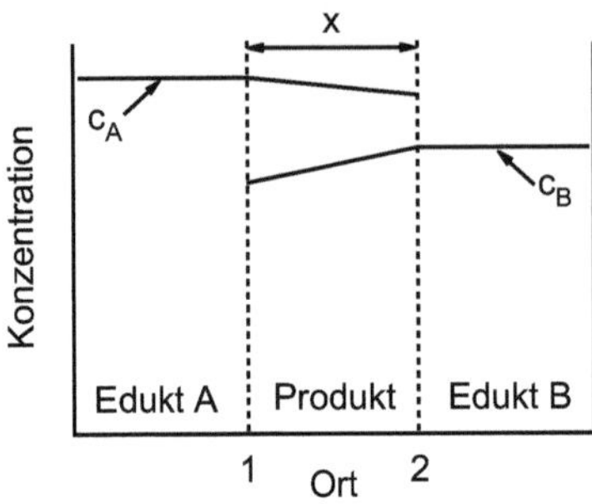

Abbildung 2.3: Schematische Darstellung der Konzentrationsverläufe für eine 1-dimensionale diffusionskontrollierte Reaktion die zu einem parabolischen Wachstumsprozess führt.

Nimmt man weiterhin an, dass der Diffusionsstrom direkt proportional zur Veränderung der Produktschichtdicke ist [80], so findet man in Analogie zu Gleichung 2.15

$$\frac{dx}{dt} = \frac{k(T)}{x}. \tag{2.17}$$

Dabei gilt für die Geschwindigkeitskonstante $k(T) = k^*(T) \cdot x_{gesamt}^2$, mit x_{gesamt} als der Schichtdicke bei vollständiger Umwandlung der Schicht (α=1). Wie bei homogenen Reaktionen wird die Geschwindigkeitskonstante $k(T)$ über einen Arrheniusterm ausgedrückt (analog zu Gleichung 2.13 [81]). Die Lösung der Differentialgleichung 2.17 liefert das bekannte parabolische Ratengesetz für diffusionskontrolliertes Wachstum

$$x(t) = \sqrt{2 \cdot k(T) \cdot t}. \tag{2.18}$$

Die Geschwindigkeitskonstante $k(T)$ wird dominiert durch den geschwindigkeitsbestimmenden Diffusionsschritt durch die Produktschicht. In einem einfachen binären System, z.B. bei der Interdiffusion von zwei Metallen, wird die schneller diffundierende Spezies die Geschwindigkeit der Reaktion vorgeben. In ternären Systemen, etwa der Spinellbildung aus Metalloxiden, kann eine sehr langsam diffundierende Spezies (in diesem Fall Sauerstoff) dazu führen, dass die zweitschnellste Spezies die Geschwindigkeit der diffusionskontrollierten Reaktion bestimmt [76].

Diffusionsreaktionen unter nicht-isothermen Bedingungen

Zur Bestimmung des kinetischen Mechanismus' einer Reaktion und ihrer kinetischen Parameter werden häufig nicht-isotherme Heizexperimente mit konstanten Heizraten verwendet [82, 81, 83, 84]. Im Falle solcher isochroner Experimente mit der Heizrate β verändert sich das Wachstumsgesetz für eine diffusionskontrollierte Reaktion aus Gleichung 2.17 zu

$$x dx = k(T) dt = k_0 e^{-\frac{E_a}{RT}} \frac{dT}{\beta}. \tag{2.19}$$

Die Integration liefert

$$\frac{x(T)^2}{2} = \frac{k_0}{\beta} \cdot \int_0^T e^{-\frac{E_a}{RT}} dT. \tag{2.20}$$

Das Integral in Gleichung 2.20 kann nicht analytisch gelöst werden. Eine Näherung nach COATS [85] führt zu

$$x(T) = \sqrt{\frac{2 \cdot k_0 \cdot R \cdot T^2}{\beta \cdot E_a} e^{-\frac{E_a}{RT}}}. \tag{2.21}$$

Der Fehler durch die Näherung des sog. Temperaturintegrals nach COATS [85] wurde von ORTEGA [86] untersucht. Für $\frac{E_a}{RT} > 10$ (realistische Werte für Festkörperreaktionen bei T<600 °C) liegt die Abweichung bei unter 2 Prozent.

2.2.3. Einfluss der Kristallstruktur auf die Reaktionskinetik

Bei einigen Festkörperreaktionen wird beobachtet, dass eine strukturelle Orientierungsbeziehung zwischen Edukten und Produkten auftritt. Beispiele hierfür sind der Zerfall von CuOH unter Bildung von Kupferoxiden [87], die Bildung von $NiSi_2$ aus Si [88] und verschiedene Spinellbildungsreaktionen aus Oxiden [88, 89, 90, 91]. Auch bei der Herstellung von Chalkopyrit-Dünnschichten für die Photovoltaik werden solche Orientierungsbeziehungen beobachtet. WADA [92] berichtet von einer Orientierungsbeziehung der $Cu_{2-x}Se$-Eduktphase und der $CuInSe_2$-Produktphase, CONTRERAS [93] findet einen ähnlichen Zusammenhang zwischen In_2Se_3 und $CuInSe_2$. All diesen experimentellen Ergebnissen ist gemein, dass die gekoppelte Orientierung für solche Kristallrichtungen auftritt, in denen sich der strukturelle Aufbau von Edukt und Produkt ähnelt. Das Ergebnis läßt sich bezüglich des Wachstumsprozesses so interpretieren, dass das Produkt durch einen Ionen- oder Atomaustausch aus der Kristallstruktur eines Eduktes (im folgenden auch „Wirtsphase" genannt) hervorgeht [91]. In Anlehnung an die Bezeichnung „Epitaxie", bei der eine 2-dimensionale Übereinstimmung von Kristallebenen beim Wachstum vorliegt, wird dieser 3-dimensionale Mechanismus als „Topotaxie" bezeichnet [89, 94]. Nach HESSE [88] führt dieser Mechanismus etwa bei der Bildung von $NiSi_2$ zu höheren Reaktionsgeschwindigkeiten im Vergleich zum Fall ohne strukturelle Übereinstimmung. Ein modifizierter Ansatz zur Interpretation des stukturellen Einflusses auf die Reaktionskinetik wurde durch HERGERT [95, 96, 97] vorgeschlagen. Demnach führt auch die Übereinstimmung von „strukturellen Motiven" in bestimmten Kristallrichtungen zu einem schnellen Reaktionsfortschritt entlang dieser Richtungen. HERGERT zeigt dies anhand von Reaktionen in Chalkopyrit-Dünnschichten. Schnell reagierende Edukte weisen dabei einen charakteristischen Schwefel-Sechsring in ihrer Struktur auf. Ein vergleichbares Strukturmotiv tritt auch in der Produktphase auf. In der Literatur gibt es zahlreiche Berichte, nach denen die Schwefelatome in Chalkogeniden weniger beweglich sind als die Metallatome (Selbstdiffusion in Eisensulfiden [98], in Nickel- und Kobaltsulfiden [99], in Kupfersulfiden [100, 101] und Zinksulfid [102]). Ein ähnliches Schwefel-Gitter in Edukt und Produkt kann sich daher positiv auf die Reaktionskinetik auswirken [95]. Da dieser Wachstumsprozess auf der Weitergabe eines annähernd 2-dimensionalen Motivs basiert, bezeichnet HERGERT [95] diesen Mechanismus folglich auch als epitaktisches Wachstum. HERGERT [96] wandte dieses Modell auch auf das Kesterit-Materialsystem an und konnte dabei die Phasen ZnS, Cu_2S, SnS_2 und Cu_2SnS_3 als besonders geeignet für einen epitaktischen Kesterit-Bildungsmechanismus identifizieren.

Für die Bildung von Kesterit ist aber auch ein rein topotaktischer Wachstumspfad möglich. Sowohl Cu_2SnS_3 als auch Cu_2ZnSnS_4 sind Überstrukturen des Sphalerit (ZnS). In Abbildung 2.4 sind die Einheitszellen dieser Strukturen sowie, gestrichelt, die Abmessungen der Einheitszelle der Sphalerit-Unterstruktur gezeigt. Der Gitterparameter dieser Unterstruktur, ermittelt durch Mittelung der einzelnen Seitenlängen in dem gestrichelten Polygon, weicht um weniger als 1 Prozent vom Gitterparameter des Sphalerit ab. Zum Vergleich: HESSE [88] findet bei der Bildung von Oxid-Spinellen auch bei Gitterfehlanpassungen von bis zu 5 Prozent noch topotaktisches Wachstum.

Es ist damit plausibel, eine topotaktische Bildung von Cu_2ZnSnS_4 aus ZnS und Cu_2SnS_3 zu vermuten. Der topotaktische Mechanismus muss sich dabei aber nicht zwangsläufig auf die Reaktionsgeschwindigkeit auswirken. Auch in einer Reaktion, die kinetisch durch den Stofftransport limitiert wird, kann es zu einer strukturell kohärenten Produktbildung kommen [103]. Die Identifikation von topotaktischen oder epitaktischen Wachstumsmechanismen zur Bildung von Cu_2ZnSnS_4 ist ein wichtiger Bestandteil des Kapitels 5 dieser Arbeit.

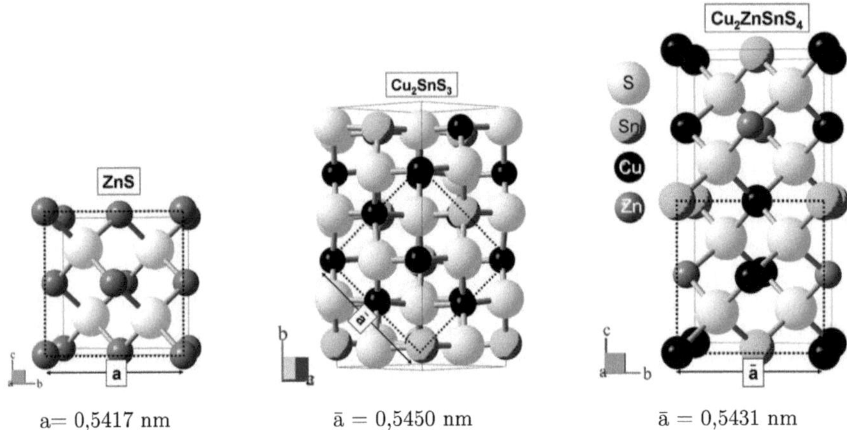

Abbildung 2.4.: Kristallstrukturen von ZnS (Sphalerit) [24], Cu_2SnS_3 [48] und Cu_2ZnSnS_4 (Kesterit) [7] . Die Einheitszelle der Sphalerit-Unterstruktur ist jeweils gestrichelt eingezeichnet. Der Parameter $\bar{a}$ entspricht dem arithmetischen Mittel der verschiedenen Seitenlängen der gestrichelten Polygone.

3. Experimentelle Methoden

In diesem Abschnitt werden sowohl die Verfahren der Probenherstellung als auch die verwendeten Charakterisierungsmethoden vorgestellt. Der Schwerpunkt des Kapitels liegt auf der Deposition der Schichten durch physikalische Gasphasenabscheidung und der Charakterisierung der Schichten mittels energiedispersiver Röntgenbeugung und -fluoreszenz.

3.1. Physikalische Gasphasenabscheidung

Diese Depositionstechnik wird meist, gemäß der englischen Übersetzung *P*hysical *V*apor *D*eposition, als PVD-Verfahren bezeichnet. In der Literatur zum Thema Chalkopyrit-Solarzellen wird PVD meist synonym mit dem Ausdruck „Bedampfung" verwendet. Dabei wird das zu verdampfende Quellenmaterial durch Beheizung (meist durch einen elektrischen Widerstandsheizer) in die Dampfphase übergeführt und auf einem gegenüberliegenden, kälteren Substrat als Dünnschicht abgeschieden. Das PVD-System, wie es in dieser Arbeit für die Bedampfung von Cu, Sn, ZnS und S verwendet wurde, ist in Abbildung 3.1 schematisch skizziert. Die technischen Details der Anlage sind im Folgenden gegliedert aufgeführt.

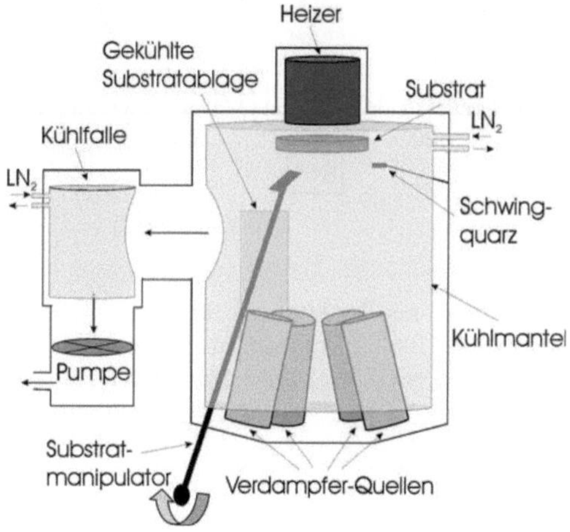

Abbildung 3.1.: Schematischer Aufbau der PVD-Kammer.

Vakuumsystem Die Kammer wird durch eine Turbomolekularpumpe mit nachgeschalteter Drehschieberpumpe evakuiert. Um den Eintrag von Schwefel in die Pumpen zu verringern, ist der Turbomolekularpumpe eine mit Flüssig-Stickstoff gekühlte Schwefelfalle vorgeschaltet. Der Aufdampfbereich der Kammer (rechte Hälfte in Abbildung 3.1) ist durch einen zylindrischen Kühlmantel weitgehend von der Kammerwand abgeschirmt. Durch diesen Mantel kann eine Beeinträchtigung der Schichtabscheidung durch Reflexion der Dampfpartikel an den Kammerwänden vermieden werden. Der gekühlte Mantel wirkt zudem als Senke für Verunreinigungen in der Kammeratmosphäre. Der Kammerdruck wird durch zwei Bayard-Alpert Heißkathodenmessröhren von *Varian* gemessen. Der Basisdruck der Kammer beträgt ca. 1×10^{-3} Pa, bei aktiver Kühlung werden ca. 5×10^{-5} Pa erreicht.

Verdampfer-Quellen Als Aufdampfmaterialien werden Cu und Sn der Reinheiten 6N (*Alfa-Aesar*), ZnS der Reinheit 4N5 (*ABCR*), S der Reinheit 5N (*Alfa-Aesar*) und SnS aus eigener Synthese (aus den genannten Materialien) verwendet. Für das Verdampfen von Cu, Sn und ZnS werden Dual-Filament-Quellen der Firma *Createc* verwendet. Es handelt sich um offene Tiegelverdampfer, die Tiegel sind dabei konisch in Richtung des Substrates geöffnet. Für das Verdampfen von Schwefel wird eine zweistufige Quelle von *Veeco* verwendet. Die Quelle besteht aus einem Tiegel-Bereich, in dem molekularer Schwefel verdampft wird, und einem nachgeschalteten Cracking-Bereich, in dem die Schwefelmoleküle thermisch aufgespalten werden können. Die Temperatur des Cracking-Bereichs ist auf 500 °C eingestellt. Die Temperatur des Tiegelbereichs sowie die standardmäßig verwendeten Verdampfungstemperaturen der anderen Materialien sind in Abbildung 3.2 zusammen mit den aus der Literatur bekannten Gleichgewichtsdampfdrücken aufgetragen.

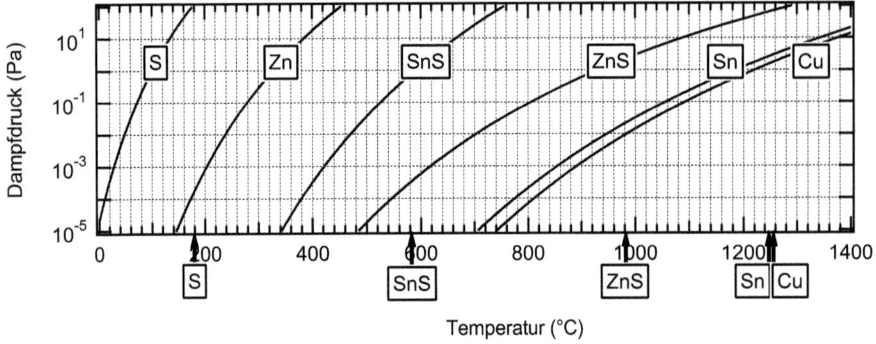

Abbildung 3.2.: Dampfdruckkurven aus der Literatur für S [104], Zn [105], SnS [106], ZnS [107], Sn [108] und Cu [108]. Die Standard-Aufdampftemperaturen, wie sie in den Verdampferquellen gemessen wurden, sind durch Pfeile auf der Temperaturachse markiert.

Substratheizung Das Substrat wird durch ein Feld aus Halogenlampen beheizt. Die Temperatur des Heizers wird in ca. 2 mm Abstand von den Lampen gemessen. Zur Bestimmung der Substrattemperatur wurden Kalibrationsmessungen durchgeführt, bei denen ein 0,5 mm starkes Thermoelement in direkten mechanischen Kontakt mit der Oberfläche eines Mo-beschichteten Glassubstrates gebracht wurde. In Abbildung 3.3 ist die so gemessene Substrattemperatur gegen die Temperatur an den Lampenheizern aufgetragen. Für das standardmäßig verwendete 2 mm dicke Substratglas ist eine Abweichung zwischen den Messwerten in der Heizphase und der Kühlphase zu erkennen. Die Datenpunkte der Heiz- und Abkühlphase wurden für die Kalibration der Substrattemperatur, in Form einer linearen Abhängigkeit von der Lampentemperatur, verwendet. Eine vergleichbare Messung an 3 mm dicken Substratgläsern (ebenfalls Mo-beschichtet) liefert eine um ca. 100 °C zu niedrigeren Temperaturen verschobene Kalibrationsgerade. Zur Verifizierung der Messdaten wurde in einem weiteren Experiment die Lampentemperatur beim

Aufschmelzen einer Indium-Schicht auf einem 2 mm Glassubstrat gemessen. Der Schmelzpunkt konnte durch die Messung der Streulichtintensität eines Laserpunktes auf der Probe exakt bestimmt werden (zu Details der Laserlichtstreuung an dünnen Schichten siehe PIETZKER [109]). Der so erhaltene Messpunkt zeigt eine ähnlich starke Abweichung von der Kalibrationskurve wie die Messungen mit Hilfe des Thermoelementes. Mit diesen Abweichungen wird der maximale Fehler für die kalibrierten Temperaturangaben in dieser Arbeit auf 50 Kelvin abgeschätzt.

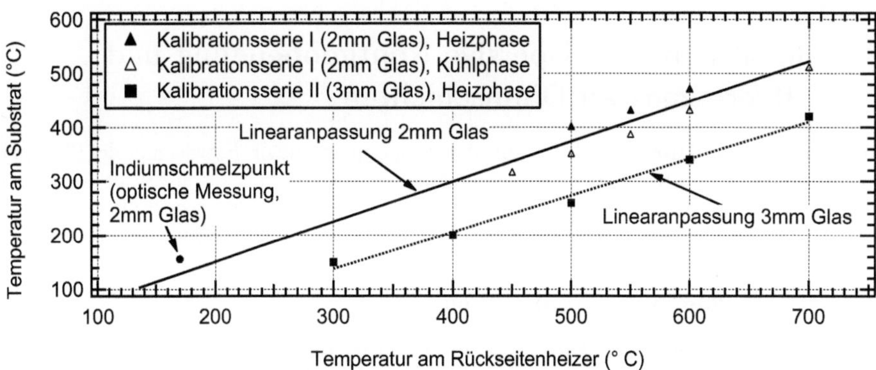

Abbildung 3.3.: Korrelation der gemessenen Temperatur am Substratheizer und der Temperatur an der Substratoberfläche. Die Temperatur an der Substratoberfläche wurde mit einem Thermoelement in direktem mechanischen Kontakt mit dem Substrat gemessen. Durch eine Messung des Streulichts einer Indium-Schicht steht ein zusätzlicher Datenpunkt für den Schmelzpunkt des Indium zur Verfügung. Die Standard-Glasdicke beträgt 2 mm.

Bestimmung der Aufdampfraten und Schichtzusammensetzung Als Instrument zur Kontrolle der Aufdampfraten steht in der PVD-Kammer eine Schwingquarz-Messeinheit *Inficon-XTM/2* zur Verfügung. Aus der Veränderung der Schwingungsfrequenz des Quarzes im Laufe seiner Bedampfung kann auf die Aufdampfrate im Bereich des Messkristalls geschlossen werden. Die Abscheiderate auf dem Schwingquarz wird dabei üblicherweise als direkt proportional zur Abscheiderate auf das Substrat angenommen [110], die Proportionalitätskonstante kann durch eine Kalibrationsmessung bestimmt werden. Zur Kalibration werden Glassubstrate bei konstanter Bedampfungsrate beschichtet. Die Substrate werden vor und nach der Beschichtung mit einer Analysenwaage *Sartorius RC210* gewogen, aus der Massendifferenz wird die Abscheiderate auf dem Substrat bestimmt. Die Messgenauigkeit der Waage liegt bei 0,01 mg, für die verwendeten Beschichtungsmassen von über 1,5 mg/Substrat ist der dadurch bedingte Messfehler bei unter 1 Prozent. Trotz dieser Kalibration sind noch weitere Fehlerquellen zu beachten. Die Wiegemessung wird durch unterschiedlichen Schwefel-Einbau in die Kalibrationsschichten beeinflusst, die Bedampfungsrate bzw. Schwingquarzanzeige kann sich auch im Laufe einer Experimentserie verändern und nach Herstellerangaben kann der Teilchenfluss zwischen äußerem und innerem Substratbereich um bis zu 5 Prozent abweichen. Im Laufe der experimentellen Untersuchungen zeigte sich, dass die Bedampfungsrate eines Metalles (Cu, Zn oder Sn) an einem beliebigen Substratpunkt nur mit einem Fehler von ca. 15 Prozent angegeben werden kann.

Abbruchexperimente Um die Schichtentwicklung während eines Aufdampfprozesses zu untersuchen, kann der Prozess zu verschiedenen Zeitpunkten abgebrochen werden. Die so prozessierten Schichten werden anschließend ex-situ charakterisiert. Für solche Abbruchexperimente ist in der Vakuumkammer ein Manipulator in Form eines Greifarms an einer flexiblen Membranbalg-Durchführung installiert. Mit diesem Manipulator können Substrate aus dem Substrathalter entnommen und in einer Seitentasche des Kühlmantels abgelegt werden. Die Substrate sind dort in direktem Kontakt mit der Stickstoff-gekühlten Wand und vor Strahlung und Bedampfung geschützt. Für die Entnahme und das Ablegen der Substrate werden ca. 20 Sekunden benötigt.

3.2. In-situ energiedispersive Röntgenbeugung und -fluoreszenz an Dünnschichten

In dieser Arbeit wird der Effekt der Röntgenbeugung genutzt, um die Entwicklung der Phasenzusammensetzung von Precursorschichten während eines Heizexperimentes in-situ zu detektieren. Der Effekt der Röntgenfluoreszenz wird verwendet, um die Entwicklung der Schichtzusammensetzung und des Element-Tiefengradienten in den Schichten mitzuverfolgen.

3.2.1. Grundlagen der Röntgenbeugung

Unter Röntgenbeugung (engl. *X-Ray Diffraction*, *XRD*) versteht man die elastische Streuung von Röntgen-Photonen an periodischen Strukturen. Aufgrund ihrer Energie im keV-Bereich und der damit verbundenen kurzen Wellenlänge können Röntgenphotonen verwendet werden, um Kristallstrukturen zu untersuchen.

In einem Kristallgitter, als periodischer 3-dimensionaler Anordnung, können verschiedene Gitterebenen durch die drei Millerschen Indizes h, k und l vollständig beschrieben werden. Die Millerschen Indizes sind dabei die ganzzahligen Vielfache der reziproken Achsenabschnitte der Ebene mit den Kristallachsen $\vec{a}$, $\vec{b}$ und $\vec{c}$. Der Gittervektor $\vec{G}_{hkl}$ dieser Ebene im reziproken Raum lässt sich mit den reziproken Gittervektoren $\vec{a}^*$, $\vec{b}^*$ und $\vec{c}^*$ ausdrücken gemäß 3.1.

$$\vec{G}_{hkl} = h \cdot \vec{a}^* + k \cdot \vec{b}^* + l \cdot \vec{c}^* \tag{3.1}$$

Die reziproken Gittervektoren sind dabei definiert nach 3.2.

$$\vec{a}^* = 2\pi \frac{\vec{b} \times \vec{c}}{\vec{a}(\vec{b} \times \vec{c})}, \quad \vec{b}^* = 2\pi \frac{\vec{a} \times \vec{c}}{\vec{b}(\vec{a} \times \vec{c})}, \quad \vec{c}^* = 2\pi \frac{\vec{a} \times \vec{b}}{\vec{c}(\vec{a} \times \vec{b})} \tag{3.2}$$

Die Bedingung für Beugung an der Kristallebene hkl ist erfüllt, wenn die Differenz der Wellenvektoren des einfallenden Photons $\vec{k}$ und des auslaufenden Photons $\vec{k}'$ gleich dem Gittervektor ist:

$$\vec{k} - \vec{k}' = \vec{G}_{hkl}. \tag{3.3}$$

Aus $\vec{G}_{hkl}$ kann der Netzebenenabstand d_{hkl} bestimmt werden nach dem Zusammenhang $d_{hkl} = 2\pi / \left|\vec{G}_{hkl}\right|$. Weiterhin gilt, dass mit der Energie der gebeugten Photonen E_{Photon} der Betrag des Wellenvektors ausgedrückt werden kann als $\frac{|\vec{k}|}{2\pi} = \frac{E_{Photon}}{hc}$. Unter der Bedingung elastischer Streuung, dass sowohl die einfallenden als auch die ausgehenden Photonen mit der beugenden Netzebene den Winkel θ einschließen, lässt sich das Braggsche Gesetz in seiner bekannten Form darstellen zu

$$d_{hkl} = \frac{n \cdot h \cdot c}{2 \cdot E_{Photon} \cdot sin\theta}, \tag{3.4}$$

wobei h die Plancksche Konstante, c die Lichtgeschwindigkeit und n eine natürliche Zahl ist. Bei der in diesem Abschnitt vorgestellten Methode der energiedispersiven Röntgenbeugung wird das ausfallende Photonenspektrum unter einem festen Winkel detektiert. Da die untersuchten Dünnschichten polykristallin und im Normalfall untexturiert sind, finden sich immer Kristallite, die unter einem fixen Beugungswinkel θ für eine bestimmte Photonenenergie und Netzebene Gleichung 3.4 erfüllen. Man erhält dadurch im energiedispersiven Spektrum eine Reihe von Beugungssignalen, die nach Gleichung 3.4 jeweils einem bestimmten d-Wert zugeordnet werden können. Anhand dieser d-Werte kann die zugrundeliegende Struktur und damit die vorhandene kristalline Phase identifiziert werden. Die Zuordnung erfolgt dabei in den meisten Fällen durch einen Vergleich der gemessenen d_{hkl}-Werte mit Literaturdaten.

Die Intensität der Beugungssignale ist proportional zum Quadrat des komplexen Strukturfaktors F_{hkl}:

$$I(\vec{k}') \propto \left|F_{hkl}^2\right|. \tag{3.5}$$

Der Strukturfaktor lässt sich dabei durch eine Summe über die Atome der Netzebene ausdrücken als

$$F_{hkl} = \sum_{\alpha} f_\alpha(\vec{G}_{hkl}) \cdot e^{-i \cdot \vec{G}_{hkl} \cdot \vec{r}_\alpha}, \tag{3.6}$$

wobei f_α der Atomformfaktor und $\vec{r}_\alpha$ die Position in der Elementarzelle für die verschiedenen Atome α sind. Die Intensität der Beugungssignale beinhaltet damit Information über die Verteilung der verschiedenen Atome über die Elementarzelle.

3.2.2. Grundlagen der Röntgenfluoreszenz

Röntgenfluoreszenz (engl. *X-Ray Fluorescence, XRF*) beruht auf dem Photoeffekt. Unter dem Photoeffekt versteht man allgemein die Anregung eines Elektrons eines Atoms in einen höheren Energiezustand durch ein einfallendes Photon. Von Röntgenfluoreszenz spricht man bei der Anregung von Elektronen aus tiefen Schalen. Abbildung 3.4 zeigt schematisch eine solche Konstellation. Ein einfallendes Röntgenphoton hebt ein Elektron der K-Schale auf Vakuumniveau (Elektron verlässt das Atom). Die so ionisierte K-Schale wird durch ein Elektron aus einer energetisch höheren Schale aufgefüllt. Dabei wird ein Photon mit einer Energie ausgesendet, die der Energiedifferenz des Übergangs entspricht. Aufgrund der Aufspaltung der Energieniveaus der Elektronen sind für eine Hauptschale verschiedene Übergänge möglich. Im Rahmen dieser Arbeit werden ausschließlich die K_α-Linien der Elemente Cu, Zn, Sn und Mo ausgewertet. Aufgrund der begrenzten energetischen Auflösung des verwendeten Detektors werden die $K_{\alpha1}$- und die $K_{\alpha2}$-Linie als Summensignal gemessen. Das Verhältnis von $K_{\alpha1}/K_{\alpha2}$ -Intensität beträgt für die genannten Elemente nach SCOFIELD [111] circa Zwei.

Die Röntgenfluoreszenzintensitäten können verwendet werden, um die elementare Zusammensetzung von Mehrstoffsystemen zu bestimmen.

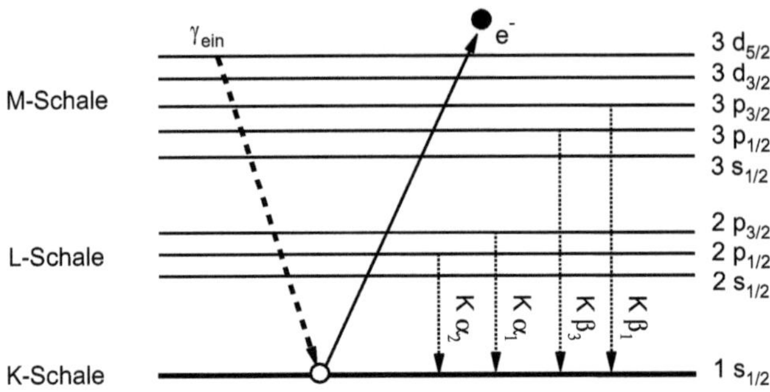

Abbildung 3.4.: Energieschema für die Emission von K-Röntgenfluoreszenzstrahlung. Durch ein einfallendes Photon wird ein 1 $s_{1/2}$-Elektron (K-Schale) ins Vakuumniveau angehoben. Die ionisierte K-Schale wird durch ein Elektron aus einer höheren Schale wieder aufgefüllt. Die Energiedifferenz wird in Form eines Photons frei. Für diese Arbeit relevante Übergänge sind unter Verwendung der geläufigen Nomenklatur [112] eingetragen.

Die Wahrscheinlichkeit $W_{fluor,gen}$, dass durch ein einfallendes Photon ein für Element J charakteristisches Fluoreszenzphoton J K_α generiert wird, ergibt sich nach Gleichung 3.7 aus dem Produkt der Wahrscheinlichkeiten verschiedener Einzelprozesse.

$$W_{fluor,gen} = \sigma_J(E) \cdot \rho_J \cdot w_K \cdot g_{K\alpha} \cdot w_{K\alpha} \tag{3.7}$$

Dabei ist $\sigma_J(E)$ der Wirkungsquerschnitt für die Absorption eines Photons der Energie E durch ein Atom des Elements J und ρ_J die Dichte an Atomen J im bestrahlten Flächenbereich. w_K gibt die Wahrscheinlichkeit wieder, dass durch die Absorption ein Elektron der K-Schale ionisiert wird. $g_{K\alpha}$ steht für die Wahrscheinlichkeit, dass es dadurch zu einem Elektronenübergang von der M- in die K-Schale kommt und $w_{K\alpha}$ für die Wahrscheinlichkeit, dass das dabei erzeugte Photon nicht in Form eines Auger-Prozesses verloren geht. Diese Wahrscheinlichkeiten können experimentell bestimmt werden und sind in verschiedenen Veröffentlichungen zusammengefasst [113, 114, 115]. Mit dem so berechneten Wert $W_{fluor,gen}$ können bei bekannter Intensität des anregenden Photonenstroms die Intensitäten der Fluoreszenzlinien einzelner Atome theoretisch berechnet werden. In realen Systemen sind allerdings weitere Einflussgrößen zu beachten. Durch die räumliche Ausdehnung des Messbereichs muss die Absorption von einfallenden und ausgehenden Photonen durch benachbarte Atome berücksichtigt werden. Zudem kann es zur Mehrfachanregung kommen, bei der erzeugte Fluoreszenzphotonen als anregende Photonen in einem weiteren Fluoreszenzprozess von umgebenden Atomen absorbiert werden. Eine detaillierte Behandlung dieser Effekte findet sich unter anderem bei MAINZ [116].

Für diese Arbeit sind die Anregungs- und Absorptionsvorgänge der Elemente Cu, Zn, Sn, S und Mo (Rückkontakt des Absorbers) relevant. In Abbildung 3.5 sind die Wirkungsquerschnitte der Photonenabsorption und die Lage der Fluoreszenzlinien für diese Elemente aufgetragen. Schwefel besitzt in dem dargestellten Energiebereich keine Fluoreszenzlinie.

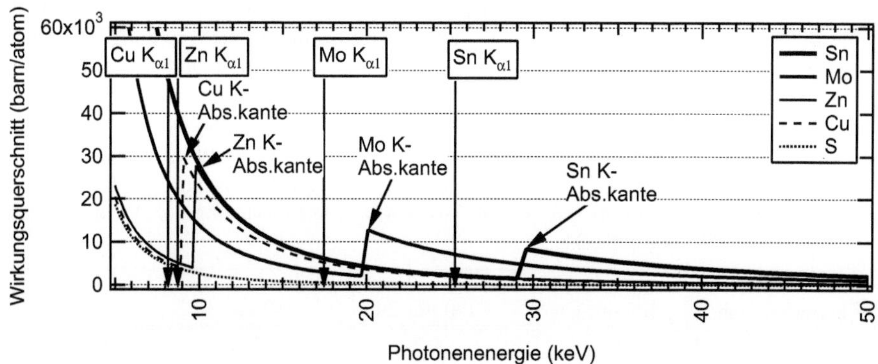

Abbildung 3.5.: Wirkungsquerschnitte der Photonenabsorption für die verschiedenen beteiligten Elemente in Abhängigkeit der Photonenenergie. Neben den Wirkungsquerschnitten sind die Energien der charakteristischen Fluoreszenzenergien mit Pfeilen markiert [114].

Für die drei übrigen Elemente Cu, Zn und Sn lassen sich gemäß der Auftragung in Abbildung 3.5 folgende Aussagen treffen:

- Sn K_α wird durch die Elemente Cu, Zn und S nur schwach absorbiert. Die Photonenabsorption durch Sn im Bereich der Cu K_α- und der Zn K_α-Linien ist um ca. eine Größenordnung höher. Daraus lässt sich qualitativ ableiten, dass sich in einem Schichtstapel die Bedeckung von Sn durch Zn, Cu und S nur schwach auf die Intensität der Sn K_α -Linie auswirkt (bei einer Messung normal zu den Stapelebenen).
- Die K-Fluoreszenzlinien und -Absorptionskante von Zn liegen nur um wenige 100 eV höher als für Cu. Zugleich reicht die Energie der Zn K_α-Linien nicht aus, um die K-Schale des Cu zu ionisieren. Das Röntgenabsorptions- und Röntgenemissionsverhalten von Cu und Zn ist damit sehr ähnlich. Eine Veränderung der Tiefenverteilung in einem Cu-Zn-Schichtstapel führt dadurch zu einer gegenläufigen Zunahme bzw. Abnahme der Cu K_α- bzw. der Zn K_α-Fluoreszenzintensität (bei einer Messung normal zu den Stapelebenen).

Die Absorption eines Photonenstroms der Energie E durch eine Atomsorte J wird durch das Lambert-Beersche Gesetz beschrieben:

$$I_{abs}(x, E) = I_0(1 - e^{-\sigma_J(E)\cdot\rho_{T,J}\cdot x}) = I_0(1 - e^{-\sigma_J(E)\cdot\rho_{T,J}\cdot\frac{z}{sin\theta}}). \tag{3.8}$$

Hier ist I_0 die eingestrahlte Intensität, $\sigma_J(E)$ der Wirkungsquerschnitt für Photonenabsorption durch das Element J bei der Energie E, x der zurückgelegte Weg im absorbierenden Medium und $\rho_{T,J}$ die Teilchendichte des Elements J in diesem Medium. Der zurückgelegte Weg x ist im zweiten Teil der Gleichung 3.8 auch durch den Einstrahlwinkel θ und die Tiefe z ausgedrückt. Um den Einfluss der Absorption auf die Intensität der verschiedenen detektierten Fluoreszenzlinien abzuschätzen, ist in Tabelle 3.1 die Absorption dieser Linien bei Durchtritt durch verschiedene Schichtarten aufgelistet. Für den Durchtritt wurde ein Winkel θ von 3,7° zur Schichtebene verwendet, so wie es der Detektionsgeometrie beim im Anschluss vorgestellten Messaufbau entspricht. Die Berechnung erfolgte nach Gleichung 3.8, die Wirkungsquerschnitte für die Photonenabsorption wurden dem Tabellenwerk von MCMASTER [114] entnommen. Der Vergleich zeigt, dass die Fluoreszenzlinie Sn K_α im Vergleich am schwächsten absorbiert wird. Damit wird die Intensität der Sn K_α-Linie nur geringfügig durch die elementare Tiefenverteilung in der Schicht beeinflusst, die Intensität wird vor allem durch die Gesamtmenge an Sn in der Schicht bestimmt.

Tabelle 3.1.: Prozentuale Abschwächung charakteristischer Fluoreszenzlinien nach Durchtritt durch verschiedene Schichtdicken und -arten unter einem Winkel θ von 3,7°. Die angegebenen Schichtdicken entsprechen den nötigen Materialmengen für die Bildung einer ca. 2 µm dicken Schicht Cu_2ZnSnS_4. Die Berechnung der Absorption erfolgt gemäß Gleichung 3.8.

	Absorption durch			
Fluoreszenzlinie	300 nm Cu	190 nm Zn	340 nm Sn	1250 nm S
Sn $K_{\alpha 1}$	7 %	4 %	4 %	1 %
Cu $K_{\alpha 1}$	19 %	12 %	62 %	31 %
Zn $K_{\alpha 1}$	16 %	10 %	54 %	27 %
Mo $K_{\alpha 1}$	18 %	11 %	11 %	4 %

3.2.3. Experimenteller Aufbau

Die Messungen wurden in einer kontinuierlich gepumpten Vakuumkammer durchgeführt. Wie in Abbildung 3.6 schematisch dargestellt, wird die zu untersuchende Probe auf einem Substrathalter mit integriertem Heizelement in der Vakuumkammer montiert. Der Probenoberfläche gegenüberliegend ist eine Schwefelquelle installiert. Durch das Aufheizen der Schwefelquelle kann der Schwefel-Partialdruck in der Kammer erhöht werden und so das Verdampfen von Schwefel aus den Schichten vermindert werden.

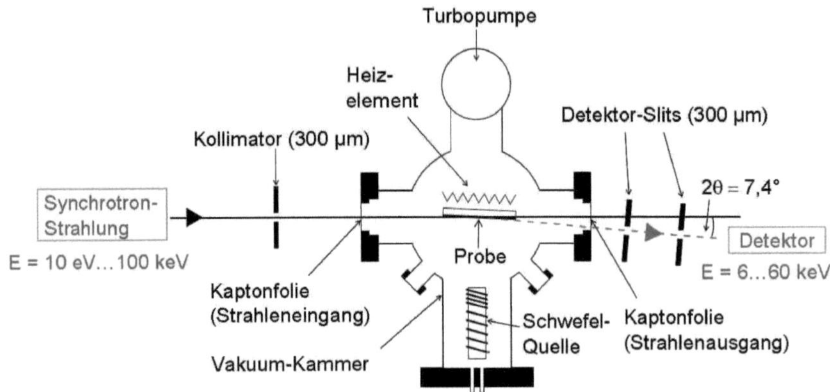

Abbildung 3.6.: Prinzipskizze der Prozesskammer zur in-situ-Messung von Röntgenbeugung und -fluoreszenz beim Heizen von Precursorschichten. Als Röntgenquelle diente die Beamline F3 am HASYLAB (Hamburg).

Der typische Messablauf besteht aus dem Einbau einer Probe, dem Evakuieren der Kammer und dem Start der Schwefelquelle. Nachdem sich der Druck in der Kammer stabilisiert hat (20 Minuten nach Start der Schwefelquelle) kann das Heizexperiment mit der Probe gestartet werden. Für die energiedispersive Messung von Röntgenbeugung und -fluoreszenz während des

Heizexperimentes wird die Kammer am Messplatz der Beamline F3 des HASYLAB installiert. Durch ein Fenster aus Kaptonfolie kann der polychromatische Synchrotronstrahl in die Kammer eintreten und mit der Probe wechselwirken. Durch ein zweites Fenster werden die gestreuten Photonen und die Fluoreszenzphotonen unter einem festen Winkel von 3,7° energiedispersiv detektiert. Die Details des Versuchsaufbaus sind im Folgenden gegliedert aufgeführt.

Synchrotronquelle und Detektor Die Beamline F3 ist Teil des DORIS-Positronenspeicherrings am HASYLAB in Hamburg. Die Positronen des Speicherrings bewegen sich mit einer Energie von 4,45 GeV, der Positronenstrom beträgt durchschnittlich 120 mA. In ca. 30 Meter Entfernung vom Messplatz F3 werden die Positronen des Speicherrings durch einen Magneten mit 1,28 Tesla Feldstärke abgelenkt. Das resultierende Strahlungsspektrum wurde durch OTTO [117] und MAINZ [116] berechnet. Es zeichnet sich durch ein Intensitätsmaximum bei ca. 12 keV aus, die Intensität fällt bis zu den Detektionsgrenzen bei 5 keV und 55 keV stetig bis auf ca. ein Drittel ab. Als energiedispersiver Detektor wird an der Beamline F3 eine Ge-Halbleiterdiode der Firma *Princeton Gamma Tech* verwendet. Die Diode wird in Sperrichtung betrieben, durch einfallende Photonen werden Ladungsträgerpaare erzeugt, die an die Kontakte der Diode abgeführt werden können. Die so erzeugten Signale sind proportional zur Energie der einfallenden Photonen. Die Effizienz der Umwandlung von einfallenden Photonen in verarbeitete Detektorimpulse liegt nach Herstellerangaben [118] im Energiebereich von 5 keV bis 50 keV zwischen ca. 0,65 und 0,95. Das Minimum im verwendeten Energiebereich liegt bei der Ge K-Absorptionskante, die Effizienz steigt für höhere Energien kontinuierlich bis 0,95 an. Die Energieauflösung des Detektorsystems liegt im verwendeten Messbereich von 5 keV bis 60 keV bei ca. 220 eV [119]. Vor jeder Experimentserie wurde die Energiezuordnung der Detektorsignale durch die Vermessung von Fluoreszenzlinien verschiedener Elemente über den gesamten Messbereich kalibriert. Eine detaillierte Beschreibung der Kalibrationsmessung findet sich bei PIETZKER [109] und MAINZ [116]. Während der Heizexperimente wurden die Detektorsignale über einen Zeitraum von 15 Sekunden integriert, um ein ausreichend hohes Signal-Rausch-Verhältnis bei gleichzeitig hoher Zeitauflösung zu erhalten.

Messgeometrie Der Primärstrahl passiert vor der Messkammer ein horizontales und vertikales Blendensystem mit 300 µm Spaltbreite. Unter einem Winkel von ca. 3,7° zur Oberfläche fällt der Strahl auf die zu messende Probe. Detektorseitig befinden sich zwei Blenden mit ebenfalls 300 µm Spaltbreite. Die Verbindungslinie dieser beiden Spalte kreuzt den Primärstrahl im zu untersuchenden Probenvolumen. Der Beugungswinkel 2θ zwischen Primärstrahl und dem „Detektionsfenster“ beträgt für alle Experimente ca. 7,4°. Der exakte Beugungswinkel wurde vor jeder Experimentserie anhand der Position von Beugungsreflexen einer polykristallinen Goldprobe bestimmt. Eine detaillierte Beschreibung der Winkelkalibration findet sich bei PIETZKER [109]. Während der Heizexperimente verändert sich die Position der Probe durch thermische Ausdehnung des Substrates und des Substrathalters. Diese Verschiebung der Probenposition wird durch ein Nachfahren des Probentisches während des Heizexperimentes ausgeglichen. Das Nachfahren des Tisches erfolgt automatisch mit Hilfe eines Algorithmus, der die Intensitäten der Fluoreszenzsignale in Abhängigkeit der Probenposition auswertet. Die Veränderung der Probenposition kann bei der vorliegenden Strahlgeometrie nach MAINZ [116] zu einer Veränderung des θ-Winkels von maximal 0,03° führen.

Vakuumkammer Die Kammer wird durch eine Turbomolekularpumpe mit nachgeschalteter Drehschieberpumpe evakuiert. Der Kammerdruck wird durch eine Bayard-Alpert Heißkathoden-Messröhre von *Varian* in Nähe der Turbomolekularpumpe gemessen. Der Basisdruck zu Beginn des Experimentes liegt bei ca. 1×10^{-3} Pa. Vor dem Start des Heizexperimentes wird die Schwefelquelle auf eine Temperatur von 180 °C gebracht. Der Druck der Kammer stabilisiert sich nach der 20-minütigen Heizzeit der Schwefelquelle bei ca. 1×10^{-2} Pa. Eine Auswertung des Druckverlaufs in der Heizphase der Schwefelquelle findet sich bei PIETZKER [109]. Die Temperaturregelung der Substratheizung erfolgt über ein Thermoelement, das zwischen Rückseitenheizer und Probe eingebaut ist. Um die Temperatur an der Schichtoberfläche zu messen, wurde ein Pt100-Messelement (Abmessungen ca. $1\times2\times7$ mm^3) mittels einer Titan-Klammer an der Substratoberfläche befestigt. In Abbildung 3.7 ist der Verlauf der Temperatur am Thermoelement und der Temperatur am Pt100-Messelement für das Standard-Temperaturprogramm aufgetragen.

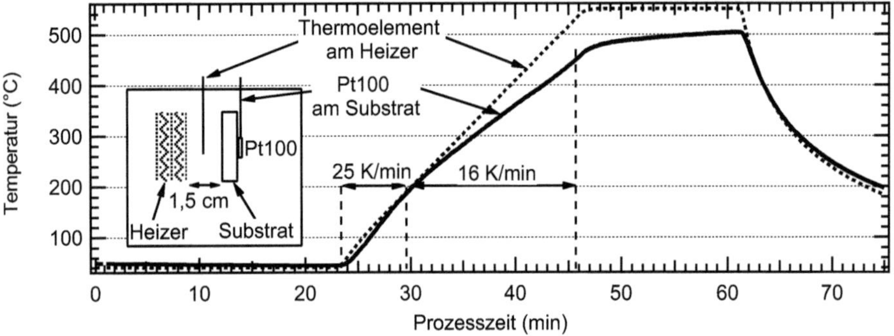

Abbildung 3.7.: Kalibration der Substrattemperatur in der in-situ Prozessierungskammer mittels eines Pt100-Messelementes. Die Anordnung des Pt100 und des Thermoelements für die Temperaturregelung sind grafisch dargestellt.

Ab einer Temperatur von ca. 200 °C ist die Temperatur am Pt100 systematisch zu niedrigeren Temperaturen verschoben. Die Heizrate beträgt bis 200 °C ca. 25 K/min und ab 200 °C ca. 16 K/min. Eine Überprüfung der Reproduzierbarkeit der Temperaturmessung am Pt100-Messelement zeigte eine maximale Abweichung von ca. 15 Kelvin. Im weiteren Verlauf der Arbeit wird die am Pt100 gemessene Temperatur als Substrattemperatur angegeben.

Auswertung der gemessenen Spektren Abbildung 3.8 zeigt ein repräsentatives energiedispersives Spektrum einer Kesterit-Schicht. Neben den Fluoreszenzlinien sind Beugungsreflexe des Kesterit Cu_2ZnSnS_4 sowie des Mo-Rückkontakts zu erkennen. Daneben treten sogenannte „Escape"-Signale auf, die auf die Ionisation von Ge-Atomen des Detektors durch intensitätsstarke Signale zurückzuführen sind. Die gemessenen Signale werden nach einer Kurvenanpassung ausgewertet. Sowohl für die Fluoreszenzlinien als auch für die Beugungsreflexe wird als Anpassungsfunktion eine Gaußkurve verwendet. Diese Signalform ist charakteristisch für den verwendeten energiedispersiven Detektor, detaillierte Beschreibungen dazu finden sich bei PIETZKER [109] und MAINZ [116]. Mit den Parametern der Gaußkurve werden die energetische Lage, die Halbwertsbreite und die Intensität (in Form der Fläche) des Signals bestimmt. Um Messartefakte bei der zeitlichen Entwicklung der Signalintensitäten zu vermeiden, werden die Spektren standardmäßig auf das Mo K_α-Signal normiert (siehe dazu auch [109]).

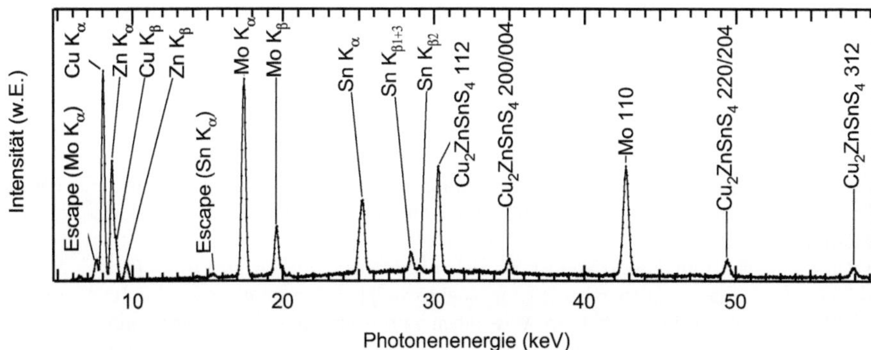

Abbildung 3.8.: Typisches energiedispersives Spektrum einer Kesterit-haltigen Probe. Das Spektrum wurde in 15 Sekunden aufgenommen. Durch Ionisation der Ge-Atome des Detektors entstehen sogenannte „Escape"-Signale, die um 9,86 keV von der eigentlichen Signalenergie entfernt liegen.

3.3. Ex-situ Charakterisierungsmethoden

Zur Untersuchung der Schichten wurden auch verschiedene ex-situ Methoden verwendet. Da es sich um analytische Standardverfahren handelt, werden hier nur die konkret verwendeten Messinstrumente kurz vorgestellt. Die Grundlagen der Messverfahren sind in einschlägigen Fachbüchern beschrieben.

3.3.1. Winkeldispersive Röntgenbeugung

Für winkeldispersive Beugungsmessungen wurde ein Diffraktometer des Typs *Bruker D8* verwendet. Als Röntgenröhre kam eine Cu-Anode zum Einsatz. Durch einen Monochromator wurde das Röntgenspektrum auf die Fluoreszenzlinien Cu $K_{\alpha 1+2}$ beschränkt. Die Messungen wurden in Parallelstrahlgeometrie unter streifendem Einfall durchgeführt, der Einfallswinkel betrug 2° zur Substratebene.

Polfiguren wurden an einem Diffraktometer des Typs *Seifert MZ VI* mit Co-Anode (Co $K_{\alpha 1+2}$) durchgeführt. Um die Textur der Schichten zu messen, wurden die Proben in 5°-Schritten von 0° bis 85° um den Winkel ψ verkippt. Für jeden Verkippungswinkel wurde der Rotationswinkel ϕ ebenfalls in 5°-Schritten von 0° bis 360° durchfahren.

3.3.2. Elektronenmikroskopie

Als *R*aster*e*lektronen*m*ikroskop (*REM*) wurde ein Gerät des Typs *Leo 1530 Gemini* mit Feldemissionskathode verwendet. Die Beschleunigungsspannung betrug standardmäßig 3 kV bei einem Arbeitsabstand von ca. 5 mm, die Detektion der Sekundärelektronen erfolgte durch einen in-lens Detektor. Der Kontrast im Sekundärelektronenbild ist allgemein zurückzuführen auf die Probentopographie, unterschiedliche Kristallstruktur, sowie auf Gradienten in der Probendichte und der Ordnungszahl der Atome [120]. Daneben können auch lokale Variationen in der elektrischen Leitfähigkeit Kontrast erzeugen. Nach SEILER [121] und CAZAUX [122, 123] hängt es dabei von Beschleunigungsspannung, Arbeitsabstand und Detektionsgeometrie ab, wie sich die

Leitfähigkeit auf die Signalintensität der detektierten Sekundärelektronen auswirkt. Unter dem Ausdruck „charge contrast imaging" kommt diese Kontrastart in einem speziellen Messverfahren bei der Untersuchung von Proben geringer Leitfähigkeit zum Einsatz [124, 120]. Im System Cu-Zn-Sn-S weist die Phase ZnS eine signifikant niedrigere Leitfähigkeit als alle anderen Verbindungen. Für ZnS werden Leitfähigkeiten von unter 10^{-9} $(\Omega\text{cm})^{-1}$ berichtet [125, 126], während die Leitfähigkeit von Zinnsulfiden um 10^{-4} $(\Omega\text{cm})^{-1}$ [127, 128], von verschiedenen Kupferzinnsulfiden um 10 $(\Omega\text{cm})^{-1}$ [44, 129, 130, 131, 50] und von Kupfersulfiden bei bis zu $10^{5}(\Omega\text{cm})^{-1}$ [132, 133, 134] liegt. Bei geeigneten Abbildungsparametern ist daher zu erwarten, dass sich ZnS-Kristallite in den untersuchten Schichten durch den erwähnten Ladungskontrast von der Bildumgebung abheben.

Am Rasterelektronenmikroskop ist ein Si(Li)-Photonendetektor der Firma *Thermo Noran* installiert, der für energiedispersive Röntgenspektroskopie (*E*nergy-*d*ispersive *X*-Ray Spectroscopy, *EDX*) eingesetzt wird. Für EDX-Messungen wurde eine Beschleunigungsspannung von 8 KV bei einem Arbeitsabstand von 13 mm verwendet. Zur Quantifizierung der Elementanteile wurden die Intensitäten der Cu L-, Sn L-, Zn L-, Mo L- sowie der S K-Linien ausgewertet.

Hochaufgelöste Aufnahmen wurden mittels eines Transmissionselektronenmikroskops des Typs *Zeiss Libra 200FE* erstellt.

3.3.3. Röntgenfluoreszenzanalyse

Für die *R*öntgen*f*luoreszenz*a*nalyse (*RFA*, oder auch *XRF* für *X*-*R*ay *F*luorescence Spectroscopy) wurde ein Gerät des *Instituts für Geräteforschung* (*IFG*) verwendet. Als Röntgenquelle kam eine Röhre mit Rhodium-Anode zum Einsatz, die Fluoreszenzanregung in der Probe erfolgt durch das gesamte Strahlungsspektrum der Röhre. Als Detektor wurde wie bei den EDX-Messungen eine Si(Li)-Halbleiterdiode verwendet. Die Energieauflösung des Detektors betrug ca. 160 eV. Zur Quantifizierung von Elementanteilen wurden die Cu K-, Zn K-, Mo K-, S K- und Sn L-Fluoreszenzlinien ausgewertet. Als Quantifizierungmodell wurde ein Zweischichtsystem aus Mo-Schicht und Absorber-Schicht, sowie eine homogene Elementverteilung in der Absorberschicht angenommen. Die RFA wird in dieser Arbeit vor allem eingesetzt, um relative Veränderungen der Fluoreszenzintensitäten bestimmter Elemente im Laufe eines Prozesses nachzuverfolgen. Da diese Prozesse meist mit der Ausbildung eines undefinierten, elementaren Tiefengradienten verbunden sind, ist eine Quantifizierung von Elementanteilen in diesen Fällen fehlerbehaftet.

4. Kesterit-Dünnschichtwachstum durch Festkörperreaktionen

KATAGIRI [14, 13, 16] konnte die bisher besten Kesterit-Solarzellen durch Tempern von Schichtpaketen des Typs Mo/ZnS/SnS/Cu und Mo/ZnS/SnS_2/Cu in schwefelhaltiger Atmosphäre herstellen. Nach den Ergebnissen zur Sulfurisierung von Cu bei PIETZKER [109] ist davon auszugehen, dass Cu bereits in der Anfangsphase des Prozesses mit Schwefel aus der Gasphase zu Kupfersulfid umgesetzt wird. Die Kesteritbildung nach KATAGIRI [14, 13, 16] basiert damit weitgehend auf Festkörperreaktionen.

In diesem Kapitel werden solche Festkörperreaktionen in Dünnschichtstapeln des Materialsystems Cu-Zn-Sn-S systematisch untersucht. Es wurden dazu verschiedene Schichtstapel binärer und ternärer Sulfide in einem PVD-Prozess abgeschieden. Diese Schichten wurden anschließend in Schwefelatmosphäre getempert. Durch die Methode der energiedispersiven Röntgenbeugung und -fluoreszenz konnten in-situ die Phasenentwicklung, Kristallisationsprozesse und Transportvorgänge in den Schichten sowie Materialverlust aus den Schichten detektiert werden. Das Kapitel ist entsprechend der Systematik der Untersuchung in die binären und ternären Teilsysteme und das quaternäre System aufgeteilt. Anhand der experimentellen Ergebnisse werden für die verschiedenen Teilsysteme Modelle für das Schichtwachstum vorgestellt. Aus den Ergebnissen werden dabei Ansätze zur Verbesserung der Parameter des Heizprozesses zur Bildung von Cu_2ZnSnS_4 abgeleitet. Die Experimente in diesem Kapitel dienen aber auch als Grundlage für die Untersuchungen in Kapitel 5, bei denen Kesteritschichten in einem Aufdampfprozess durch eine Reaktion von Festkörper und Gasphase gebildet werden.

4.1. Reaktionen und Phasentransformationen in den binären Systemen Sn-S, Cu-S, Zn-S

In dieser Arbeit werden ausschließlich sulfidische Materialsysteme behandelt, daher sind die metallischen Systeme Cu-Sn, Cu-Zn und Zn-Sn hier nicht als binäre Untersysteme aufgeführt. Es wird zunächst für jedes sulfidische System die Deposition des Precursors in einem Aufdampfprozess vorgestellt. Dieser Precursor wird anhand von Elektronenmikroskopie und energiedispersiver Röntgenbeugung charakterisiert. Durch die in-situ Messung von Röntgenbeugung und -fluoreszenz während eines Standardexperimentes wird das Verhalten der Schichten bei Durchfahren einer Heizrampe mit anschließendem Temperaturplateau analysiert. Die beobachteten Effekte und mögliche Auswirkungen auf die Bildung von Cu_2ZnSnS_4 werden diskutiert.

4.1.1. Das binäre System Sn-S

Dünne Schichten aus Zinnsulfiden sind aufgrund ihrer optischen und elektrischen Eigenschaften bereits in zahlreichen Arbeiten als photovoltaische Absorber untersucht worden [135, 136, 137, 138]. Bei der Herstellung der Schichten kann es abhängig von den Prozessierungsparametern zur Bildung verschiedener Zinnsulfidphasen kommen [139, 138, 136]. Ziel dieses Abschnittes ist es, die Eigenschaften von Zinnsulfidschichten nach einem Standard-Aufdampfprozess zu bestimmen und das Verhalten der Schichten während eines anschließenden Heizprozesses in-situ zu charakterisieren. Für die Untersuchungen wurden zwei verschiedene Typen von Dünnschichtprecursoren verwendet. Bei der ersten Variante wurde Zinnsulfid durch Verdampfen der binären Verbindung SnS abgeschieden, bei der zweiten Variante durch das Koverdampfen von Sn und S aus Elementquellen. Nach PIACENTE [106] verläuft die SnS-Verdampfung kongruent, die gasförmige Komponente wird als SnS-Molekül identifiziert. Bei diesem Verfahren ergibt sich damit der Vorteil eines gleich bleibenden Sn/S-Elementverhältnisses in der Gasphase für alle Aufdampfprozesse, was eine gute Reproduzierbarkeit der Schichtabscheidung erlaubt. Gegen die Verwendung von SnS spricht aus praktischen Gründen die mangelnde Reinheit von kommerziell verfügbarem SnS-Aufdampfmaterial, was die aufwändige Synthese des Materials aus hochreinem Sn und S nötig macht. Nach FRIEDLMEIER [140] sinkt zudem der Haftkoeffizient von SnS bei hohen Substrattemperaturen deutlich ab. Um also bei Substrattemperaturen von 400 °C und darüber ausreichend Sn für die Kesteritbildung in die Dünnschichten einzubauen, ist nach FRIEDLMEIER das Bedampfen mit elementarem Sn und S notwendig.

Deposition der Precursorschichten

In Tabelle 4.1 sind die gewogenen Flächenmassen nach der Bedampfung aus den Elementquellen Sn und S (Schichttyp SnS_1) und der Bedampfung aus der SnS-Binärquelle (Schichttyp SnS_2) eingetragen. Die Bedampfungsraten und -zeiten sind in Tabelle A.1 des Anhangs unter Bezug auf die Phasen SnS und SnS_2 als Metallbedampfungsraten aufgeführt.

Tabelle 4.1.: Flächenmassen für die unterschiedlich hergestellten Zinnsulfidschichten. Die abgeschiedenen Massen wurden durch Wiegen der Proben vor und nach der Beschichtung bestimmt. Die Schichtdicken sind REM-Querschnittsaufnahmen entnommen. Auf Basis dieser Messdaten wurde die Dichte ρ_{Mess} berechnet. Der Literaturwert liegt für SnS_2 bei 4,5 g/cm³ [36] und für SnS bei 5,2 g/cm³ [38].

Schichttyp	Quelle	Flächenmasse (mg/cm²)	Dicke (µm)	ρ_{Mess}(g/cm³)
SnS_1	Sn + S	0,37	1,7	2,2
SnS_2	SnS	0,29	1,3	2,2

Die Morphologie der beiden Schichttypen zeigt sich in den REM-Aufnahmen an Bruchkanten in Abbildung 4.1. Für den Schichttyp SnS_1 ist eine Zweischichtstruktur zu erkennen. Die untere Schicht erscheint amorph, während die obere Schicht eine Morphologie mit plättchenartigen Kristalliten aufweist. Die Plättchen-Normale liegt für die Mehrzahl der Kristallite parallel zur Schichtoberfläche. Der Schichttyp SnS_2 erscheint insgesamt poröser. Vor allem an der Oberfläche der Schicht sind auch hier plättchenförmige Kristallite zu erkennen.

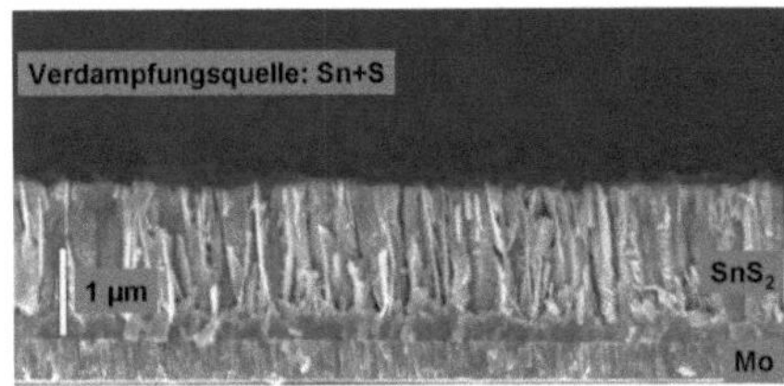

Abbildung 4.1.: REM-Aufnahmen an Bruchkanten der Precursoren SnS_1 (linkes Bild) und SnS_2 (rechtes Bild).

Tabelle 4.2.: Phasenentwicklung der Schichttypen SnS_1 und SnS_2 im Laufe des Heizexperimentes.

SnS_1:	$2\,SnS_2 \longrightarrow Sn_2S_3 + S \longrightarrow 2\,SnS + 2\,S$
SnS_2:	$SnS(+Sn_2S_3(amorph)) \longrightarrow SnS + Sn_2S_3 \longrightarrow 3\,SnS + S$

In-situ Analyse der Precursoren im Heizexperiment

Abbildung 4.2 zeigt die energiedispersiven Beugungsspektren der beiden Schichttypen SnS_1 und SnS_2 vor dem Start des Heizexperimentes. Für den Schichttyp SnS_1 sind Beugungsreflexe der Phase SnS_2 zu erkennen, bei Schichttyp SnS_2 treten die Reflexe der Phase SnS auf.

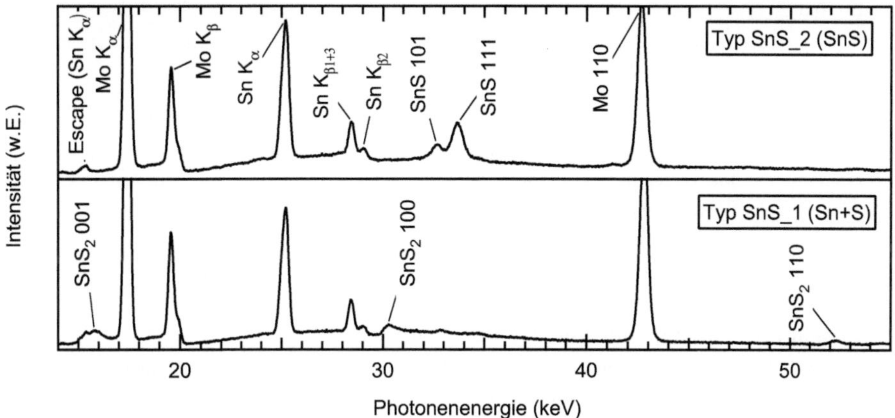

Abbildung 4.2.: EDXRD-Spektren der Precursoren SnS_1 (Verdampfung aus den Elementquellen, unterer Graph) und SnS_2 (Verdampfung aus der Binärquelle, oberer Graph) vor dem Heizexperiment bei Raumtemperatur.

Die beiden Precursortypen wurden entsprechend dem Standardheizprogramm in 25 Minuten von Raumtemperatur auf nominell 550 °C geheizt. Die Entwicklung der Intensitäten der wichtigsten Beugungs- und Fluoreszenzsignale während des Heizexperimentes ist in Abbildung 4.3 dargestellt. Bei beiden Schichttypen treten im Temperaturbereich zwischen 320 °C und 390 °C zusätzliche Beugungsreflexe auf, die eindeutig der Phase Sn_2S_3 zugeordnet werden können. Im Fall des Schichttyps SnS_1 fällt die Bildung dieser Phase mit einem Abfall der Intensität der SnS_2-Reflexe zusammen. Die Reflexe der Phase SnS_2 verschwinden bei ca. 350 °C vollständig. Etwa ab dieser Temperatur treten für den Schichttyp SnS_1 die Beugungsreflexe der Phase SnS auf. Im selben Temperaturbereich nimmt auch für den Schichttyp SnS_2 die Intensität der SnS-Beugungsreflexe zu. Zugleich nimmt die Intensität der Sn-Fluoreszenzlinie ab, was auf den Verlust von Sn oder einer Zinnsulfidverbindung aus der Schicht hindeutet. Mit zunehmender Temperatur schreitet dieser Sn-Verlust weiter voran, bei Erreichen des Temperaturplateaus sind in beiden Schichten keine Beugungssignale von Zinnsulfidphasen mehr zu erkennen. Die Phasenentwicklung der beiden Schichttypen lässt sich anhand der Beugungsexperimente entsprechend den Gleichungen in Tabelle 4.2 zusammenfassen.

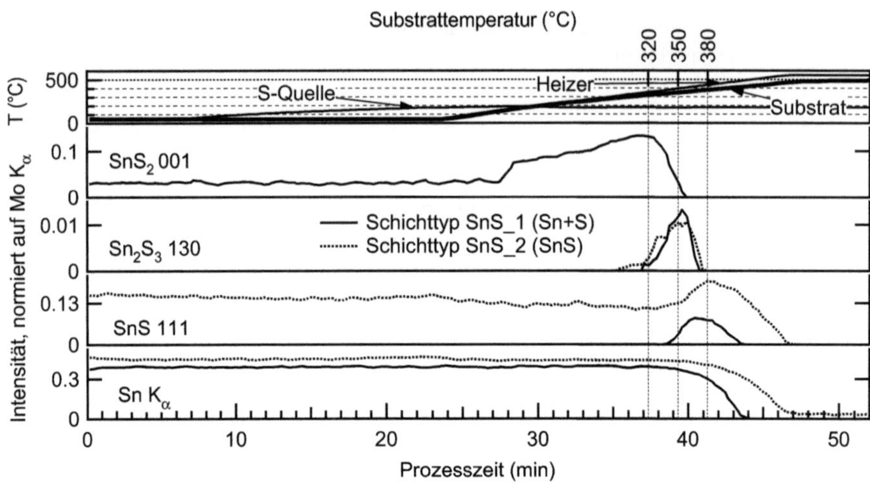

Abbildung 4.3.: In-situ detektierte Phasenentwicklung während des Heizexperimentes an den Zinnsulfidprecursoren SnS_1 (Schichtherstellung aus Sn+S) und SnS_2 (Schichtherstellung aus SnS). Signifikante Temperaturpunkte sind durch Linien markiert.

Diskussion und Zusammenfassung zum System Sn-S

Die Untersuchungen zeigen, dass sich bei der Abscheidung aus den Elementquellen nach dem Standardprozess die Phase SnS_2 bildet. Bei der Abscheidung aus der Binärquelle bildet sich die Phase SnS. Beide Precursortypen weisen bei der REM-Untersuchung im Anschluss an die Schichtabscheidung plättchenförmige Kristallite auf. Tatsächlich ist nach JIANG [34] sowohl für SnS als auch für SnS_2 die Ausbildung von plättchenförmigen Strukturen zu erwarten. Für die Phase SnS ergibt sich der Schichtcharakter durch Van-der-Waals-Bindungen entlang der a-Achse, für die Phase SnS_2 durch Van-der-Waals-Bindungen entlang der c-Achse der Einheitszelle (siehe dazu auch Abschnitt 2.1). Die Bildung dieser plättchenförmigen Mikrostruktur ist als Ursache für die hohe Porosität der Schichten anzusehen. Da die Plättchen zum Teil senkrecht in der Schicht stehen, erscheinen die Bruchkanten der Schichten im REM aber dicht.

Trotz der Unterschiede in der Phasenkomposition des Precursors zeigen die beiden Schichttypen Ähnlichkeiten bei der Phasenentwicklung während des Heizexperimentes. In beiden Fällen zersetzen sich schwefelreiche Zinnsulfide im Laufe des Heizprozesses. Als letzte Phase verbleibt das Schwefel-arme SnS. Einen identischen Übergang der schwefelreichen Phasen in die schwefelarmen Phasen während des Heizprozesses findet auch PIACENTE [106]. Bei Experimenten zum Abdampfverhalten von Zinnsulfidkristalliten konnte PIACENTE [106] beobachten, dass SnS_2 zunächst unter Abgabe von gasförmigem Schwefel in die schwefelärmeren Phasen umgewandelt wird, bevor es in Form von SnS-Molekülen in die Gasphase übergeht. Wegen der guten Übereinstimmung der Versuchsergebnisse mit der Arbeit von PIACENTE wird auch für die Dünnschichten angenommen, dass der Sn-Verlust über das Abdampfen von SnS-Molekülen abläuft.

In Hinblick auf die in dieser Arbeit untersuchten Reaktionen in den ternären und quaternären Systemen ist vor allem der letzte Punkt, das Abdampfen von SnS während des Heizexperimentes, von Bedeutung. Aufbauend auf die Entwicklung der Sn-Fluoreszenz werden in Kapitel 4.4 die Unterschiede im SnS-Verlust für verschiedene Schichtsysteme untersucht.

4.1.2. Das binäre System Cu-S

Eine detaillierte Beschreibung zur Phasenentwicklung bei Sulfurisierungsexperimenten an Cu-Schichten findet sich bei KLOPMANN [141]. Es zeigte sich dabei, dass bereits bei Temperaturen unter 200 °C die Cu-Schicht komplett in CuS (Covellit) umgewandelt wird. Weiteres Heizen führt nach KLOPMANN bei einer Temperatur von ca. 220 °C zur Umwandlung von CuS zu $Cu_{2-x}S$ (Digenit, mit 0,3 > x > 0). Diese Phase bleibt die einzig nachweisbare Verbindung während der anschließenden Heizrampe. Während des Abkühlens kommt es im Bereich von ca. 260 °C zur erneuten Bildung von Covellit unter Abbau des Digenit. KLOPMANN führt die Verschiebung des Covellit-Digenit-Überganges, der laut Phasendiagramm unter Standardbedingungen bei 507 °C liegt, auf den niedrigen Druck in der Experimentkammer (ca. 1×10^{-2} Pa) zurück.

In diesem Abschnitt soll untersucht werden, ob die Ergebnisse von KLOPMANN bei Verwendung von sulfidischen Precursoren und bei dem in dieser Arbeit verwendeten Heizprozess bestätigt werden. Da die Phasenentwicklung im binären Cu-S-System als Referenz für die Entwicklung der Kupfersulfide in den ternären und quaternären Systemen dienen soll, wird der Schwerpunkt der Auswertung auf der Heizphase liegen.

Deposition der Precursorschicht

Für die Deposition wurden Cu und S aus den Elementquellen koverdampft. Die Abscheiderate und -zeit ist in Tabelle A.1 auf Seite 127 des Anhangs unter CuS_1 aufgelistet. Abbildung 4.4 zeigt die Morphologie der so hergestellten Schichten. Die Kristallite der Schicht sind kolumnar angeordnet. Mit der Schichtdicke aus der REM-Aufnahme von 1,1 µm und der Flächenmasse der Schicht von 0,52 mg/cm² ergibt sich für die Dichte ein Wert von 4,7 g/cm² (Literaturwert für CuS: 4,7 g/cm² [142]).

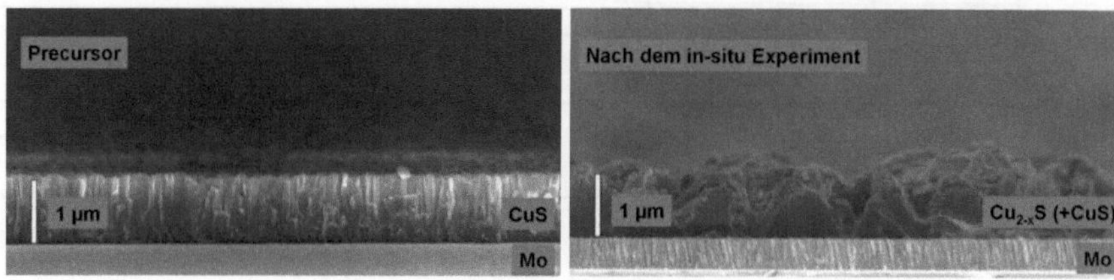

Abbildung 4.4.: REM-Aufnahmen an Bruchkanten des Cu-S-Precursors vor und nach dem in-situ Experiment. In der Abkühlphase des in-situ Experimentes wurde die Kammer bei ca. 300 °C belüftet. Durch Röntgendiffraktometrie konnten nach dem Abkühlen die Phasen $Cu_{2-x}S$ und CuS nachgewiesen werden.

In-situ Analyse des Precursors im Heizexperiment

Abbildung 4.5 zeigt ein energiedispersives Beugungsspektrum an der Schicht vor dem Start des Heizexperimentes. Im Precursor treten ausschließlich Beugungsreflexe der Phase CuS auf. Die Verteilung der Reflexintensitäten deutet auf eine starke Textur mit {110}-Ebenen parallel zur Schichtoberfläche hin.

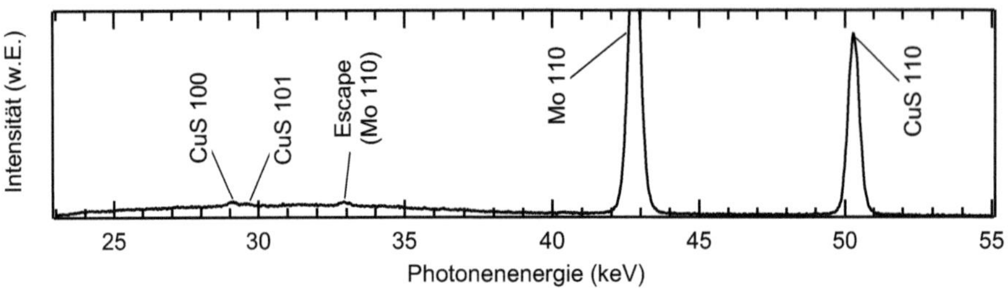

Abbildung 4.5.: EDXRD-Spektrum der Cu-S Precursorschicht vor dem Heizexperiment bei Raumtemperatur.

Abbildung 4.6 zeigt die Entwicklung der Kupfersulfidphasen während eines Standard-Heizexperimentes. Im Laufe der Temperaturrampe verschwinden ab 200 °C die Reflexe des CuS und Beugungssignale des $Cu_{2-x}S$ treten auf. Die Intensität dieser Reflexe nimmt mit steigender Temperatur wieder ab. Im gesamten Experimentverlauf bleiben CuS und $Cu_{2-x}S$ die einzig detektierbaren kristallinen Phasen. Für die Intensität der Cu K_α-Fluoreszenzlinie tritt im Verlauf des Experimentes keine messbare Veränderung auf. Abbildung 4.4 zeigt die REM-Aufnahme einer Schichtbruchkante nach der Prozessierung. Die kolumnare Morphologie des Precursors ist verschwunden. Die Schicht ist rau und es haben sich einzelne, große Kristallite gebildet. Da die Schicht schnell und schwefelarm abgekühlt wurde, zeigt die Röntgenbeugung nach dem Abkühlen vor allem Reflexe der Phase $Cu_{2-x}S$.

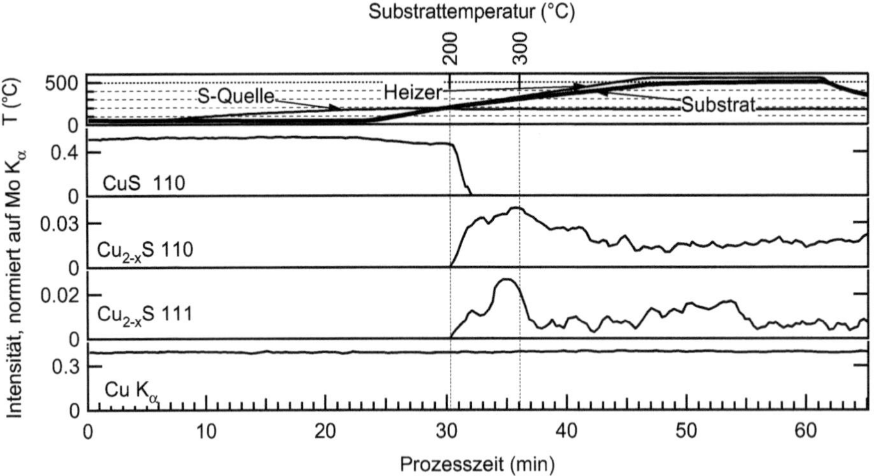

Abbildung 4.6.: In-situ detektierte Phasenentwicklung während des Heizexperimentes an einem Kupfersulfidprecursor. Signifikante Temperaturpunkte sind durch Linien markiert.

Diskussion und Zusammenfassung zum System Cu-S

Das Aufdampfen von Kupfersulfid nach den Standard-Prozessbedingungen liefert texturierte CuS-Schichten mit kolumnaren Kristalliten. Die {110}-Ebenen sind bevorzugt parallel zur Schichtoberfläche angeordnet. Nach dem Phasendiagramm von CHAKRABARTI [143] (siehe Abbildung B.2) ist die Bildung von CuS in schwefelreichen Systemen zu erwarten. Während des Heizexperimentes kommt es wie bei KLOPMANN [141] bei einer Temperatur von ca. 200 °C zur Umwandlung von CuS zu $Cu_{2-x}S$. Auch KLOPMANN findet nach diesem Übergang keine weiteren Kupfersulfidphasen in der Schicht.

Die Veränderung der Schichtmorphologie im Laufe der Prozessierung in Abbildung 4.4 lässt darauf schließen, dass es während des Experimentes zu einer Rekristallisation der anfangs texturierten Kupfersulfidschicht kommt. Die Rekristallisation der Schichten und der schnell ablaufende Phasenübergang deuten auf eine hohe Mobilität der beteiligten Ionen bzw. Atome hin. Mehrere Arbeiten zu diesem Thema [144, 101] bestätigen, daß die Mobilität von Kupfer in den Kupfersulfiden sehr hoch ist. Die hohe Beweglichkeit des Kupfer und die Transportvorgänge bei der Umwandlung $(2-x)CuS \rightleftharpoons Cu_{2-x}S + (1-x)S$ werden auch Teil der folgenden Untersuchungen an den ternären und quaternären Systemen sein.

4.1.3. Das binäre System Zn-S

Die in dieser Arbeit untersuchten ZnS-Dünnschichten wurden durch Verdampfen von ZnS-Volumenmaterial hergestellt. Nach den Arbeiten von BAN [145] und GOLDFINGER [146] zerfällt ZnS bei hohen Temperaturen in die gasförmigen Komponenten Zn und S_2. Die Temperatur des Substrats hat entscheidenden Einfluss auf die aufwachsende Schicht. RITTER [147] zeigt im Rahmen einer Temperaturvariation, dass durch eine Temperatursteigerung von 50 °C auf 280 °C die abgeschiedene Schichtdicke um ca. 40 Prozent sinkt (Substratmaterial: Glas). SUBBAHIA[148] berichtet von einem Maximum der XRD-Intensitäten des ZnS bei einer Substrattemperatur von 300 °C. Die Zusammensetzung der Schichten verändert sich dabei mit steigender Temperatur von schwefelreich (S/Zn=1,1) bei 200 °C zu schwefelarm (S/Zn=0.8) bei 350 °C. In den Diffraktogrammen tritt für alle Temperaturen ausschließlich die ZnS 111-Reflexion des Sphalerit auf (Substratmaterial: Borosilikatglas).

In diesem Abschnitt werden ZnS-Schichten behandelt, die ohne Substratheizung auf die standardmäßig verwendeten Mo/Glassubstrate abgeschieden wurden. Es werden die Morphologie sowie Kristallinität des Precursors untersucht. Ein in-situ Heizexperiment soll zeigen, ob es durch eine Temperaturerhöhung zu einer Rekristallisation der Schichten oder zu einem Verlust von Zink aus den Schichten kommt. Wie in Abbildung 3.2 auf Seite 20 gezeigt, weist Zink einen sehr hohen Dampfdruck auf.

Deposition der Precursorschicht

Die Schicht wurde durch Bedampfen mit ZnS ohne Substratbeheizung hergestellt. Die Bedampfungsparameter sind in Tabelle A.1 des Anhangs unter Schichttyp ZnS_1 aufgeführt. Abbildung 4.8 zeigt eine REM-Querschnittsaufnahme der Schicht nach der Bedampfung. Es sind keine kristallinen Strukturen oder Korngrenzen zu erkennen. Mit der Flächenmasse der Beschichtung von 0,21 mg/cm² und der Schichtdicke von ca. 0,6 µm ergibt sich eine Dichte von 3,5 g/cm³ für ZnS. Der Literaturwert für die Dichte von ZnS liegt bei 4,1 g/cm³ [149].

In-situ Analyse des Precursors im Heizexperiment

Zur Beurteilung der Phasenzusammensetzung vor Beginn des Experimentes ist in Abbildung 4.7 das EDXRD-Spektrum des Zn-S-Precursors (25 °C) dargestellt. Es sind die 111- und 220-Reflexe der kubischen Sphaleritphase zu erkennen.

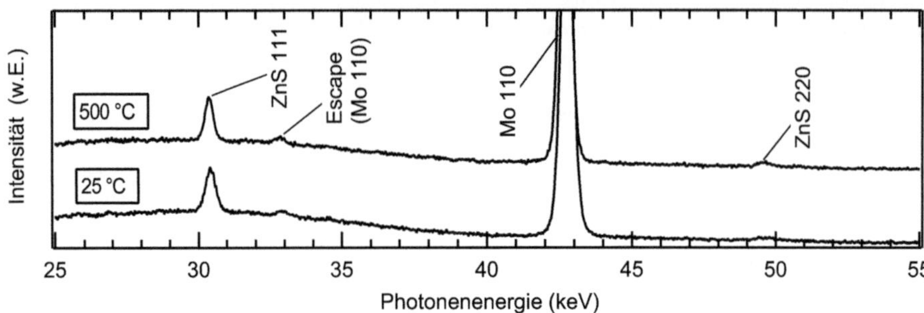

Abbildung 4.7.: Überlagerte EDXRD-Spektren des ZnS-Precursors bei 25 °C (vor der Prozessierung) und bei 500 °C (während des Temperaturplateaus). Die Intensitäten der Spektren sind identisch skaliert.

Die Schicht wurde anschließend nach dem Standard-Heizprozess bei 500 °C getempert. Während der Prozessierung konnte keine signifikante Veränderung in den Intensitäten der Zn K_α-Fluoreszenzlinie und des ZnS 111-Reflexes beobachtet werden, auf eine Darstellung der Intensitätsverläufe wurde deshalb verzichtet. Stattdessen ist in Abbildung 4.7 neben dem EDXRD-Spektrum bei Raumtemperatur auch das EDXRD-Spektrum während des Heizplateaus bei 500 °C gezeigt. Die Halbwertsbreite des ZnS 111-Reflexes hat sich durch die Prozessierung um ca. 10 Prozent verringert. Die Halbwertsbreite eines Reflexes kann bei hinreichend kleiner Korngröße als Maß für die Korngröße herangezogen werden (siehe dazu: ELLMER [150]). In der REM-Aufnahme der ZnS-Schicht nach dem Heizexperiment in Abbildung 4.8 deuten sich Korngrenzen an. Die Oberfläche ist rauer als im Precursor-Zustand. Die Dicke der Schicht ist von 0,6 µm auf 0,5 µm gesunken.

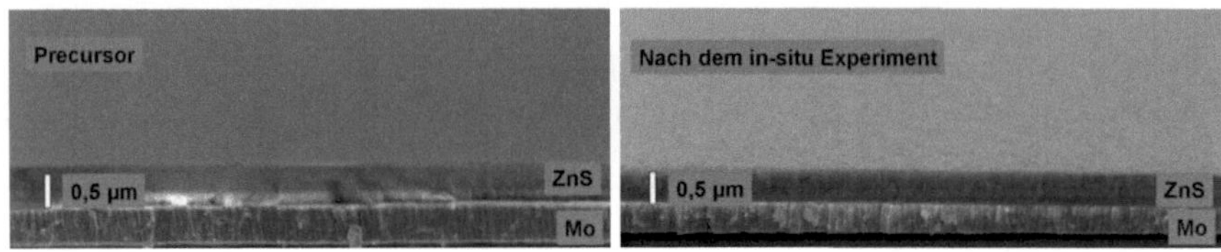

Abbildung 4.8.: REM-Aufnahmen an Bruchkanten des Zn-S-Precursors vor und nach dem in-situ Experiment. Die Schicht erscheint nach der Prozessierung rauer als im Precursor-Zustand.

Diskussion und Zusammenfassung zum System Zn-S

Die REM-Aufnahmen zeigen, dass nach der Schichtabscheidung eine feinkristalline Schicht vorliegt. Eine Textur in <111>-Richtung ist nicht auszuschließen. Beide Befunde decken sich mit den Beobachtungen von NAKANISHI [151] zur ZnS-Deposition. Die Abnahme der Halbwertsbreite des 111-Reflexes während des Heizprozesses deutet auf eine Vergrößerung der ZnS-Körner hin. Beim Vergleich der REM-Aufnahmen in Abbildung 4.8 und 4.4 wird aber deutlich, dass die morphologische Veränderung dabei signifikant schwächer ausgeprägt ist als bei der in Abschnitt 4.1.2 untersuchten Cu-S-Schicht. Da die Rekristallisation mit Materialtransport verbunden ist, kann die Ursache für eine langsame Rekristallisation in der geringen Mobilität von Zn und/oder

S liegen. Nach WRIGHT [102] liegt die Aktivierungsenergie für die Diffusion von S in ZnS bei etwa 220 kJ/mol. Für die Diffusion von Zn in ZnS im Temperaturbereich unter 600 °C sind für die Aktivierungsenergien Werte zwischen 80 und etwa 250 kJ/mol veröffentlicht [102]. Im Vergleich dazu liegt die Aktivierungsenergie der Selbstdiffusion von Cu in Cu_2S bei ca. 22 kJ/mol [101]. Diese Unterschiede deuten darauf hin, dass die geringe Mobilität des Kations im ZnS die Rekristallisation hemmt.

Der Dampfdruck von elementarem Zink liegt für 500 °C bei ca. 350 Pa [105] und damit weit über dem Kammerdruck von ca. 1×10^{-2} Pa. Da die Auswertung der Zn-Fluoreszenzlinie keinen Hinweis für den Verlust von Zn liefert, ist davon auszugehen, dass die Zn-Atome auch nach der Deposition bei Raumtemperatur bereits in Form von ZnS an Schwefel gebunden sind. SUBBAHIA [148] berichtet von einem S-Überschuss in ZnS-Schichten, die bei Raumtemperatur abgeschieden wurden. Bei dem verwendeten Kammerdruck und einer Prozessierungstemperatur von 500 °C ist zu erwarten, dass schwefelreiche Schichten Schwefel in die Gasphase abgeben. Die Abnahme der Schichtdicke wird daher durch freiwerdenden Schwefel erklärt.

Zusammenfassend lässt sich feststellen, dass die ZnS-Schichten im Laufe des Heizexperimentes nur geringen Veränderungen hinsichtlich ihrer Phasenzusammensetzung und Morphologie unterworfen sind. Die in-situ Messung an der ZnS-Schicht bildet eine wichtige Voraussetzung für das Verständnis der Schichtentwicklung in den ternären Systemen, vor allem für die Interpretation der Rekristallisationseffekte im System Cu-Zn-S in Abschnitt 4.2.2.

4.2. Reaktionen in den ternären Teilsystemen

Da in dieser Arbeit nur sulfidische Materialsysteme untersucht werden, beschränkt sich die Betrachtung der ternären Teilsysteme auf die Systeme Sn-Zn-S, Cu-Zn-S und Cu-Sn-S. Nach OLEKSEYUK [65] und MOH [63] werden dabei nur im Cu-Sn-S-System ternäre Verbindungsphasen gebildet. Bereits bei der Behandlung der binären Systeme konnte aber gezeigt werden, dass die in-situ Untersuchung von Heizexperimenten durch energiedispersive Röntgenbeugung und -fluoreszenz auch für Systeme interessant ist, bei denen sich im Laufe des Heizexperimentes keine Produktphase bildet. Mit dieser Methode können in Schichtstapeln der nicht-reaktiven Systeme CuS-ZnS und SnS-ZnS unter anderem die folgenden Punkte untersucht werden:

- Der Einfluss einer bedeckenden, chemisch stabilen Schicht (also: ZnS) auf die Phasenentwicklung einer Zinnsulfid-Schicht. Eine bedeckende Schicht aus ZnS kann unter Umständen das Verdampfen von SnS aus der Zinnsulfidschicht kinetisch hemmen. Unbedeckte Zinnsulfidschichten verdampfen im Laufe des Heizexperimentes vollständig (siehe Abschnitt 4.1.1).
- Die Auswirkung einer weiteren Kationenart auf die Rekristallisation der Schichten. Zu untersuchen ist etwa, ob die Rekristallisation von ZnS im Beisein von Cu oder Sn beschleunigt wird.
- Die Veränderung des Schichtaufbaus durch Interdiffusionseffekte. Durch Auswertung der Fluoreszenzsignale und durch eine Charakterisierung der Schichten nach dem Heizprozess soll untersucht werden, welche Diffusionseffekte auftreten und welche Unterschiede in der Diffusivität der einzelnen Materialien beobachtet werden können.

Für das Materialsystem Cu-Sn-S wird zusätzlich analysiert, welche ternären Phasen in den Dünnschichten gebildet werden und wie die Entwicklung dieser Phasen im Laufe des Heizexperimentes kinetisch abläuft. Mit der Untersuchung der ternären Teilsysteme wird so eine Basis für die Interpretation der Ergebnisse des später untersuchten quaternären Systemes Cu-Zn-Sn-S gelegt.

4.2.1. Dünnschichtreaktionen im System Zn-Sn-S

Weder MOH [63] noch OLEKSEYUK [65] konnten bei ihren Untersuchungen an diesem Materialsystem die Bildung ternärer Phasen beobachten. Aufbauend auf eine detaillierte Experimentserie schlägt OLEKSEYUK [65] ein quasibinäres Phasendiagramm für das System Zn-Sn-S mit den Endpunkten ZnS und SnS_2 vor. Danach ist bei Temperaturen von 600 °C und tiefer die Löslichkeit von SnS_2 in ZnS maximal 2 mol%, für ZnS in SnS_2 bei unter 1 mol%. Abbildung B.4 auf Seite 131 des Anhangs zeigt das entsprechende Phasendiagramm.

In diesem Abschnitt werden Precursorschichten der Schichtabfolge Mo/Zinnsulfid/Zinksulfid hergestellt und die Ergebnisse einer in-situ Messung während eines anschließenden Heizprozesses vorgestellt. Die untersuchten Punkte sind dabei der Sn-Verlust aus diesen Schichten, die Abfolge der binären Phasen und die Rekristallisation der Schichten im Laufe des Heizexperimentes. Unter Berücksichtigung der Ergebnisse aus den Abschnitten 4.1.3 und 4.1.1 soll die gegenseitige Beeinflussung der Zinnsulfid- und der Zinksulfidschicht während des Heizprozesses überprüft werden.

Deposition der Precursorschicht

Die Precursoren wurden durch sequentielles Bedampfen hergestellt. Als erste Schicht wurde aus einer binären Verdampfungsquelle Zinnsulfid aufgedampft, die bedeckende Zinksulfid-Schicht wurde durch das Verdampfen von ZnS hergestellt. Eine Übersicht über Verdampfungsraten und -zeiten findet sich in Tabelle A.1 auf Seite 127 des Anhangs unter dem Kürzel ZTS_1. Tabelle 4.3 gibt einen Überblick über die abgeschiedenen Flächenmassen. Abbildung 4.9 zeigt eine REM-Bruchkantenaufnahme dieses Precursors.

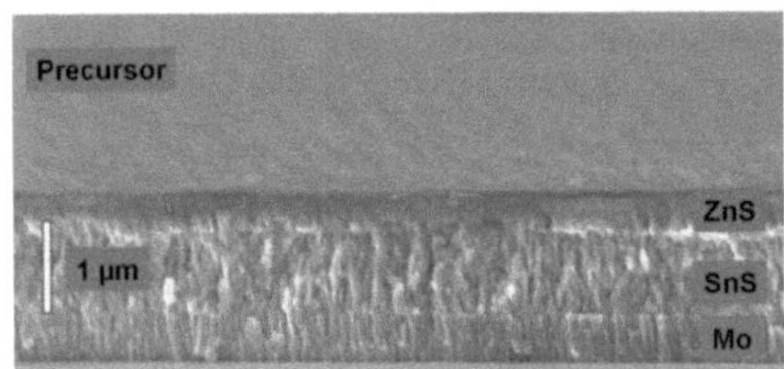

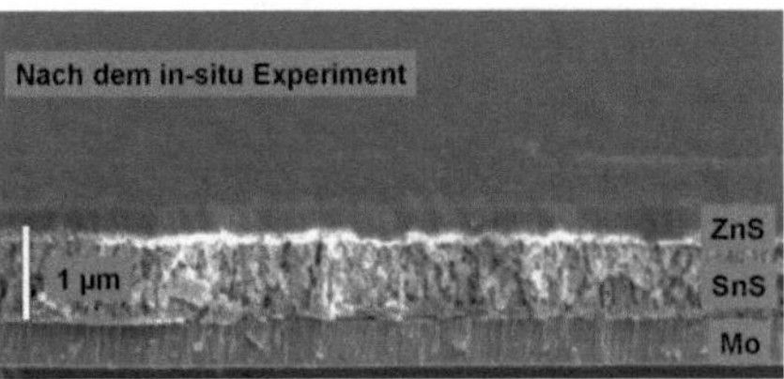

Abbildung 4.9.: REM-Bruchkantenaufnahmen des Schichttyps ZTS_1 als Precursor (links) und nach dem in-situ Heizexperiment (rechts). Nach der Prozessierung sind deutlich Hohlräume in der Zinnsulfidschicht zu erkennen.

Es sind deutlich zwei getrennte Schichten zu erkennen, die Morphologie der einzelnen Schichten ist vergleichbar mit den Ergebnissen aus den binären Systemen. Mit den gemessenen Schichtdicken und den abgeschiedenen Flächenmassen konnten die Dichten in Tabelle 4.3 berechnet werden. Wie bei den binären Systemen liegt auch hier die Dichte der Zinnsulfidschicht weit unter dem Literaturwert.

Tabelle 4.3.: Übersicht über die gewogenen Flächenmassen des Precursortyps ZTS_1. Die Schichtdicken wurden durch REM-Aufnahmen an Bruchkanten gemessen, aus den Messwerten wurde die Materialdichte berechnet.

Schichttyp	Material	Flächenmasse (mg/cm²)	Dicke (µm)	ρ_{Mess}(g/cm³)	$\rho_{Lit.}$(g/cm³)
ZTS_1	SnS	0,27	0,9	2,9	5,2 [38]
ZTS_1	ZnS	0,16	0,4	4,1	4,1 [149]

In-situ Analyse des Precursors im Heizexperiment

Das energiedispersive Spektrum der unbeheizten Precursorschicht in Abbildung 4.10 zeigt Beugungsreflexe von SnS und ZnS. Es treten damit dieselben kristallinen Phasen auf wie in den rein binären Systemen in Abschnitt 4.1.1 und 4.1.3. Die Entwicklung der intensitätsstärksten Signale der Schichten im Laufe des Heizexperimentes ist in Abbildung 4.11 dargestellt.

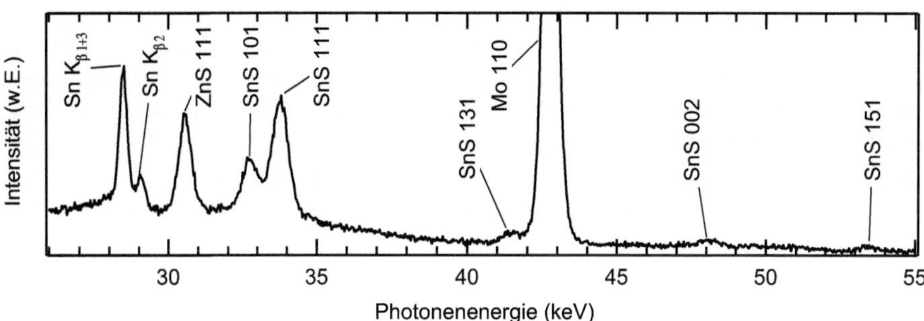

Abbildung 4.10.: EDXRD-Spektrum des Schichttyps ZTS_1 vor dem in-situ Heizexperiment bei Raumtemperatur.

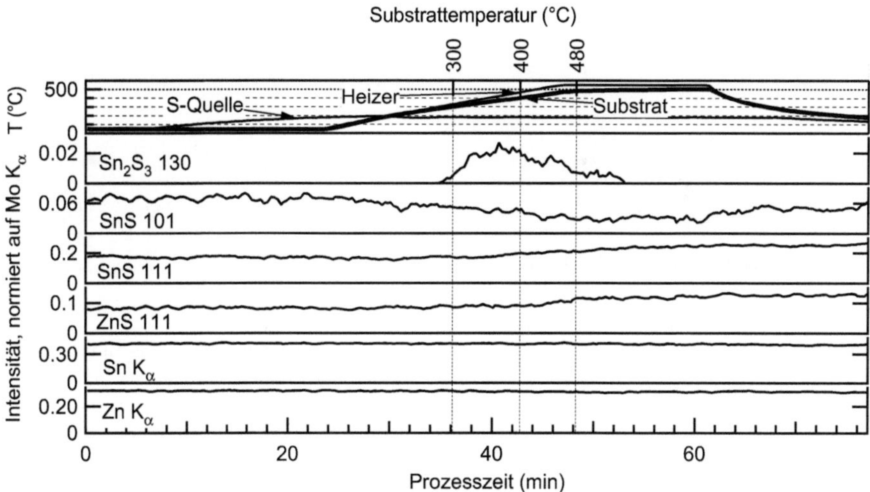

Abbildung 4.11.: Verlauf der wichtigsten Beugungs- und Fluoreszenzsignale während des Heizexperimentes an Schichttyp ZTS_1. Um die Veränderungen in den Fluoreszenzintensitäten darzustellen, wurden in den unteren beiden Graphen die Skalen entsprechend angepasst.

Entsprechend Abbildung 4.11 treten wie in den binären Zinnsulfidschichten ab einer Temperatur von ca. 300 °C neben SnS zusätzlich Beugungsreflexe der Phase Sn_2S_3 auf. Anders als für die binären Schichten bleiben die Reflexe dieser Phase bis über einen weiten Bereich des Temperaturplateaus erhalten. Die Intensitätsverhältnisse der SnS-Reflexe verändern sich im Laufe der Prozessierung. Diese Entwicklung deutet auf eine Umkristallisation der Zinnsulfidschicht hin. Die Intensität des ZnS 111-Reflexes steigt im Laufe des Experimentes leicht an. Die Intensitäten der Zn K_α- und Sn K_α-Fluoreszenzlinie bleiben im Verlauf des Heizexperimentes nahezu konstant. Damit zeigt sich ein deutlicher Gegensatz zu den Experimenten an binären Zinnsulfidschichten, bei denen die Sn-Fluoreszenzintensität im Laufe des Heizexperimentes auf nahezu Null abfiel. REM-Aufnahmen an Schichten nach der Prozessierung in Abbildung 4.9 zeigen, dass sich die Precursormorphologie nur geringfügig verändert hat. Die Zweischichtstruktur des Stapels ist nahezu unverändert erhalten geblieben. Die Zinnsulfidschicht ist dünner und erscheint poröser und mit größeren Körnern als im Precursor, die Morphologie der Zinksulfidschicht ist im Vergleich zum Precursor nahezu unverändert.

Diskussion und Zusammenfassung zum ternären System Zn-Sn-S

Die Charakterisierung des Schichtstapels im Precursorzustand zeigt, dass die einzelnen Schichten bezüglich Morphologie und Struktur vergleichbar mit den Schichten bei der Untersuchung der binären Systeme in Abschnitt 4.1.1 und 4.1.3 sind. In Abbildung 4.12 ist eine schematische Zeichnung des Schichtstapels im Precursorzustand dargestellt. Die Bildung von Sn_2S_3 im Laufe des Heizprozesses wird dabei als Indiz genommen, dass die Zinnsulfidschicht zunächst einen Schwefelüberschuss aufweist. Die Phase Sn_2S_3 geht im Laufe des Temperaturplateaus schließlich wieder verloren, als einzige Zinnsulfidphase bleibt SnS erhalten. Da sich beim Abkühlen Sn_2S_3 nicht neu bildet, ist der Zerfall dieser Phase während des Heizplateaus vermutlich nicht temperaturbedingt, sondern durch den irreversiblen Verlust von Schwefel aus der Zinnsulfidschicht verursacht. Dieser Vorgang ist in Abbildung 4.12 schematisch gezeichnet.

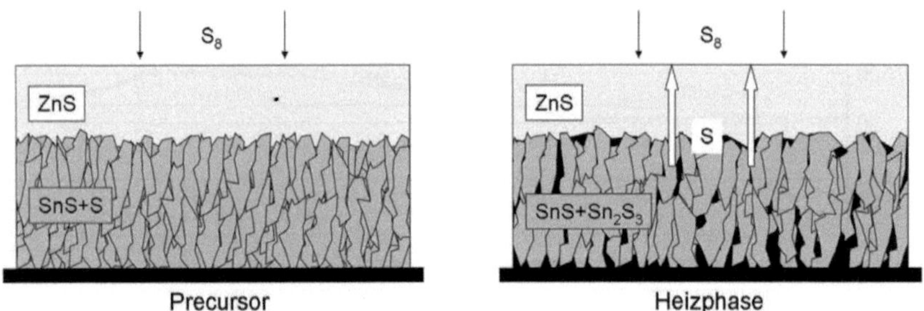

Abbildung 4.12.: Schematische Zeichnungen zum Aufbau des Precursorstapels (links) und zur Entwicklung des Schichtstapels im Laufe des Heizexperimentes (rechts). Der Abbau von Sn_2S_3 im Laufe der Heizrampe und die fehlende Rückbildung dieser Phase während des Abkühlens deuten auf den Verlust von Schwefel aus der Zinnsulfidschicht hin.

Die Veränderung der SnS-Beugungsintensitäten während des Heizens und die REM-Aufnahme an der Schicht nach der Prozessierung zeigen, dass einzelne Kristallite der Zinnsulfidschicht im Laufe des Experimentes gewachsen sind. Die Schicht erscheint jetzt poröser, was vermutlich auf das Zusammenwachsen von Defekten und Hohlräumen im Zuge des Kristallitwachstums zurückzuführen ist. Auch der Beugungsreflex des ZnS nimmt während des Heizens leicht an Intensität zu. Allerdings ist in den REM-Aufnahmen keine Veränderung der Morphologie zu erkennen. Sn bzw. SnS führt damit nicht zu einer beschleunigten Rekristallisation des ZnS im Vergleich zu einer reinen ZnS-Schicht.

Der Verlauf der Sn-Fluoreszenzintensität zeigt, dass die ZnS-Schicht einen starken Einfluss auf das Abdampfen von SnS aus der Schicht hat. Wie in Tabelle 3.1 auf Seite 26 aufgeführt, wird die Sn K_α-Fluoreszenzlinie durch eine bedeckende ZnS-Schicht nur um wenige Prozent abgeschwächt. Eine Änderung der elementaren Tiefenverteilung der Schicht hätte damit nur geringen Einfluss auf die Intensität dieser Linie, die Entwicklung dieser Linie kann daher für die Beurteilung der integralen Sn-Menge der Schicht verwendet werden. Gemäß dem Verlauf der Sn-Fluoreszenzintensität liegt der Sn-Verlust während des Heizprogrammes bei wenigen Prozent der Ausgangsmenge. Die Zn K_α-Fluoreszenzlinie wird nach Tabelle 3.1 auf Seite 26 stark durch Zinn und Schwefel abgeschwächt. Bei dem verwendeten Schichtpaket kann eine Verringerung der Fluoreszenzintensität sowohl auf das Abdampfen von Zn oder ZnS als auch auf eine Interdiffusion des SnS/ZnS-Schichtpaketes zurückgeführt werden. Da im Rahmen der Messgenauigkeit keine signifikante Veränderung des Signals der Zn K_α-Fluoreszenzlinie auftritt, sind beide Effekte bei den verwendeten Prozessparametern zu vernachlässigen.

Zusammenfassend lässt sich festhalten, dass die Ergebnisse die Literaturangaben [63, 65] bestätigen, nach denen sich in diesem System keine ternären Phasen bilden. Das Vorhandensein der SnS-Schicht hat keinen erkennbaren Einfluss auf die Entwicklung der ZnS-Schicht im Laufe des Heizprozesses. Die bedeckende ZnS-Schicht wirkt aber selbst als Barriere für das Abdampfen von SnS. Eine Interdiffusion der beiden Schichten läßt sich mit den verwendeten Prozessparametern und Messmethoden nicht nachweisen.

4.2.2. Dünnschichtreaktionen im System Cu-Zn-S

In älteren Veröffentlichungen von MOH [152] und CLARK [153] wird für dieses Materialsystem von einer ternären Verbindung mit der Summenformel Cu_5ZnS_6 berichtet. In späteren Arbeiten (etwa bei CRAIG [154]) werden diese Ergebnisse auf Verunreinigungen durch Eisen und Sauerstoff zurückgeführt. Übereinstimmend finden sowohl MOH [63], CRAIG [154] als auch OLEKSEYUK [65] bei weiteren Experimentserien keine ternären Phasen. Nach CRAIG [154] liegt die Löslichkeit von ZnS in Cu_2S für eine Temperatur von 500 °C bei bis zu 2,5 mol%. Eine Löslichkeit von ZnS in CuS sowie von Kupfersulfiden in ZnS kann hingegen nicht nachgewiesen werden. OLEKSEYUK [65] findet bei derselben Temperatur eine Löslichkeit von ca. 7 mol% ZnS in Cu_2S; die Löslichkeit ist dabei stark temperaturabhängig und liegt bei 400 °C bereits unter 1 mol%. Auch OLEKSEYUK findet keinen Hinweis für die Löslichkeit von Kupfersulfiden in ZnS. Da Cu-dotiertes ZnS als Material für Elektrolumineszenz-Anwendungen erforscht und verwendet wird, sind neben den genannten thermodynamischen Untersuchungen auch zahlreiche Beiträge zu Dünnschichtbildung und -reaktionen in diesem Materialsystem veröffentlicht. Im Zusammenhang mit dieser Arbeit ist unter anderem eine Experimentserie von VECHT [155] interessant. Er untersucht dabei den Einfluss von bedeckenden Pulvern (Cu, CuS oder Cu_2S) bzw. einer bedeckenden Kupfersulfidschicht auf die Kristallisation eines ZnS-Films. Es zeigt sich, dass die Bedeckung mit Kupfer und Kupfersulfid eine deutliche Verringerung der Rekristallisationstemperatur des ZnS bewirkt. Ähnliche Rekristallisationseffekte an II-VI-Halbleitern unter Einfluss von "Verunreinigungen" werden von verschiedenen Autoren berichtet [156, 157, 158, 159, 160].

Die in-situ Heizexperimente bieten die Möglichkeit, diesen Effekt detailliert zu untersuchen und einen Erklärungsansatz zu finden. Neben der Rekristallisation wird in diesem Abschnitt durch eine Variation der Schichtabfolge die Wirkung von ZnS als Schwefel-Diffusionsbarriere an den Umwandlungspunkten der Kupfersulfide (gemäß $(2-x)CuS \rightleftharpoons Cu_{2-x}S + (1-x)S$) untersucht.

Deposition der Precursorschichten

Es wurden Schichten der Abfolge Mo/Kupfersulfid/Zinksulfid (CZS_1) sowie Mo/Zinksulfid/Kupfersulfid (CZS_2) durch Bedampfung hergestellt. Die Zinksulfidschicht wurde wie in den Experimenten zuvor durch Bedampfen aus einer binären ZnS-Quelle, die Kupfersulfidschicht durch Koverdampfen von Cu und S aus Elementquellen deponiert. Das Substrat wurde während der Beschichtung nicht beheizt. Aus technischen Gründen konnten die Schichten nicht mit denselben Bedampfungsraten hergestellt werden und unterscheiden sich deshalb in den abgeschiedenen Flächenmassen (siehe Tabelle 4.4). Die Bedampfungsraten und -zeiten sind in Tabelle A.1 auf Seite 127 des Anhangs aufgelistet. Zur Berechnung der Flächenmassen wurde angenommen, dass die Schichten aus stöchiometrischem ZnS bzw. CuS bestehen.

Tabelle 4.4.: Übersicht über die gewogenen Flächenmassen der Precursortypen CZS_1 (Schichtfolge Mo/Zinksulfid/Kupfersulfid) und CZS_2 (Schichtfolge Mo/Kupfersulfid/Zinksulfid). Die Schichtdicken wurden durch REM-Aufnahmen an Bruchkanten gemessen, aus den Messwerten wurde die Materialdichte berechnet.

Schichttyp	Material	Flächenmasse (mg/cm²)	Dicke (µm)	ρ_{Mess}(g/cm³)	$\rho_{Lit.}$(g/cm³)
CZS_1	1. ZnS	0,34	0,8	4,2	4,1 (ZnS [149])
	2. Cu+S	0,81	1,7	4,8	4,7 (CuS [142])
CZS_2	1. Cu+S	0,50	1,1	4,5	4,7
	2. ZnS	0,54	1,3	4,1	4,1

Die Schichtdicken wurden anhand der REM-Bruchkantenaufnahmen in Abbildung 4.13 bestimmt. Die Kupfersulfidschichten zeigen kolumnar angeordnete Kristallite. Die Zinksulfidschicht zeigt bei CZS_1 keine Kristallitmorphologie, bei CZS_2 deutet sich eine Fortführung des kolumnaren Aufbaus aus der Kupfersulfidschicht in die Zinksulfidschicht an.

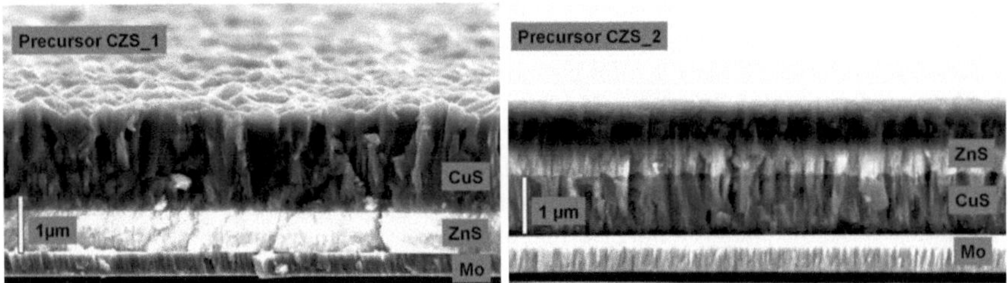

Abbildung 4.13.: REM-Bruchkantenaufnahmen an den Precursorschichten CZS_1 und CZS_2. Für den Einfluss der elektrischen Leitfähigkeit von CuS und ZnS auf den Sekundärelektronenkontrast siehe auch Abschnitt 3.3.2.

In-situ Analyse der Precursor im Heizexperiment

Die Phasenzusammensetzung der beiden verschiedenen Precursoren CZS_1 und CZS_2 bei Raumtemperatur kann anhand der energiedispersiven Spektren in Abbildung 4.4 bestimmt werden. Wie bei den binären Systemen treten die Phasen CuS und ZnS auf. Entsprechend der Phasenzuordnung wird die Kupfersulfidschicht im Folgenden als CuS-Schicht, die Zinksulfidschicht als ZnS-Schicht bezeichnet. Die CuS-Schicht weist in beiden Fällen eine Textur auf, die sich in einem überproportional starken 110-Reflex äußert. Die Entwicklung einzelner Signale während des Heizexperimentes ist für beide Schichttypen in Abbildung 4.15 dargestellt. Wie bei den Untersuchungen an den binären Systemen, tritt auch hier $Cu_{2-x}S$ als zusätzliche Phase während des Heizprozesses auf.

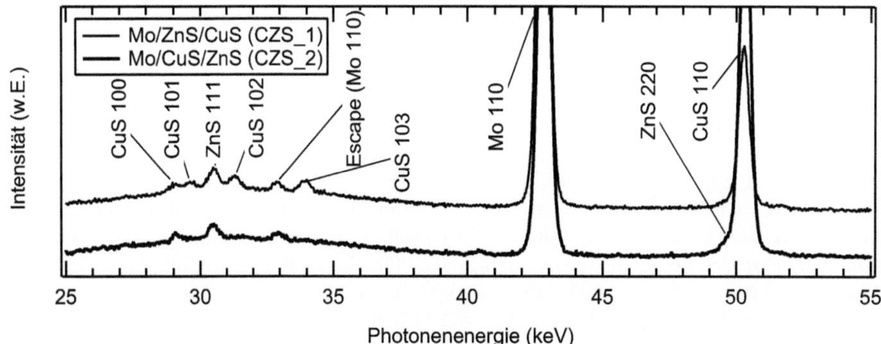

Abbildung 4.14.: EDXRD-Spektren der Schichttypen CZS_1 und CZS_2 vor dem in-situ Heizexperiment bei Raumtemperatur. Entsprechend der kristallinen Phasen werden die Precursoren im Folgenden als CuS/ZnS- bzw. ZnS/CuS-Schichtstapel bezeichnet.

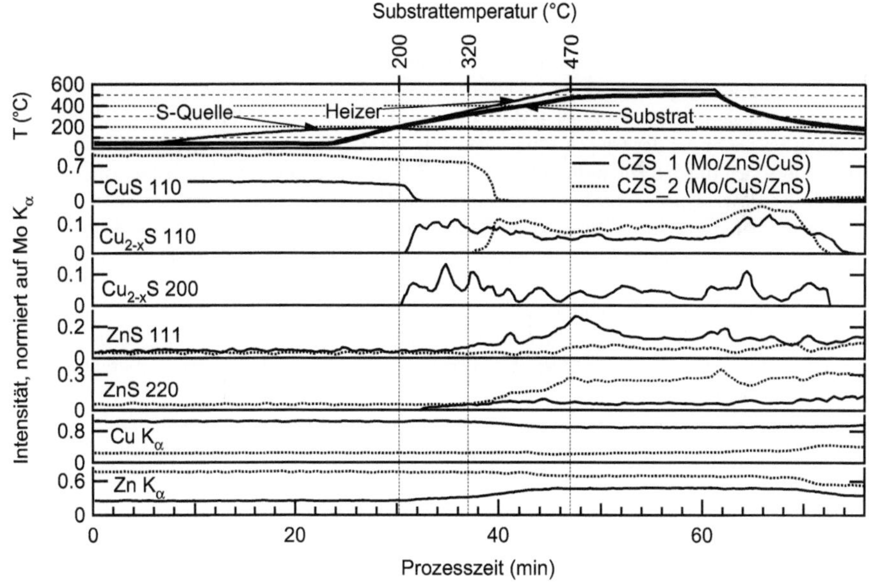

Abbildung 4.15.: Entwicklung der wichtigsten Beugungs- und Fluoreszenzsignale während des Heizexperimentes an den Schichttypen CZS_1 und CZS_2. Für den Schichttyp CZS_2 war die Intensität des $Cu_{2-x}S$ 200-Reflexes zu gering, um eine Gaußförmige Reflexanpassung durchzuführen.

Soweit möglich, sind in Abbildung 4.15 auf der vorherigen Seite jeweils zwei Reflexe der Phasen ZnS und $Cu_{2-x}S$ aufgetragen, um Veränderungen der Textur im Laufe des Heizexperimentes nachzuverfolgen. Die Entwicklung der Kupfersulfidphasen ist bei der Schichtung Mo/ZnS/CuS (Schichttyp CZS_1) vergleichbar mit dem binären System Mo/CuS in Abschnitt 4.1.2. Der Übergang von CuS nach $Cu_{2-x}S$ startet in der Heizphase bei ca. 200 °C. Bei der Schichtung Mo/CuS/ZnS (Schichttyp CZS_2) ist dieser Übergang um mehr als 100 Kelvin zu höheren Temperaturen verschoben. In der Abkühlphase kommt es in beiden Schichttypen ab einer Temperatur von ca. 250 °C zur erneuten Umwandlung von $Cu_{2-x}S$ zu CuS. An der stark verminderten Intensität des CuS 110-Reflexes lässt sich eine veränderte Textur im Vergleich zum Precursor ablesen. Anders als bei den Experimenten am binären Zn-S-System und am ternären Sn-Zn-S System ändert sich die Intensität der ZnS-Reflexe für die Schichttypen CZS_1 und CZS_2 im Laufe des Heizexperimentes stark. Ab ca. 300 °C nimmt für den Typ CZS_1 die Intensität des 111-Reflexes und für den Typ CZS_2 die des 220-Reflexes signifikant zu.

Bei der Entwicklung der Fluoreszenzintensitäten in der Heizphase zeigt sich: Das Cu-Fluoreszenzsignal einer bedeckenden CuS-Schicht nimmt signifikant ab, während es bei einer bedeckten Schicht nahezu konstant bleibt. Das Zn-Fluoreszenzsignal einer bedeckenden ZnS-Schicht nimmt leicht ab, während es bei einer bedeckten Schicht signifikant zunimmt. In der Abkühlphase nimmt im Bereich der Umwandlung von $Cu_{2-x}S$ zu CuS für beide Schichttypen die Cu-Fluoreszenzintensität zu und die Zn-Fluoreszenzintensität ab.

Um diese Korrelation zwischen den Kupfersulfid-Phasenübergängen und der Intensität der Fluoreszenzlinien zu überprüfen, wurde an einem Precursor des Typs CZS_1 ein weiteres Experiment mit drei Heiz- und Kühlabschnitten (jeweils mit CuS-$Cu_{2-x}S$-Übergängen) durchgeführt. Um den Einfluss des Schwefelpartialdruckes auf die Umwandlungen zu verfolgen, wurde der erste Zyklus bei kalter Schwefelquelle durchfahren.

Die Auftragung der Signalintensitäten in Abbildung 4.16 zeigt für den ersten Heizzyklus ein ähnliches Bild wie in Abbildung 4.15, die Rückumwandlung von $Cu_{2-x}S$ zu CuS während der ersten Abkühlphase (geringer Schwefel-Druck) erfolgt allerdings langsamer. In den weiteren Temperaturzyklen lässt sich beobachten, dass die CuS-$Cu_{2-x}S$-Umwandlungen zu einer nahezu reversiblen Veränderung der Cu/Zn-Fluoreszenzintensitäten führen. Während der dritten Abkühlperiode löst sich die Schicht während des $Cu_{2-x}S$-CuS-Überganges vom Substrat ab.

Nach der Prozessierung wurden Bruchkanten der Proben aus den Experimenten in Abbildung 4.15 im REM untersucht. Abbildung 4.17 zeigt die starke Veränderung des Schichttyps CZS_1 im Vergleich zum Precursor in Abbildung 4.13. ZnS kann durch die EDX-Messung in der Schichtmitte identifiziert werden, die ZnS-Bereiche zeigen eine hohe Abstrahlintensität im Sekundärelektronenbild. Eine poröse und feinkörnige Kupfersulfidschicht bildet die unterste Schicht, während die Oberfläche durch große CuS-Kristallite geprägt ist. Bei Schichttyp CZS_2 in Abbildung 4.18 ist die Oberseite der vormaligen ZnS-Precursorschicht noch als scharfer Übergang zu einer bedeckenden Kupfersulfidschicht zu erkennen. Es finden sich sowohl CuS-Einlagerungen in der ZnS-Schicht als auch ZnS-Kristallite in der unteren, porösen CuS-Schicht. Die REM-Aufnahmen zeigen für beide Schichten bis zu 1µm große ZnS-Kristallite, die Korngrößen sind damit signifikant größer als bei den Experimenten an binären ZnS-Schichten und SnS/ZnS-Schichtstapeln. Die Schichtung des Precursors ändert sich im Laufe des Heizprozesses signifikant, es deutet sich dabei eine Korrelation mit der Entwicklung der Fluoreszenzsignale an.

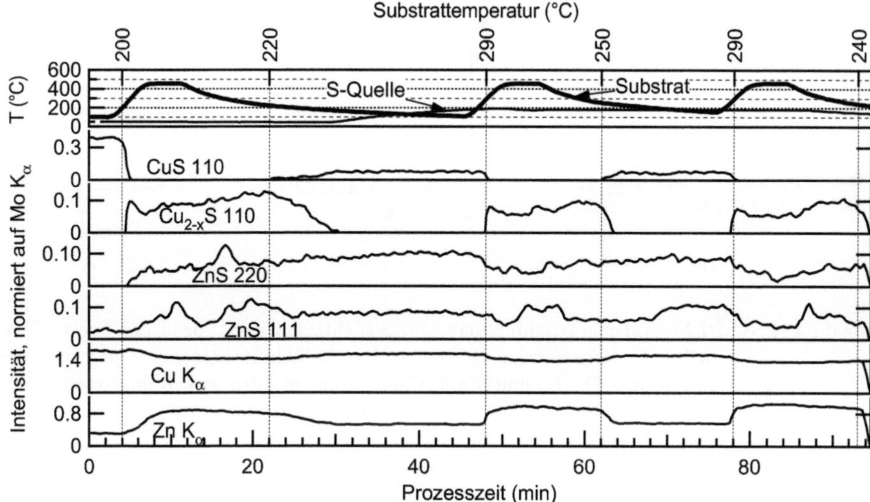

Abbildung 4.16.: Entwicklung von Beugungs- und Fluoreszenzsignalen des Schichttyps CZS_1 in einem Experiment mit mehreren Heizzyklen. Die Schwefelquelle wurde erst nach dem ersten Heizzyklus auf Bedampfungstemperatur gebracht. Die Fluoreszenzsignale zeigen eine starke und reversible Intensitätsveränderung an den CuS-$Cu_{2-x}S$-Phasenübergängen.

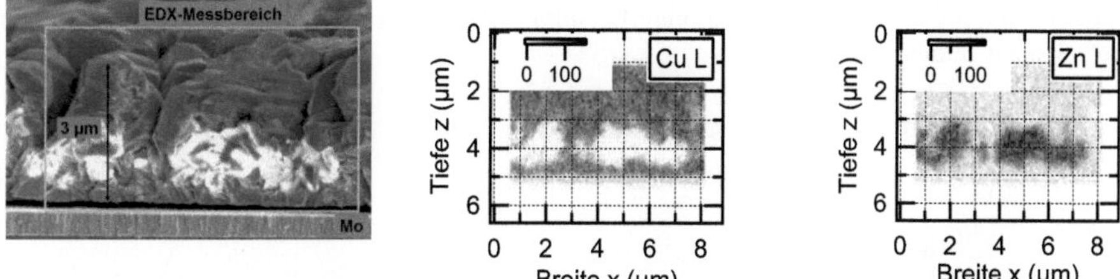

Abbildung 4.17.: REM-Bruchkantenaufnahmen an dem Schichttyp CZS_1 nach der Prozessierung im in-situ Heizexperiment. Die beiden Abbildungen rechts zeigen die Intensitäten von Cu L- und Zn L-Fluoreszenz für den mit Rahmen markierten Bildausschnitt.

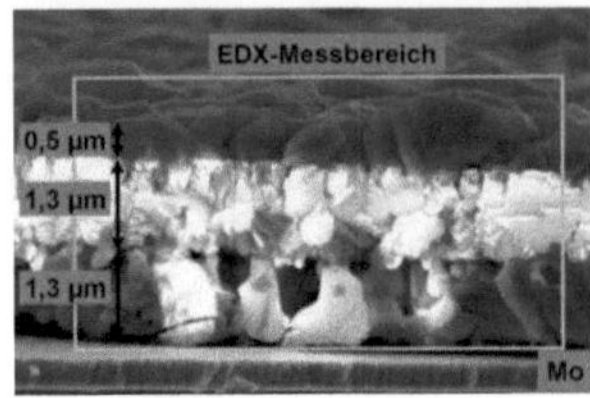

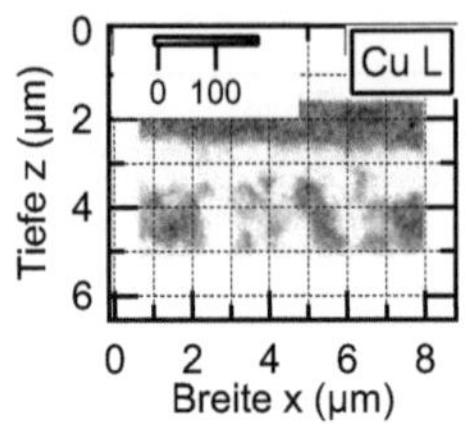

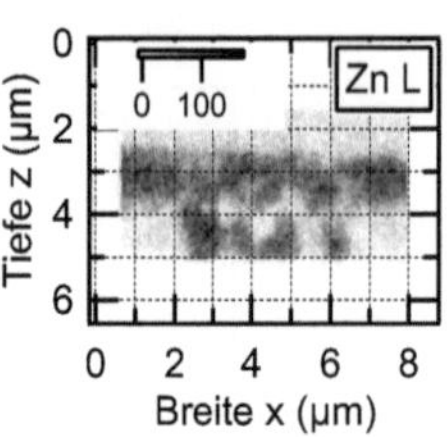

Abbildung 4.18.: REM-Bruchkantenaufnahmen am Schichttyp CZS_2 nach der Prozessierung im in-situ Heizexperiment. Die beiden Abbildungen rechts zeigen die Intensitäten von Cu L- und Zn L-Fluoreszenz für den mit Rahmen markierten Bildausschnitt. Im unteren Schichtbereich sind große ZnS-Ausscheidungen zu erkennen.

Diskussion der Heizexperimente

Ausgehend von den Ergebnissen der Röntgenbeugung und -fluoreszenz sowie der elektronenmikroskopischen Aufnahmen wird hier die Entwicklung der beiden Schichttypen im Laufe des Heizexperimentes diskutiert.

Precursorzustand

Der schematische Aufbau des Precursorzustands ist für beide Schichttypen in Abbildung 4.19 gezeichnet. Die einzelnen Schichten sind morphologisch und strukturell aufgebaut wie die Precursoren bei der Untersuchung der binären Systeme. Eine Ausnahme bildet die ZnS-Schicht bei Schichttyp CZS_2, bei der sich eine Beeinflussung der Textur durch die darunter liegende CuS-Schicht andeutet.

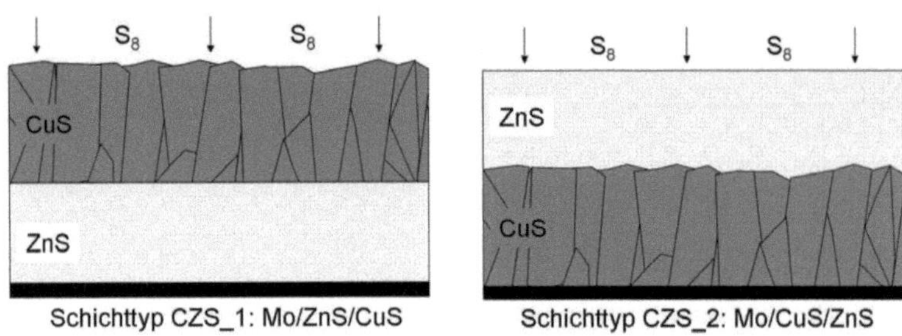

Abbildung 4.19.: Schemazeichnung zum Aufbau des Precursors für beide Schichttypen.

Heizphase: Umwandlung von CuS zu $Cu_{2-x}S$

Beim Schichttyp CZS_1 erfolgt diese Umwandlung bei derselben Temperatur wie in den binären CuS-Schichten des Abschnitts 4.1.2. Anders als bei den Experimenten an den binären Schichten nimmt aber für den Schichttyp CZS_1 die Intensität der Cu K_α-Fluoreszenzlinie im Laufe der Umwandlung, bzw. im Anschluss an die Umwandlung, ab. Dies ist besonders deutlich bei den wiederholten Heizzyklen in Abbildung 4.16 zu erkennen. Da gleichzeitig die Intensität der Zn-Fluoreszenz ansteigt, kann dies als Eindiffusion von Cu in ZnS interpretiert werden (für die Auswertung von Cu- und Zn-Fluoreszenz siehe Abschnitt 3.2.2). Abbildung 4.20 zeigt eine schematische Zeichnung zu diesem Vorgang.

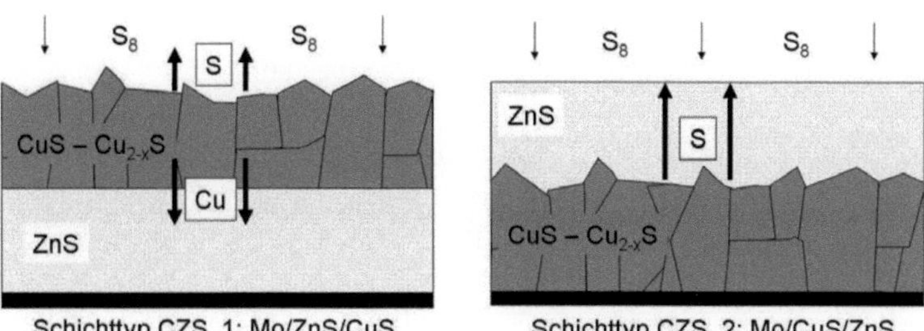

Abbildung 4.20.: Schemazeichnung zum Schichtaufbau während der Umwandlung von CuS zu $Cu_{2-x}S$. Schwefel wird an die Kammeratmosphäre abgegeben.

Beim Schichttyp CZS_2 ist die Kupfersulfidumwandlung um ca. 100 Kelvin zu höheren Temperaturen verschoben. Nach CHAKRABARTI [143] erfolgt unter Standardbedingungen der Übergang $2\,CuS \rightarrow Cu_2S + S$ bei einer Temperatur von 507 °C. Durch thermodynamische Rechnungen mit dem Softwarepaket *ChemSage* konnte PIETZKER [109] zeigen, dass bei verringertem Umgebungsdruck die Temperatur dieses Überganges abgesenkt wird. Bei einem Kammerdruck von 10^{-2} Pa ergibt sich nach dieser Rechnung eine Übergangstemperatur von ca. 270 °C und damit eine tendenzielle Übereinstimmung mit den Messwerten der unbedeckten CuS-Schicht. Interpretiert man eine bedeckende ZnS-Schicht als Schwefel-Diffusionsbarriere, so baut sich mit Einsetzen der Reaktion $(2-x)\,CuS \rightarrow Cu_{2-x}S + (1-x)S$ ein Schwefelgleichgewichtsdrucks p_{ggw} im Bereich des Kupfersulfids auf mit $p_{ggw} > p_{Kammer}$, dadurch steigt die Übergangstemperatur an. Zur Quantifizierung des temperaturabhängigen Selbstdiffusionskoeffizienten von Schwefel in ZnS existieren bereits mehrere Publikationen [161, 162, 163]. Für eine Temperatur von 200 °C liegen die Literaturwerte zwischen 1×10^{-28} cm²/sec[161] und 5×10^{-31} cm²/sec [163]. Da die Diffusion von Cu in Kupfersulfiden um Größenordnungen schneller ist als die von S [100], ist bei einer unbedeckten CuS-Schicht die Cu-Diffusion als geschwindigkeitsbestimmender Schritt bei der Kupfersulfidumwandlung anzunehmen. Nach unterschiedlichen Referenzen liegt der Selbstdiffusionskoeffizient von Cu in Cu_2S für eine Temperatur von 200 °C zwischen ca. 10^{-6} cm²/sec [101] und 10^{-8} cm²/sec [164], der schwefelfreisetzende Prozess ist damit um viele Größenordnungen schneller als der Prozess des Schwefelabtransportes. Damit kann eine ZnS-Schicht als Schwefel-Diffusionsbarriere wirken und dadurch die Temperatur der Kupfersulfidumwandlung beeinflussen.

Heizphase: ZnS-Rekristallisation

In beiden Schichttypen steigen ab ca. 300 °C die Intensitäten der ZnS-Beugungsreflexe signifikant an. Dieser Anstieg tritt für reine ZnS-Schichten nicht auf (siehe Abschnitt 4.2.2). Die REM-Aufnahmen nach der Prozessierung zeigen, dass sich im Laufe des Prozesses große ZnS-Körner gebildet haben. Der Anstieg der ZnS-Intensitäten ab 300 °C wird daher mit einer Cu-induzierten Rekristallisation des ZnS in Verbindung gebracht. Für den Schichtaufbau der beiden verwendeten Schichttypen in diesem Prozessierungsstadium werden die schematischen Darstellungen in Abbildung 4.21 angenommen. Aus der Kombination von REM-Aufnahmen und Cu- sowie Zn-

Fluoreszenzverlauf wird für den Schichttyp CZS_1 geschlossen, dass zu diesem Zeitpunkt eine Kupfersulfidschicht am Rückkontakt gebildet wird oder bereits besteht.

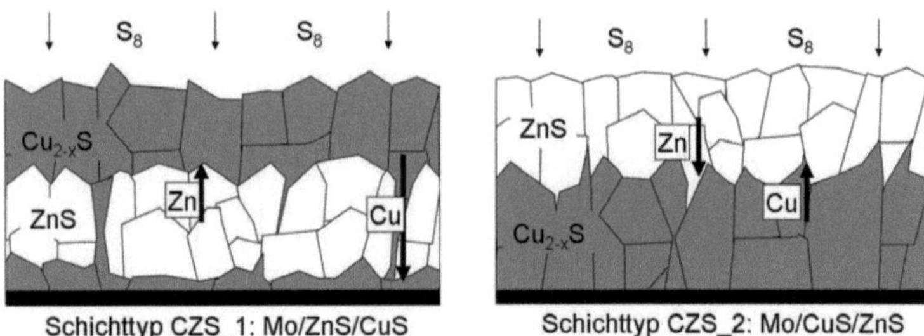

Abbildung 4.21.: Schemazeichnung zum Schichtaufbau während der ZnS-Kristallisation. Die Pfeile deuten die Diffusion von Kationen an.

Bereits in der Einführung dieses Abschnittes wurde gezeigt, dass die Rekristallisation von II-VI-Halbleitern durch Gruppe I - Elemente ein bekanntes Phänomen ist. Nichtsdestotrotz existiert keine einheitliche Theorie für den zugrunde liegenden Mechanismus. Unter Berücksichtigung der Literatur und der eigenen Ergebnisse erscheinen zwei Modelle plausibel.

1. Durch das zusätzliche Kupfersulfid werden Zinkleerstellen V_{Zn} in der ZnS-Schicht erzeugt. Durch mehr Zinkleerstellen können mehr Platzwechselmechanismen auftreten, der Transport von Zn durch ZnS wird beschleunigt. AVEN [165] postuliert, aufbauend auf Experimente zur Diffusion von Cu in ZnS und ZnSe mittels radioaktiver Tracer und Lumineszenzmessungen, dass es tatsächlich eine Korrelation zwischen Cu-Diffusion und V_{Zn}-Dichte gibt. Ohne auf Rekristallisationsprozesse einzugehen, liefert er auch eine Erklärung, warum in zahlreichen Experimenten gezeigt werden konnte, dass Gruppe III-Elemente den Kristallisations-beschleunigenden Einfluss von Cu kompensieren können [158, 155, 156, 160]: In Experimenten, in denen er die kombinierte Diffusion von Cu und Al untersucht, verläuft die Cu-Diffusion und damit auch die V_{Zn}-Bildung langsamer. Sowohl VECHT [155, 166] als auch TEVELDE [160] führen Rekristallisationseffekte in ihren II-VI-Halbleiterschichten auf eine erhöhte Fehlstellenkonzentration durch den Cu-Einbau zurück. Ein experimenteller Nachweis erfolgte allerdings nicht. Die Bildung von V_{Zn} kann aber auch ohne Cu durch einen hohen Schwefeldruck gesteuert werden [167]. Sowohl TRIBOULET [167] als auch TEVELDE [160] berichten, dass bei ZnS bzw. CdS durch einen höheren Schwefeldruck die Rekristallisation zu niedrigeren Temperaturen verschoben werden kann. Nach diesem Modell könnte bei den Experimenten in dieser Arbeit die Rekristallisation durch freiwerdenden Schwefel während der CuS-$Cu_{2-x}S$-Umwandlung zusätzlich beschleunigt werden.

2. Nach dem zweiten Modell befindet sich an den Korngrenzen des ZnS befindet sich eine Phase, die ZnS lösen kann und eine hohe Diffusivität für die gelösten Komponenten aufweist. An thermodynamisch instabilen Kornfacetten wird Zn durch die Phase gelöst und an einer stabileren Facette wieder angelagert. Dadurch wandert die Korngrenze und einzelne Körner wachsen auf Kosten anderer. Dieses Modell des Lösens und Wieder-Ausscheidens wird unter anderem auf die Ni-induzierte Rekristallisation von WS_2 [168] angewendet. Mit einer Löslichkeit von ca. 1,5 mol% ZnS in Kupfersulfid [143] bei 300 °C ist dieser Effekt für die Experimente dieser Arbeit denkbar. Dieses Modell wird auch von ADDISS [156]

auf die Cu-induzierte Rekristallisation von CdS angewendet, allerdings ohne einen experimentellen Nachweis zu liefern. Die Kompensation des Rekristallisationsprozesses durch Gruppe III-Elemente kann bei diesem Modell möglicherweise durch die Bildung ternärer I-III-VI-Verbindungen erklärt werden.

Für eine abschließende Klärung, welches der beiden Modelle tatsächlich zutrifft, sind weitere experimentelle Untersuchungen nötig.

Abkühlphase: Umwandlung $Cu_{2-x}S$ - CuS

Im Laufe des Abkühlens kommt es beim Übergang von $Cu_{2-x}S$ zu CuS bei allen Schichten zu einem Anstieg der Cu-Fluoreszenz und einem Abfall der Zn-Fluoreszenz. Am deutlichsten wird dieser Effekt in dem Experiment mit mehreren Heiz- und Kühlzyklen in Abbildung 4.16. Diese gekoppelte Veränderung der Fluoreszenzlinien kann als die Diffusion von Cu an die Schichtoberfläche interpretiert werden. Tatsächlich zeigen alle Schichten nach der Prozessierung eine CuS-Bedeckung an der Oberfläche, und Poren und Hohlräume in den unteren Schichtbereichen. Dieser Effekt ist in den Schemazeichnungen von Abbildung 4.22 dargestellt. Da die Umwandlung von $Cu_{2-x}S$ zu CuS zusätzlichen Schwefel erfordert und andererseits die Diffusivität von Cu weit höher ist als die von S [100], liegt die Annahme nahe, dass Cu an die Schichtoberfläche diffundiert, um dort den noch fehlenden Schwefel aus der Gasphase aufzunehmen.

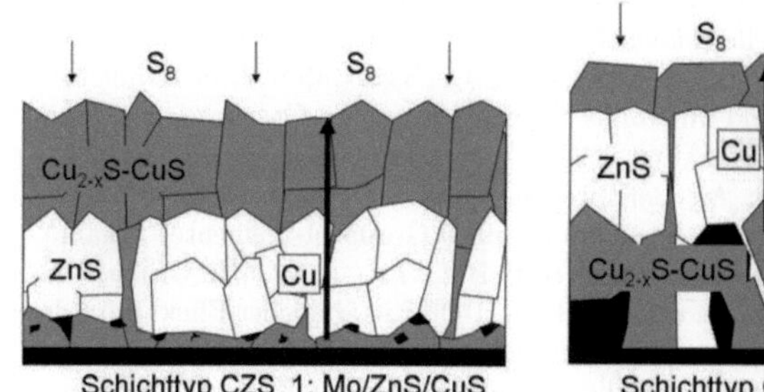

Abbildung 4.22.: Schemazeichnung zum Schichtaufbau während der ZnS-Kristallisation. Die Pfeile deuten die Diffusion des Cu an. Durch die Diffusion bilden sich in beiden Schichttypen Poren und Hohlräume im unteren Schichtbereich.

Diese Annahme wird durch zwei Beobachtungen bestätigt. Zum einen ist für den Schichttyp CZS_2 die bedeckende CuS-Schicht ca. 0,5 µm dick, was etwa die Hälfte der Gesamtdicke der CuS-Precursorschicht ist. Unter der Annahme, dass die $Cu_{2-x}S$-CuS-Umwandlung durch die Diffusion von Cu an die Oberfläche erfolgt, entspricht dies der zu erwartenden transportierten Materialmenge. Dass diese bedeckende CuS-Schicht erst in der Abkühlphase entstanden ist, wird durch die ebene Grenzfläche zwischen Kupfersulfid und Zinksulfid im oberen Schichtbereich bestätigt.

Die zweite Beobachtung bezieht sich auf die Kinetik der $Cu_{2-x}S$-CuS-Umwandlung. Aus der in Tabelle 4.4 aufgeführten Massenbelegung an CuS in der Dünnschicht folgt, dass für die Umwandlung von $Cu_{2-x}S$ zu CuS, mit der Vereinfachung x = 0, eine Menge von ca. $5,4 \times 10^{-7}$ mol S_8-Molekülen pro cm^2 nötig ist. Die Umwandlung erfolgt gemäß dem in Abbildung 4.16 dargestellten Experiment in einem Zeitraum Δt von ca. 550 Sekunden (1. Heizzyklus, Schwefelquelle kalt) bzw. ca. 100 Sekunden (2. Heizzyklus, Schwefelquelle heiß). Unter der Annahme, dass alle S-Moleküle, welche die Substratoberfläche treffen, in die Schicht eingebaut werden, gilt demnach für den das Substrat treffenden Schwefelfluss:

$$J_s = \frac{5,4 \times 10^{-7} mol/cm^2}{\triangle t}. \quad (4.1)$$

Nach SMITH [110] ergibt sich damit die Teilchendichte n im Gasraum zu:

$$n = 4\frac{J_s}{\bar{c}} = \frac{4 \cdot J_s}{\sqrt{\frac{8RT}{\pi M}}}. \quad (4.2)$$

Dabei ist R die Gaskonstante, $\bar{c}$ die mittlere Teilchengeschwindigkeit und M die molare Masse der gasförmigen Spezies, in diesem Fall der S_8-Moleküle. Als Gastemperatur T wird die Temperatur der Vakuumkammer (näherungsweise: Raumtemperatur) angesetzt. Damit lässt sich der S-Druck auf die Substratfläche nach SMITH [110] bestimmen gemäß:

$$p = \frac{1}{3} \cdot n \cdot m \cdot \frac{3RT}{M}. \quad (4.3)$$

Der Parameter m gibt dabei die Molekülmasse der gasförmigen Spezies wieder. Nach Formel 4.3 ergibt sich damit für den Schwefeldruck bei kalter S-Quelle ein Wert von $1,9 \times 10^{-3}$ Pa und bei heißer S-Quelle von $1,0 \times 10^{-2}$ Pa. Im Vergleich liegen die Messwerte für den Kammerdruck an der Heißkathodenmessröhre bei ca. 1×10^{-3} Pa für den Fall der kalten S-Quelle und bei ca. 1×10^{-2} Pa für die heiße S-Quelle (näheres dazu in Abschnitt 3.1). Die gute Übereinstimmung bestätigt die Annahme, dass die Umwandlung von $Cu_{2-x}S$ zu CuS über den schnellen Transport von Cu in der Schicht abläuft und durch das S-Angebot aus der Gasphase limitiert wird.

Zusammenfasssend lässt sich festhalten, dass es im Beisein von Kupfersulfiden zur Rekristallisation der ZnS-Schichten kommt. Aus der Literatur sind vergleichbare Ergebnisse zur Rekristallisation von II-VI-Halbleitern unter dem Einfluss eines Gruppe I-Elementes bekannt. Auch bei der Präparation von I-III-VI-Halbleiterschichten (z.B. $CuInS_2$ und $Cu(In,Ga)Se_2$) führt ein Cu-Überschuss zu einer Rekristallisation der Schichten [169]. Ein ähnlicher Effekt wird deshalb auch für den in dieser Arbeit behandelten I-II-IV-VI-Halbleiter Cu_2ZnSnS_4 in Betracht gezogen. Cu-reiches Wachstum könnte damit eine Möglichkeit darstellen, das Kornwachstum in Cu_2ZnSnS_4 gezielt zu fördern.

Es zeigt sich weiterhin, dass der Übergang von $Cu_{2-x}S$ zu CuS durch den Transport von Cu an die Schichtoberfläche erfolgt. Daher ist in Kupfersulfid-haltigen Schichten nach dem Abkühlen in Schwefelatmosphäre immer mit der Bildung einer bedeckenden CuS-Schicht zu rechnen. Die Auswirkungen Cu-reichen Wachstums auf die Cu_2ZnSnS_4-Absorberbildung werden unter anderem in Abschnitt 5.1 auf Seite 87 behandelt.

4.2.3. Dünnschichtreaktionen im System Cu-Sn-S

Cu-Sn-S ist das einzige Untersystem des Kesterit, in dem sich ternäre Phasen bilden können. In Tabelle 2.4 auf Seite 9 ist das Ergebnis einer detaillierten Literaturrecherche zu den stabilen Phasen in diesem System zusammengestellt. Demnach ist die Existenz der Verbindungen Cu_2SnS_3, Cu_4SnS_4, Cu_3SnS_4, Cu_4SnS_6 und $Cu_2Sn_{3+x}S_{7+2x}$ (mit der Abschätzung $1>x>-1$) von jeweils mindestens zwei Autoren bestätigt. In Anhang B auf Seite 129 sind Phasendiagramme aus verschiedenen Arbeiten zu diesem Materialsystem gezeigt.

In diesem Abschnitt wird die Bildung von Kupferzinnsulfid ausgehend von Precursoren der Schichtung Mo/Zinnsulfid/Kupfersulfid während eines in-situ Heizexperimentes untersucht. Es kamen zwei verschiedene Precursortypen zum Einsatz, die sich in ihrer Temperatur bei der Zinnsulfidabscheidung unterscheiden. Die Variation der Depositionstemperatur verändert auch den kristallinen Aufbau der Zinnsulfidschicht. Durch die Heizexperimente konnte in-situ nachverfolgt werden, wie dadurch die Kinetik der Kupferzinnsulfidbildung beeinflusst wird. Besonderes Augenmerk gilt dabei der Phase Cu_2SnS_3, die nach ONODA [48] in einer Sphaleritüberstruktur kristallisiert und sich daher als topotaktische Precursorphase für die Kesteritbildung eignet (siehe dazu auch Abschnitt 2.2.3). Die Interdiffusion in den Schichtstapeln und der Materialverlust aus den Schichtstapeln kann aus dem Verlauf der Röntgenfluoreszenzsignale abgeleitet werden. Ausgehend von den experimentellen Daten wird ein Modell für die verschiedenen Stufen der Schichtbildung vorgeschlagen.

Deposition der Precursorschichten

Beide untersuchten Precursortypen sind Schichtstapel der Abfolge Mo/Zinnsulfid/Kupfersulfid. Die Zinnsulfid-Schichten wurden aus einer binären SnS-Quelle aufgedampft. Der Parameter Substrattemperatur wurde variiert und beträgt bei CTS_1 300 °C, bei CTS_2 wurde ohne Substratheizung bedampft (angenommene Substrattemperatur: 25 °C). Anschließend wurden alle Schichttypen ohne Substratheizung mit Cu und S aus Elementquellen bedampft. Ein Teil der Precursoren des Schichttyps CTS_2 wurde anschließend mit ZnS bedampft. Dieser Schichttyp wird in Abschnitt 4.3.1.1 unter der Bezeichnung CZTS_1 charakterisiert. Eine Aufstellung der verwendeten Prozessparameter findet sich in Tabelle A.1 des Anhangs.

Zur Berechnung der Flächenmassen in Tabelle 4.5 wurde angenommen, dass die Schichten aus stöchiometrischem SnS und CuS aufgebaut sind. Die Schichtdicken der Precursoren wurden an den REM-Bruchkantenaufnahmen in Abbildung 4.23 gemessen. Aus diesen Messwerten wurden die Dichten in Tabelle 4.5 berechnet.

Tabelle 4.5.: Übersicht über die Flächenmassen der Precursortypen CTS_1 und CTS_2. Die Schichtdicken wurden durch REM-Aufnahmen an Bruchkanten gemessen, aus den Messwerten wurde die Materialdichte berechnet.

Schichttyp	T_{sub} (°C)	Flächenmasse (mg/cm²)	Dicke (µm)	ρ_{Mess}(g/cm³)	$\rho_{Lit.}$(g/cm³)
		1. Zinnsulfid-Deposition			
CTS_1	300	0,41	0,77	5,2	5,2 (SnS [38])
CTS_2	25	0,31	1,13	2,7	5,2
		2. Kupfersulfid-Deposition			
CTS_1	25	0,37	0,78	4,8	4,7 (CuS [142])
CTS_2	25	0,37	0,91	4,0	4,7

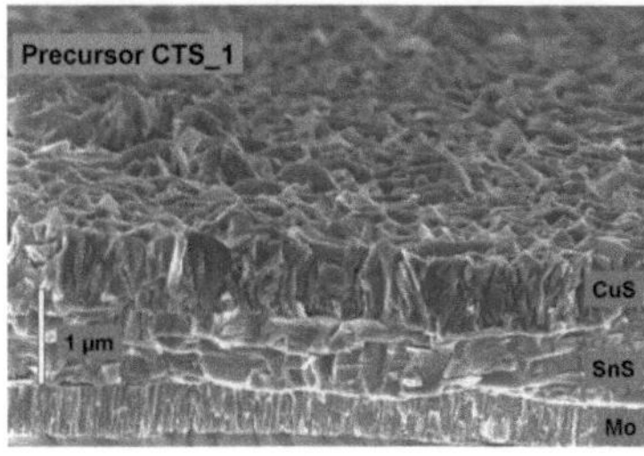

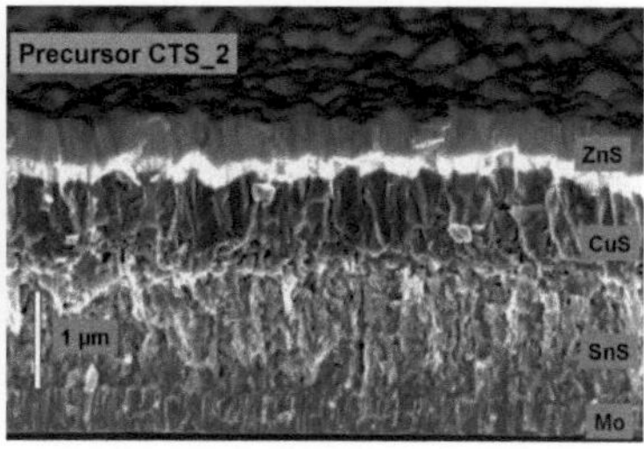

Abbildung 4.23.: REM-Aufnahmen an den verschiedenen Schichttypen nach der Precursorabscheidung. Die Aufnahme an Schichttyp CTS_2 zeigt den Precursor mit einer zusätzlichen ZnS-Schicht. Die Bildung von Cu_2ZnSnS_4 aus diesem Schichtpaket wird in Abschnitt 4.3.1.1 behandelt.

Die REM-Aufnahmen zeigen einen deutlichen Unterschied in der Morphologie des Zinnsulfids für die unterschiedlichen Substrattemperaturen. Die Bedampfung bei 300 °C Substrattemperatur (CTS_1) führt zu einer dichten, schichtartigen Morphologie mit der Schichtebenennormale senkrecht zur Probenoberfläche. Die Bedampfung auf unbeheiztem Substrat (CTS_2) führte hingegen zur Ausbildung einer porösen Schicht, deren Dichte nur etwa die Hälfte der theoretischen Dichte von SnS beträgt. Letztere Schicht ist vergleichbar mit den Experimenten an binären Zinnsulfidschichten in Abschnitt 4.1.1.

In-situ Analyse der Precursor im Heizexperiment

Abbildung 4.24 zeigt die energiedispersiven Spektren der verschiedenen Precursoren vor dem Heizexperiment bei Raumtemperatur. Die Beugungsreflexe lassen sich den Phasen SnS und CuS zuordnen, die Zinnsulfidschicht wird deshalb als SnS-Schicht und die Kupfersulfidschicht als CuS-Schicht bezeichnet. Die Reflexintensitäten des Schichttyps CTS_1 und CTS_2 unterscheiden sich zum Teil stark. Dies deutet auf eine unterschiedliche Textur der Schichten hin, was durch die Unterschiede in der Precursormorphologie nach Abbildung 4.23 bestätigt wird.

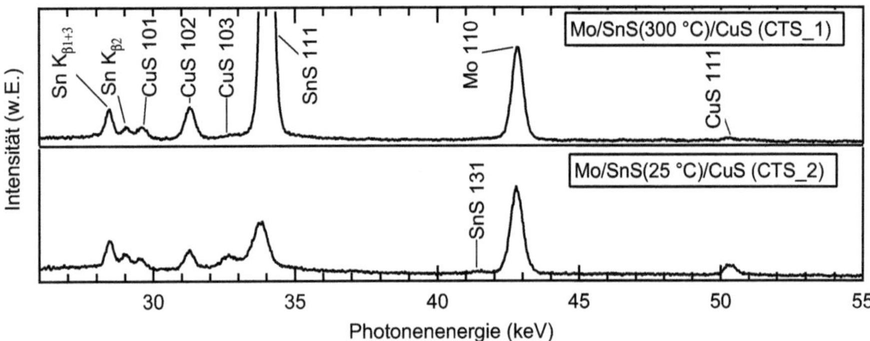

Abbildung 4.24.: EDXRD-Spektren der Schichttypen CTS_1 und CTS_2 vor dem in-situ Heizexperiment bei Raumtemperatur. Entsprechend der identifizierten Phasen wird die Zinnsulfidschicht als SnS-Schicht und die Kupfersulfidschicht als CuS-Schicht zugeordnet.

Im Laufe des Heizexperimentes treten für beide Precursortypen zusätzlich Reflexe der Phasen Cu_4SnS_4 und $Cu_{2-x}S$ auf. Abbildung 4.25 zeigt die Entwicklung der intensitätsstärksten Signale der energiedispersiven Spektren für die Schichttypen CTS_1 und CTS_2. In beiden Schichttypen kommt es bei einer Temperatur von ca. 250 °C zur Umwandlung von CuS zu $Cu_{2-x}S$. Etwa ab dieser Temperatur treten auch die Reflexe der Phase Cu_2SnS_3 auf. Die Reflexintensitäten der Phase $Cu_{2-x}S$ und, für Schichttyp CTS_1, auch der Phase SnS nehmen mit weiterem Heizen kontinuierlich ab, während die Intensität der Phase Cu_2SnS_3 weiter ansteigt. Ab ca. 400 °C treten zusätzlich Reflexe der Phase Cu_4SnS_4 auf. Der Anstieg der Cu_4SnS_4-Beugungssignale korreliert dabei mit einem verlangsamten Zuwachs der Cu_2SnS_3-Signale. Bei ca. 430 °C kehrt sich diese Korrelation um und die Intensität des Cu_2SnS_3-Signals nimmt wieder stärker zu, während das Cu_4SnS_4-Beugungssignal fällt. Ab ca. 490 °C fällt die Intensität des Cu_2SnS_3-Signals steil ab, während die Intensität des Cu_4SnS_4 kurzzeitig ein Maximum erreicht. Kurz vor Erreichen dieser Temperatur startet eine kontinuierliche Abnahme der Intensität der Sn K_α-Fluoreszenzlinie. Ein ähnlicher Verlust an Sn K_α-Intensität tritt bei den Experimenten an binären SnS-Schichten in Abschnitt 4.1.1 bereits ab ca. 300 °C auf. Die Cu-Fluoreszenz sinkt mit der Bildung von Cu_2SnS_3 ab ca. 300 °C leicht ab und steigt mit geringer werdender Sn-Fluoreszenzintensität wieder an.

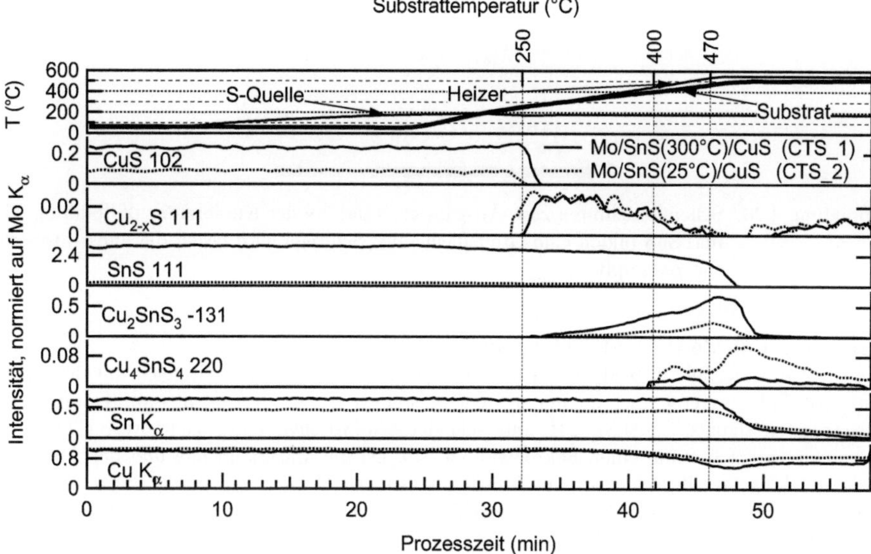

Abbildung 4.25.: Phasenentwicklung während des Heizexperimentes für die Schichttypen CTS_1 und CTS_2 . Entscheidende Punkte während des Heizprozesses sind mit Temperaturangaben markiert. Die Reflexe CuS 103 und SnS 111 überlagern bis ca. 250 °C (CuS-Zerfall).

Diskussion der Ergebnisse

Die Entwicklung der kristallinen Phasen während des Heizexperimentes läßt sich qualitativ gemäß folgendem Schema beschreiben:

$$\begin{matrix} CuS \\ SnS \end{matrix} \xrightarrow{250\,^oC} \begin{matrix} Cu_2SnS_3 \\ Cu_{2-x}S \\ SnS \end{matrix} \xrightarrow{400\,^oC} \begin{matrix} Cu_4SnS_4 \\ Cu_2SnS_3 \\ Cu_{2-x}S \\ SnS \end{matrix} \xrightarrow{500\,^oC} \begin{matrix} Cu_4SnS_4 \\ Cu_{2-x}S \end{matrix}$$

Die einzelnen Punkte dieser Entwicklung werden im Folgenden diskutiert.

Precursorzustand

Abbildung 4.26 zeigt den schematischen Aufbau der verwendeten Precursoren. Eine SnS- und eine CuS-Schicht sind durch eine Grenzfläche getrennt. Die SnS-Schicht des Schichttyps CTS_1 wurde bei 300 °C abgeschieden und zeigt eine starke Textur, wobei die SnS 111-Ebenen bevorzugt parallel zur Schichtoberfläche angeordnet sind. Die Textur zeigt sich auch in einer geschichteten Morphologie des SnS. Die SnS-Schichten des Precursortyps CTS_2 zeigen keine deutliche Textur.

Ihre Morphologie ist vergleichbar mit den SnS-Schichten aus Abschnitt 4.1.1. Mit diesen deutlichen Unterschieden eignen sich die beiden Schichttypen gut, um den Einfluss von Morphologie und Textur auf das Wachstum der Kupferzinnsulfide zu untersuchen.

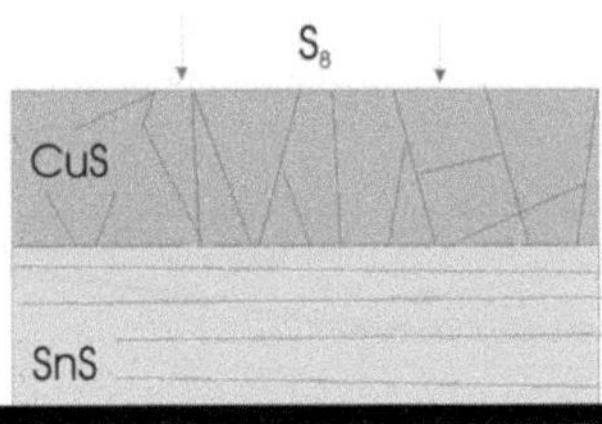

Abbildung 4.26.: Schemazeichnung zum Ausgangszustand bei der Kupferzinnsulfidbildung. CuS und SnS bilden eine Grenzfläche aus, Schwefel wird gegen die Substratoberfläche gedampft.

Heizphase: CuS-Zerfall und Bildung von Cu_2SnS_3

Bei ca. 250 °C zerfällt in beiden Schichttypen CuS zu $Cu_{2-x}S$. Etwa zeitgleich mit der Entstehung von $Cu_{2-x}S$ treten auch die ersten Beugungsreflexe der Phase Cu_2SnS_3 auf. Die Intensität des stärksten Signals, Cu_2SnS_3 -131, unterscheidet sich zwischen dem Precursortyp CTS_1 und Precursortyp CTS_2 um einen Faktor von ca. 2,5. Da die Materialmenge und der Ablauf der Phasenbildung für alle Schichttypen ähnlich ist, kann als Ursache für diesen Effekt eine unterschiedliche Textur des Cu_2SnS_3 in den verschiedenen Schichttypen angenommen werden. Damit lässt sich qualitativ aussagen, dass eine Textur im Precursor (hier: texturiertes SnS bei Schichttyp CTS_1) auch zu einer Textur in der Produktschicht führt. Ein solcher Effekt kann durch einen topotaktischen Wachstumsmechanismus der Cu_2SnS_3-Schicht erklärt werden, wie er bereits von HERGERT [96] vorgeschlagen wurde (siehe dazu auch Abschnitt 2.2.3). Um den Wachstumsmechanismus des Cu_2SnS_3 zu beschreiben, werden nun die folgenden Annahmen gemacht:

- Die Bildung von Cu_2SnS_3 erfolgt über eine 1-dimensionale diffusionskontrollierte Reaktion. Die geschichtete Anordnung des Precursors bleibt erhalten.
- Als diffundierende Spezies treten ausschließlich Kationen auf. Die Kationen diffundieren in dem Oxidationszustand, den sie in Cu_2SnS_3 einnehmen, also Cu^+ und Sn^{4+} [170].
- Es bildet sich kein freier Schwefel in den Schichten.
- Die Ladungsverschiebungen durch die Kationendiffusion werden durch die Bewegung von Elektronen in den halbleitenden Materialien Cu_2SnS_3 und $Cu_{2-x}S$ ausgeglichen.

Mit diesen Randbedingungen lässt sich die Bildung einer Cu_2SnS_3 -Schicht nach Abbildung 4.27 darstellen. Zur Vereinfachung wurde dabei für $Cu_{2-x}S$ die Bedingung x=1 angenommen.

An der Unterseite der Cu_2SnS_3 -Schicht kommt es zur Cu_2SnS_3-Bildung nach Gleichung 4.4.

$$3\,SnS + 2\,Cu^+ \rightarrow Cu_2SnS_3 + 2\,Sn^{4+} \tag{4.4}$$

Diffundieren alle freiwerdenden Sn-Ionen an die Oberseite der Cu_2SnS_3-Schicht, so kommt es dort zu einem Umsatz gemäß Gleichung 4.5.

$$5\,Cu_2S + 2\,Sn^{4+} + S^{2-} \rightarrow 2\,Cu_2SnS_3 + 6\,Cu^+ \tag{4.5}$$

Das S^{2-}-Ion ist dabei durch die Diffusion von zwei Cu-Ionen an die untere Schichtseite (nach Gleichung 4.4) entstanden. Da Cu-Ionen in Kupfersulfid eine höhere Beweglichkeit aufweisen als Schwefel [100], diffundieren die freiwerdenden Cu-Ionen an die Oberfläche, um mit Schwefel aus der Gasphase zu reagieren. Nach dem vorgestellten Modell wächst die Cu_2SnS_3-Schicht an der Grenzfläche zum $Cu_{2-x}S$ doppelt so schnell wie an der Grenzfläche zum SnS.

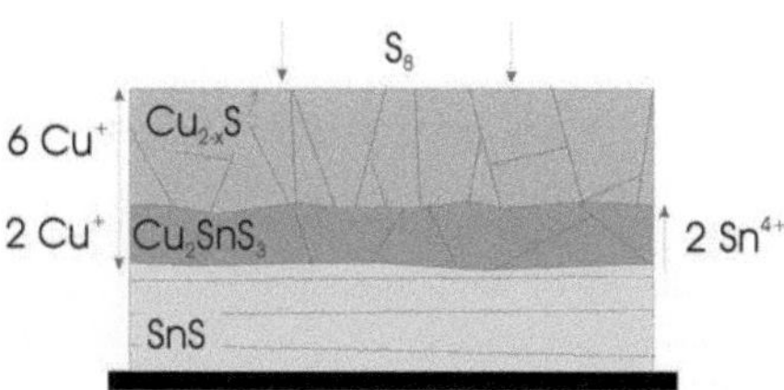

Abbildung 4.27.: Schemazeichnung zur Bildung des Cu_2SnS_3 bei Annahme eines Kationenaustauschs und unter der Voraussetzung, dass kein Schwefel freigesetzt wird. Die eingezeichneten Stoffströme führen zur Bildung zweier Moleküle Cu_2SnS_3 an der oberen Grenzfläche und eines Moleküls Cu_2SnS_3 an der unteren Grenzfläche.

Heizphase: Bildung von Cu_4SnS_4

Abbildung 4.25 zeigt, dass ab einer Temperatur von ca. 400 °C die Phase Cu_4SnS_4 entsteht. Die Bildung dieser Phase verlangsamt die Intensitätszunahme der Cu_2SnS_3-Reflexe. Die naheliegende Erklärung ist, dass Cu_4SnS_4 an der Grenzfläche zwischen $Cu_{2-x}S$ und Cu_2SnS_3 aus eben diesen Phasen hervorgeht. Ein entsprechender Mechanismus ist in Abbildung 4.28 gezeigt.

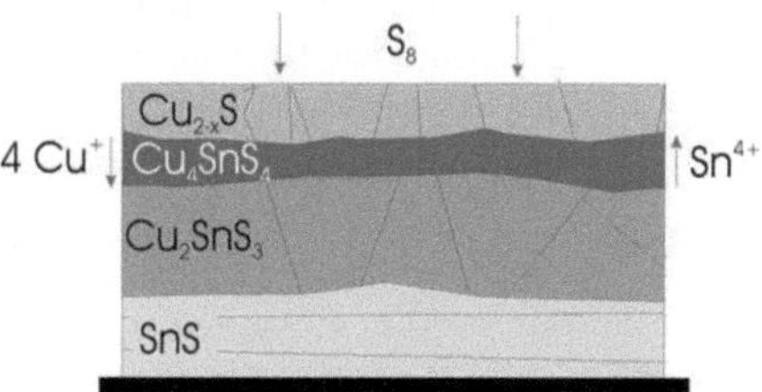

Abbildung 4.28.: Schemazeichnung zur Bildung des Cu_4SnS_4 an der Grenzfläche zwischen Cu_2SnS_3 und $Cu_{2-x}S$. Die eingezeichneten Stoffströme entsprechen der Bildung von drei Molekülen Cu_4SnS_4 an der oberen Grenzfläche und einem Molekül Cu_4SnS_4 an der unteren Grenzfläche dieser Phase.

Es werden dabei dieselben Bedingungen für den Stofftransport angenommen wie bei der Entstehung der Cu_2SnS_3-Schicht. An der Unterseite der Schicht erfolgt die Bildung von Cu_4SnS_4 nach diesem Modell gemäß Gleichung 4.6.

$$4\,Cu_2SnS_3 + 4\,Cu^+ \rightarrow 3\,Cu_4SnS_4 + Sn^{4+} \tag{4.6}$$

Mit den freiwerdenden Sn-Ionen kann Cu_4SnS_4 an der Oberseite der Schicht gemäß Gleichung 4.7 entstehen.

$$2\,Cu_2S + Sn^{4+} + 2\,S^{2-} \rightarrow Cu_4SnS_4 \tag{4.7}$$

Nach diesem Modell wächst die Cu_4SnS_4-Schicht an der Grenzfläche zum Cu_2SnS_3 dreimal so schnell wie an der Grenzfläche zum $Cu_{2\text{-}x}S$.

Heizphase: Sn-Verlust

Bei Temperaturen über 470 °C nimmt die Sn-Fluoreszenzintensität der Schichten deutlich ab. Wie in Abschnitt 3.2.2 gezeigt, wird die Sn K_α-Fluoreszenzlinie durch Cu und S nur schwach gedämpft. Der beobachtete Verlauf kann deshalb nicht durch eine Veränderung der elementaren Tiefenverteilung erklärt werden, sondern muss auf eine Änderung der integralen Sn-Menge in der Schicht zurückzuführen sein. Wie bei den binären SnS-Schichten wird auch für das ternäre Cu-Sn-S System angenommen, dass das Abdampfen von SnS diesen Sn-Verlust aus den Schichten auslöst. Bei 470 °C liegen SnS, Cu_2SnS_3 und Cu_4SnS_4 als Sn-haltige Verbindungen vor. Die Mechanismen, nach denen aus diesen Verbindungen gasförmiges SnS(g) abgegeben werden kann, sind in der folgenden Übersicht zusammengestellt. Zur Vereinfachung wird für die Verbindung $Cu_{2\text{-}x}S$ die Bedingung x=0 angenommen.

SnS-Verdampfen aus SnS	(A) $SnS(s) \rightarrow SnS(g)$
SnS-Verdampfen aus Cu_2SnS_3	(B) $2\ Cu_2SnS_3(s) \rightarrow Cu_4SnS_4(s) + SnS(g) + S(g)$ (C) $Cu_2SnS_3(s) \rightarrow Cu_2S(s) + SnS(g) + S(g)$
SnS-Verdampfen aus Cu_4SnS_4	(D) $Cu_4SnS_4(s) \rightarrow 2\ Cu_2S(s) + SnS(g) + S(g)$

Diese Aufstellung zeigt, dass der SnS-Verlust aus Cu_2SnS_3 gemäß Mechanismus (B) zur Bildung von Cu_4SnS_4 führen kann. Das kurzzeitige Ansteigen der Reflexintensitäten des Cu_4SnS_4 in Abbildung 4.25 mit beginnendem Sn-Verlust bestätigt diesen Mechanismus. Die Bildung von Cu_2S (oder besser: $Cu_{2\text{-}x}S$) nach den Mechanismen (C) und (D) wird ebenfalls bei der Entwicklung der EDXRD-Spektren gefunden. Daneben zeigt sich in den experimentellen Daten, dass mit dem Verschwinden der Cu_2SnS_3-Beugungsreflexe auch die Rate des Sn-Verlustes abnimmt. Dies deutet darauf hin, dass die SnS-Abdampfrate aus Cu_2SnS_3 höher ist als aus Cu_4SnS_4. Dieser Aspekt wird in Abschnitt 4.4 detailliert untersucht.

Zusammenfassung

Die Messungen am System Cu-Sn-S zeigen, dass in Schichtstapeln des Aufbaus Mo/SnS/CuS ab einer Temperatur von 250 °C die Phase Cu_2SnS_3 gebildet wird. Erst bei einer Temperatur von ca. 400 °C tritt zusätzlich die Phase Cu_4SnS_4 auf. Andere Kupferzinnsulfidphasen lassen sich nicht nachweisen. Ähnlich wie bei den Zinnsulfidschichten in Abschnitt 4.1.1 geht bei hohen Substrattemperaturen Sn aus den Schichten verloren. Der Sn-Verlust ist vermutlich wie bei den Zinnsulfidschichten auf das Abdampfen von SnS zurückzuführen. Die Kupferzinnsulfide zersetzen sich dabei und es bleiben Kupfersulfide auf den Substraten zurück.

Eine Textur in den Precursorschichten führt zur Bildung einer ebenfalls texturierten Cu_2SnS_3-Schicht (Precursortyp CTS_1). Es kann daher vermutet werden, dass die Bildung des Kupferzinnsulfids, wie in Abschnitt 2.2.3 beschrieben, durch eine topotaktische Reaktion abläuft. Der topotaktische Mechanismus beinhaltet, dass das Anionengitter erhalten bleibt und nur die Kationen der Precursorphasen interdiffundieren. Ein Vergleich der beiden Precursorvarianten zeigt, dass sich dabei die Textur der Schichten nicht signifikant auf die Kinetik der Kupferzinnsulfidbildung auswirkt.

Da die Beugungsreflexe von Cu_2SnS_3 und des später untersuchten Cu_2ZnSnS_4 in den energiedispersiven Spektren nicht unterscheidbar sind, liefern die Untersuchungen am ternären System wichtige Information für die Interpretation der Experimente am quaternären System. So konnte zum einen das Temperaturintervall und ein plausibles Wachstumsmodell für die Bildung von Cu_2SnS_3 gefunden werden. Zum anderen zeigte sich, dass Cu_2SnS_3 bei Temperaturen über 470 °C unter Abgabe von SnS zerfällt. Beide Ergebnisse werden im Folgenden genutzt, um die Bildung von Cu_2SnS_3 und Cu_2ZnSnS_4 zu unterscheiden.

4.3. Reaktionen im quaternären System Cu-Zn-Sn-S

Nach dem aktuellen Forschungsstand ist Cu_2ZnSnS_4 (Kesterit) die einzige bestätigte quaternäre Phase in diesem Materialsystem. Bereits in Abschnitt 2.1.1 wurde gezeigt, dass damit bei Temperaturen unter 990 °C für alle Zusammensetzungen des quaternären Systems Cu-Zn-Sn-S die Phase Cu_2ZnSnS_4 stabil ist. Abweichungen von der stöchiometrischen Zusammensetzung Cu_2ZnSnS_4 können dabei zur Bildung zusätzlicher binärer oder ternärer Phasen führen (siehe dazu auch Abschnitt 2.1.1).

In diesem Abschnitt wird die Kinetik der Kesteritbildung ausgehend von Schichtstapeln binärer und ternärer Sulfide untersucht. Durch die in-situ Messung von energiedispersiven Spektren kann die Entwicklung kristalliner Phasen während des Heizprozesses nachvollzogen werden. Der Temperaturbereich für die Bildung von Cu_2ZnSnS_4 kann abgeschätzt werden. Anhand von Experimenten mit variierten Schichtdicken wird außerdem ein Modell für das Wachstum von Cu_2ZnSnS_4 entwickelt. Der Einfluss unterschiedlicher ternärer Precursorphasen auf die Kinetik der Cu_2ZnSnS_4-Bildung wird qualitativ untersucht.

Ein grundsätzliches Problem bei der Beobachtung des Cu_2ZnSnS_4-Wachstums mittels EDXRD ist, dass sowohl Cu_2ZnSnS_4 als auch Cu_2SnS_3 Überstrukturen des Sphalerit sind. Die Empfindlichkeit des Messaufbaus reicht nicht aus, um die Überstukturreflexe dieser Phasen zu detektieren. Da sich die Gitterparameter der Sphalerit-Überstrukturen und des Sphalerit (kubisches ZnS) nur geringfügig unterscheiden (siehe Abschnitt 2.1.1), lassen sich die Phasen Cu_2ZnSnS_4, Cu_2SnS_3 und ZnS nicht eindeutig zuordnen. Die Beugungsreflexe dieser Phasen werden deshalb in diesem Abschnitt gemäß des kubischen Sphalerit indiziert - ungeachtet dessen, ob es sich tatsächlich um Reflexe des Sphalerit (ZnS), Cu_2ZnSnS_4 oder Cu_2SnS_3 handelt. Da die gemessenen Reflexintensitäten eine Überlagerung aus den Intensitäten dieser drei verschiedenen Phasen darstellen können, wird im weiteren Verlauf der Arbeit die Bezeichnung "Σ-Signal" für diese Reflexe verwendet. Wegen dieser möglichen Überlagerungen bildet daher die Entwicklung der Beugungsreflexe der Eduktphasen in diesem Abschnitt die Grundlage für die Bestimmung von kinetischen Parametern. Aus den Ergebnissen von Abschnitt 4.2.3 folgt als zusätzliches Kriterium für die Phasenzuordnung, dass Cu_2SnS_3 bei Temperaturen über 470 °C unter Abgabe von SnS zu $Cu_{2-x}S$ zerfällt.

Die Ergebnisse der Untersuchungen werden zum einen dazu dienen, die Bildungskinetik von Cu_2ZnSnS_4 im Vergleich zu den gängigen Absorbermaterialien $CuInS_2$ und $Cu(In,Ga)Se_2$ einzuordnen. Zum anderen bilden die Messungen eine Grundlage für die Entwicklung eines Mehrstufenaufdampfprozesses in Kapitel 5.

4.3.1. Bildung von Kesterit aus Schichtstapeln binärer Sulfide

Die vorangehenden Abschnitte behandelten das Dünnschichtwachstum in verschiedenen sulfidischen Schichtstapeln der binären und ternären Systeme. Unter Beibehaltung der Systematik werden in diesem Abschnitt die Reaktionen von Schichtstapeln binärer Sulfide des quaternären Systems Cu-Zn-Sn-S untersucht. Wegen der guten Haftung auf den Glassubstraten beschränken sich die Untersuchungen zunächst auf Schichtabfolgen des Typs Mo/Zinnsulfid/Kupfersulfid/Zinksulfid. Eine Weiterentwicklung dieses Ansatzes erfolgt bei der Untersuchung der Reaktionen binärer und ternärer Sulfide in Abschnitt 4.3.2.

4.3.1.1. Vergleich zwischen Reaktionen im Cu-Sn-S-System und im Cu-Zn-Sn-S-System

Aufbauend auf die Ergebnisse der Untersuchungen am ternären System Cu-Sn-S in Abschnitt 4.2 erfolgte eine systematische Erweiterung des untersuchten Materialsystems durch das zusätzliche Aufbringen einer ZnS-Schicht auf den Schichtstapel Mo/Zinnsulfid/Kupfersulfid. Sowohl der quaternäre als auch der ternäre Schichttyp wurden nach der Precursor-Abscheidung in identischen Heizexperimenten mittels in-situ EDXRD charakterisiert. Anhand der Unterschiede in der Phasenentwicklung der beiden Precursoren werden generelle Unterschiede in der Entwicklung von ternären und quaternären Schichten dieses Materialsystems herausgearbeitet.

Deposition der Precursorschichten

Als Precursor der Schichtung Mo/Zinnsulfid/Kupfersulfid wurde der Schichttyp CTS_2 verwendet (siehe auch Tabelle 4.5). Für den Schichttyp CZTS_1 wurde auf Precursoren des Schichttyps CTS_2 eine zusätzliche ZnS-Schicht deponiert. Die abgeschiedenen Flächenmassen der einzelnen Schichten sind in Tabelle 4.6 gezeigt. Diese lassen sich aus den Bedampfungsraten und -zeiten in Tabelle A.1 des Anhangs errechnen, unter der Annahme, dass sich stöchiometrische Schichten aus SnS, CuS und ZnS gebildet haben. Die Dicke der einzelnen Schichten wurde anhand der REM-Aufnahme an einer Bruchkante in Abbildung 4.23 bestimmt. Aus der Flächenmasse und der Schichtdicke ergibt sich die Dichte in Tabelle 4.6.

Tabelle 4.6.: Schichtparameter der Depositionen CTS_2 und CZTS_1. Die Flächenmasse ergibt sich aus den Bedampfungsparametern in Tabelle A.1 des Anhangs, die Dicke aus der Auswertung von Bruchkanten im REM. Aus diesen Messwerten wurden die Dichten berechnet.

Schichttyp	Flächenmasse (mg/cm²)	Dicke (µm)	ρ_{Mess}(g/cm³)	$\rho_{Lit.}$(g/cm³)
		1. SnS-Deposition		
CTS_2 + CZTS_1	0,29	1,13	2,6	5,2 [38]
		2. CuS-Deposition		
CTS_2 + CZTS_1	0,37	0,91	4,0	4,7 [142]
		3. ZnS-Deposition		
CZTS_1	0,23	0,58	3,9	4,1 [149]

Anhand der Flächenmassen, bzw. -mengen, können die Elementverhältnisse in den Schichten ermittelt werden. Nach den Messwerten in Tabelle 4.6 erhält man so für den Schichttyp CZTS_1 die in Tabelle 4.7 gezeigten Stoffmengenverhältnisse. Demnach sind die Schichten Zn-reich.

Tabelle 4.7.: Stoffmengenverhältnisse der untersuchten Schichten, wie sie sich aus den abgeschiedenen Flächenmassen ergeben.

Schichttyp	Cu/Sn	Cu/Zn	Cu/(Zn+Sn)	Zn/Sn
Precursor CZTS_1	2,0	1,6	0,9	1,2

In-situ Analyse der Precursoren im Heizexperiment

Abbildung 4.29 zeigt die energiedispersiven Spektren der beiden Precursortypen CZTS_1 und CTS_2. Der zusätzliche Beugungsreflex für Schichttyp CZTS_1 kann auf die bedeckende ZnS-Schicht zurückgeführt werden. Wie bereits in der Einführung dieses Kapitels erwähnt, ist allerdings eine Unterscheidung zwischen den Reflexen der Verbindungen ZnS, Cu_2SnS_3 und Cu_2ZnSnS_4

nicht möglich. Die Reflexe werden daher allgemein als Σ-Signal bezeichnet und entsprechend der kubischen Symmetrie des Sphalerit indiziert. Entsprechend der identifizierten Phasen werden die verschiedenen Schichten im Folgenden als SnS-Schicht, CuS-Schicht und ZnS-Schicht bezeichnet.

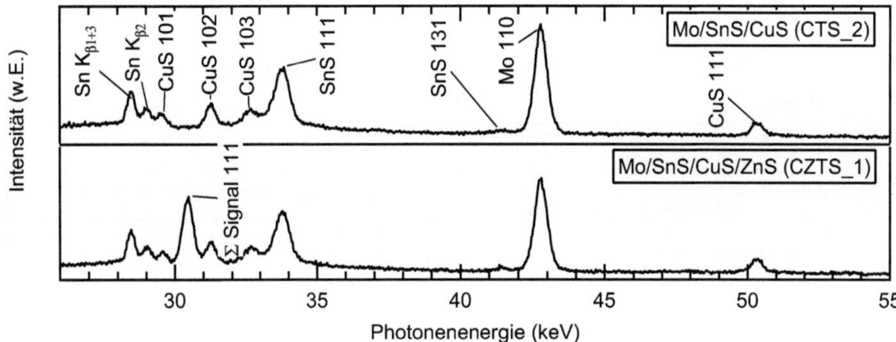

Abbildung 4.29.: EDXRD-Spektren der Schichttypen CTS_2 und CZTS_1 vor dem in-situ Heizexperiment bei Raumtemperatur. Das Σ-Signal stellt eine mögliche Überlagerung aus Cu_2SnS_3-, Cu_2ZnSnS_4- und ZnS-Reflexen dar, die Indizierung erfolgte gemäß der Sphalerit-Struktur.

In Abbildung 4.30 sind die Intensitätsverläufe der intensitätsstärksten Signale der Schichten aufgetragen. Bei der Entwicklung der Kupfersulfide zeigt sich, dass für den Schichttyp CZTS_1 der Übergang von CuS zu $Cu_{2-x}S$ von 250 °C auf etwa 350 °C verschoben ist. Eine ähnliche Erhöhung der Übergangstemperatur konnte bereits für das Schichtsystem Mo/CuS/ZnS in Abschnitt 4.2.2 beobachtet werden. Aufgrund der geringen Signalintensität der $Cu_{2-x}S$-Phase für Schichttyp CZTS_1 konnte ihr Verlauf nicht in Abbildung 4.30 dargestellt werden. Bei der Entwicklung des Zinnsulfids SnS zeigen sich dagegen keine Unterschiede für die beiden Precursortypen. Eine Übereinstimmung zeigt sich auch beim sogenannten Σ-Signal, der potentiellen Überlagerung aus Cu_2SnS_3-, Cu_2ZnSnS_4- und ZnS-Reflexen. Dieses Signal nimmt in beiden Fällen ab einer Temperatur von ca. 250 °C an Intensität zu, bzw. tritt dort im Falle des Schichttyps CTS_2 zuerst auf. Beim weiteren Hochheizen wird für den Schichttyp CTS_2 die Phase Cu_4SnS_4 gebildet (siehe Abbildung 4.25), bei Schichttyp CZTS_1 wird diese Phase nicht beobachtet. Ab ca. 470 °C tritt für den Schichttyp CTS_2 ein starker Verlust der Sn-Fluoreszenzintensität auf. Für Schichttyp CZTS_1 bleibt die Intensität der Sn-Fluoreszenzlinie über das gesamte Heizexperiment nahezu konstant. Die Entwicklung der Cu K_α- und Zn K_α-Intensitäten des Schichttyps CZTS_1 ist ab ca. 350 °C gegenläufig. Aufgrund des vergleichbaren Absorptions- und Emissionsbereiches der Cu und Zn K-Schalen ist dies ein Indiz für die Interdiffusion von Cu und Zn im Schichtpaket (für eine detaillierte Erklärung siehe Abschnitt 3.2.2).

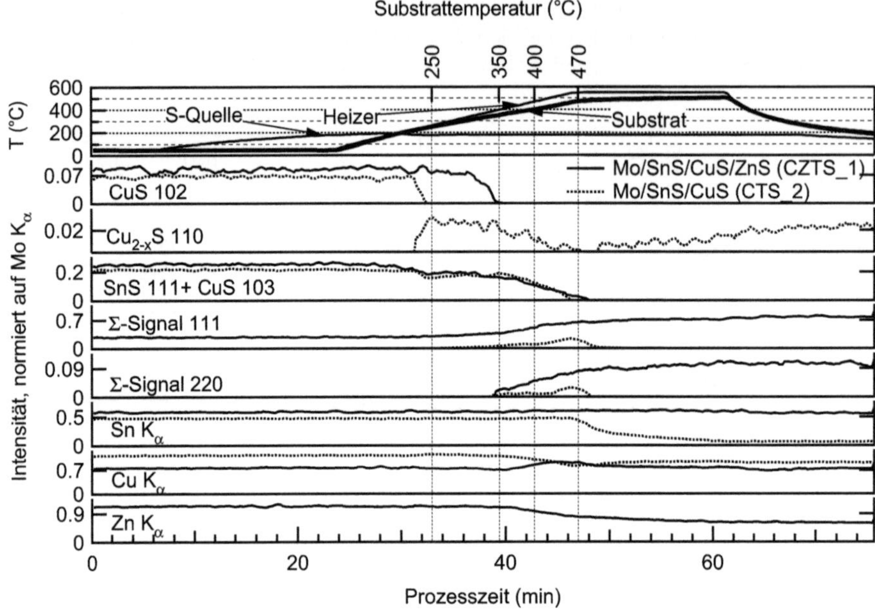

Abbildung 4.30.: Phasenentwicklung während der Heizexperimente an den Schichttypen CTS_2 (ohne ZnS) und CZTS_1 (mit zusätzlicher ZnS-Schicht). Aus Gründen der Übersichtlichkeit ist die Entwicklung der Cu_4SnS_4-Phase, die nur für den Schichttyp CTS_3 gefunden wird (siehe Abbildung 4.25), nicht dargestellt. Das Σ-Signal kann aus einer Überlagerung von Cu_2SnS_3, Cu_2ZnSnS_4 und ZnS bestehen, die Indizierung erfolgte gemäß dem Sphalerit.

Diskussion der Ergebnisse

Bei der Interpretation der Signalintensitäten muss für den Schichttyp CZTS_1 die Röntgen-Absorption durch die bedeckende ZnS-Schicht beachtet werden. Diese führt grundsätzlich zu einer Abschwächung der Signalintensität, die Absorption nimmt dabei von der Zn K-Absorptionsbande (bei 9,81 keV) zu höheren Energien stetig ab (siehe dazu auch die Absorptions-Wirkungsquerschnitte in Abbildung 3.5). Zu beobachten ist aber, dass die normierten Intensitäten der in Abbildung 4.30 dargestellten Signale im Energiebereich über 9,81 keV, das sind alle ausgenommen der Cu K_α -Linie, für das Schichtsytem CZTS_1, höher sind als für das Schichtsystem CTS_2. Der Grund dafür liegt in der Normierung der Spektren auf das Mo K_α-Signal bei 17,44 keV. Da bei dieser Energie die Absorption durch Zn stärker ist als bei den Energien der aufgeführten Beugungsreflexe, führt die Normierung auf das stärker absorbierte Mo K_α zu einer höheren Intensität der letztgenannten Signale.

Die Entwicklung der Eduktphasen CuS und SnS für den Schichttyp CZTS_1 stimmt mit den Experimenten an den ternären Schichtpaketen Mo/CuS/ZnS in Abschnitt 4.2.2 und Mo/SnS/CuS in Abschnitt 4.2.3 überein. Der Übergang von CuS nach $Cu_{2-x}S$ ist wie beim Schichtpaket CZS_2 durch die bedeckende ZnS-Schicht um ca. 100 Kelvin zu höheren Temperaturen verschoben. Nach der Interpretation in Abschnitt 4.2.2 ist dieser Effekt auf die geringe Diffusivität von Schwefel durch die ZnS-Schicht zurückzuführen. Die Entwicklung der SnS-Phase ist für CZTS_1 nahezu deckungsgleich mit dem Verlauf bei Schichttyp CTS_2.

In der Entwicklung der sogenannten Σ-Signale spiegelt sich die Bildung von Cu_2SnS_3 und Cu_2ZnSnS_4 wider. Für beide Schichttypen zeigt sich eine Intensitätszunahme dieser Reflexe im Temperaturbereich zwischen 250 °C und 300 °C. Dies kann so interpretiert werden, dass auch im Schichttyp CZTS_1 zunächst Cu_2SnS_3 gebildet wird. Diese Annahme wird bestätigt durch die nahezu konstante Intensität der Cu- und Zn-Röntgenfluoreszenz in diesem Temperaturbereich. Nach Abschnitt 3.2.2 ergibt sich daraus, dass Cu und Zn bis zu dieser Temperatur nicht messbar interdiffundiert sind. Erst ab ca. 350 °C kommt es zu einer gegenläufigen Entwicklung der Cu- und Zn-Fluoreszenz, wie sie für die Interdiffusion von Cu und Zn zu erwarten ist. Diese Interdiffusion ist ein Indiz für die Bildung von Cu_2ZnSnS_4 ab diesem Temperaturbereich. Ein weiterer Hinweis für eine Veränderung der Phasenentwicklung von CZTS_1 gegenüber CTS_2 ist das Ausbleiben der Cu_4SnS_4-Phase, die bei allen Experimenten am ternären Precursor bei ca. 400 °C auftritt. Im weiteren Verlauf des Heizexperimentes zeigt sich schließlich eine weitere deutliche Abweichung zwischen den beiden Precursortypen. Während bei Schichttyp CTS_2 ab 470 °C die Kupferzinnsulfide unter Abgabe von gasfömigem SnS zerfallen, steigt bei CZTS_1 die Intensität der Σ-Signale weiter an. Es ist zu vermuten, dass im Schichttyp CZTS_1 zu diesem Zeitpunkt kein Cu_2SnS_3 mehr vorliegt.

Zusammenfassung

Beim Vergleich der experimentellen Ergebnisse für das ternäre und das quaternäre System finden sich Hinweise, dass auch im quaternären System bei einer Temperatur von ca. 300 °C zunächst Cu_2SnS_3 gebildet wird. Kesterit entsteht demnach ab einer Temperatur von ca. 350 °C. Abgesehen von Cu_2SnS_3 bilden sich im quaternären System keine weiteren ternären Phasen in nachweisbaren Mengen. In der quaternären Schicht kommt es über den gesamten Verlauf des Heizexperimentes zu keinem messbaren Verlust an Sn. Ob dieser Effekt durch eine bedeckende ZnS-Schicht bedingt ist, wird bei den Auswertungen zum Sn-Verlust in Abschnitt 4.4 untersucht.

4.3.1.2. Einfluss des Stofftransports auf die Kesteritbildung

Eine chemische Reaktion zweier benachbarter Festkörperschichten A und B führt im allgemeinen Fall zur Bildung einer dritten Festkörperschicht C an der Kontaktfläche zwischen A und B. Für den Fortlauf der Reaktion ist ein Austausch von A und/oder B über die gebildete Produktschicht C hinweg nötig. Bei Festkörperreaktionen erfolgt dieser Austausch gewöhnlich über einen Diffusionsmechanismus. In vielen Fällen kontrolliert dieser Diffusionsmechanismus die Kinetik der Bildung von C (siehe dazu auch Abschnitt 2.2.2). Eine Möglichkeit, die Reaktionsrate und die kinetischen Parameter der diffusionskontrollierten Reaktion zu ermitteln, besteht darin, die Dicke der gebildeten Produktschicht C abhängig von Reaktionszeit und -temperatur zu messen. Eine andere Methode ist, die Dicke der Eduktschichten A und B definiert einzustellen. Durch ein geeignetes Messverfahren wird anschließend der Endpunkt der Reaktion für eine Reihe unterschiedlich dicker A-B-Schichten bestimmt.

Für die Untersuchungen in diesem Abschnitt wurden vier unterschiedliche Typen von Schichtstapeln binärer Sulfide hergestellt. Die Schichtstapel unterscheiden sich in der Dicke der einzelnen Eduktschichten, die Gesamtdicke der Schichten wurde dabei durch das Abscheiden mehrerer Schichtungen konstant gehalten. Anhand der Phasenentwicklung in einer anschließenden EDXRD-Messung wurden die Reaktions-Endpunkte für die verschiedenen Schichtdicken bestimmt. Diese Datenpunkte bildeten die Grundlage für die Auswertung der kinetischen Parameter unter Annahme einer diffusionskontrollierten Reaktion.

Unabhängig von den quantifizierbaren Ergebnissen können die in-situ Heizexperimente mit Precursoren variierter Schichtdicke auch wichtige qualitative Erkenntnisse über den Einfluss des

Stofftransports auf die Bildung der Kesteritschichten liefern. Diese Ergebnisse sind interessant in Hinblick auf eine Publikation von KATAGIRI [13] aus dem Jahr 2005. KATAGIRI berichtet dabei von Sulfurisierungsexperimenten an Precursoren mit einem fünffach-Stapel der Abfolge Mo/(5x $ZnS/SnS_2/Cu$). Nach einem - im Vergleich - schnellen Sulfurisierungs- und Heizschritt über ca. 2 Stunden zeigten morphologische Untersuchungen homogen glatte Schichten mit Korngrößen im Bereich von 1 µm. Solarzellen aus diesen Schichten lieferten photovoltaische Wirkungsgrade bis 3,9 Prozent. Als Erklärung für die gute Qualität der Schichten führt KATAGIRI unter anderem die bessere Durchmischung der Edukte im Precursor auf. Anhand der Ergebnisse der Schichtdickenvariation soll daher auch beurteilt werden, ob sich diese postulierte mangelhafte Interdiffusion der Schichtkomponenten bestätigt.

Deposition der Precursorschichten

Es wurden Kupfersulfid durch Koverdampfen von Cu und S und Zinksulfid durch Verdampfen aus einer Binärquelle abgeschieden. Zinnsulfid wurde anders als bei Schichttyp CZTS_1 durch Koverdampfen von Sn und S abgeschieden. Die Variation der Schichtdicke für die einzelnen Experimente war so ausgelegt, dass eine Verringerung der Einzelschichtdicken um die Hälfte mit einer Verdoppelung der Schichtanzahl kompensiert wurde, um gleichbleibende Gesamtschichtdicken und damit ausreichende Signalintensität zu gewährleisten. Ausgehend vom Einfachstapel (später benannt als Schichttyp "1x1", bzw. CZTS_2) wurden Schichten mit einer auf die Hälfte ("2x1/2", CZTS_3), ein Viertel ("4x1/4", CZTS_4) und ein Achtel ("8x1/8", CZTS_5) reduzierten Einzelschichtdicke hergestellt. Neben den Mehrschichtpaketen wurde der Schichttyp CZTS_6 durch gleichzeitiges Verdampfen von Cu, Sn, ZnS und S hergestellt. Dieser Schichttyp diente als Referenz für den Grenzfall Einzelschichtdicke→0. Aus den Bedampfungsparametern in Tabelle A.2 auf Seite 128 des Anhangs ergeben sich die Elementverhältnisse in Tabelle 4.8. Abbildung 4.31 zeigt REM-Aufnahmen an Bruchkanten der Schichttypen CZTS_2 (1x1) und CZTS_5 (8x1/8). Für beide Precursortypen ist in der Schichtung die Grundstruktur der drei alternierenden Sulfide zu erkennen.

Tabelle 4.8.: Übersicht über die Schichtzusammensetzung bei der Schichtdickenvariation. Die Elementverhältnisse wurden aus den Bedampfungsraten in Tabelle A.2 auf Seite 128 des Anhang errechnet.

Schichtkürzel	Schichttyp	Cu/Sn	Cu/Zn	Cu/(Zn+Sn)	Zn/Sn
CZTS_2	Mo/SnS/ZnS/CuS (1x1)	2,3	1,9	1,0	1,2
CZTS_3	Mo/SnS/ZnS/CuS (2x1/2)	2,4	2,2	1,1	1,1
CZTS_4	Mo/SnS/ZnS/CuS (4x1/4)	2,3	1,9	1,0	1,2
CZTS_5	Mo/SnS/ZnS/CuS (8x1/8)	2,3	1,9	1,0	1,2
CZTS_6	Mo/Cu+Sn+S+ZnS (koverd.)	2,4	2,2	1,2	1,1

Abbildung 4.31.: REM-Aufnahmen an den Precursoren der Schichttypen CZTS_2 ("1x1") und CZTS_5 ("8x1/8"). Der Schichtaufbau ist auch für Strukturen des Schichttyps CZTS_5 noch eindeutig erkennbar.

In-situ Analyse der Precursor im Heizexperiment

In Abbildung 4.32 sind die energiedispersiven Spektren der verschiedenen Precursortypen nach einer Messung bei Raumtemperatur dargestellt. In den Precursoren der Dickenvariation ist die Phase CuS zu erkennen, daneben tritt das sogenannte Σ-Signal auf, das eine mögliche Überlagerung von ZnS-, Cu_2SnS_3- und Cu_2ZnSnS_4-Reflexen darstellt.

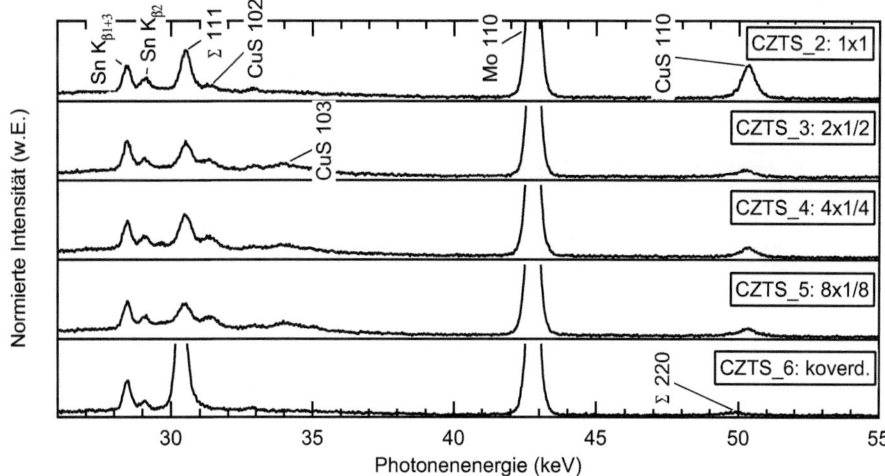

Abbildung 4.32.: EDXRD-Spektren der verschiedenen Precursoren vor dem Heizexperiment bei Raumtemperatur.

Die Abweichungen in den Reflexintensitäten für die verschiedenen Schichttypen in Abbildung 4.32 können durch unterschiedlich starke Absorptionseffekte oder durch unterschiedliche Texturierung begründet sein. Für die koverdampfte Schicht treten ausschließlich die Σ-Signale als Beugungsreflexe auf. Als Eduktphasen werden die Kupfersulfide CuS und $Cu_{2-x}S$ angesehen, nicht aber ZnS, da es in der Messung nicht eindeutig von den Produkten zu unterscheiden ist. Ebenfalls als Edukt wird das im Laufe des Heizprogrammes kristallisierende SnS behandelt. Die Eduktschichten werden deshalb auch als SnS-, ZnS- und CuS-Schichten bezeichnet. Abbildung

4.33 zeigt die Verläufe charakteristischer Beugungsreflexe dieser Phasen während des Heizexperimentes.

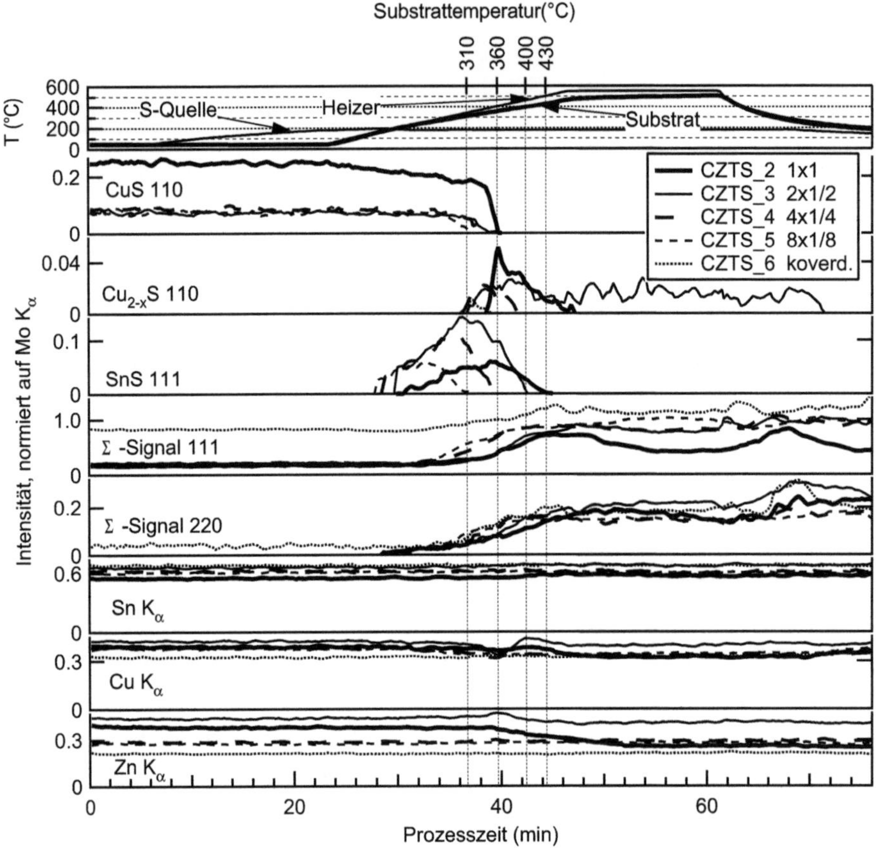

Abbildung 4.33.: Entwicklung verschiedener Beugungsreflexe und Fluoreszenzlinien für die Schichttypen CZTS_2 (Schichtung "1x1"), CZTS_3 (Schichtung "2x1/2"), CZTS_4 (Schichtung "4x1/4") und CZTS_5 (Schichtung "8x1/8") und CZTS_6 (kalt koverdampft). Das Verschwinden von SnS ist für die verschiedenen Schichttypen durch Linien markiert.

Im Temperaturbereich zwischen 300 °C und 350 °C kommt es nach Abbildung 4.33 zur Umwandlung von CuS zu $Cu_{2-x}S$. Die Umwandlung in diesem Temperaturbereich tritt auch für den bereits behandelten Schichttyp CZTS_1 in Abbildung 4.30 auf. Zwischen 150 °C und 200 °C kristallisiert das bis dahin amorphe Zinnsulfid in Form von SnS aus. Die Reflexe dieser Phase gehen für die verschiedenen Schichttypen bei unterschiedlichen Temperaturen wieder verloren. Auch die Reflexe der Phase $Cu_{2-x}S$ nehmen im Verlauf des Experimentes an Intensität ab. Nur für den Cu-reichen Precursortyp CZTS_3 bleiben die Reflexe über den gesamten Bereich des Heizplateaus erhalten. Während des Abkühlens bilden sich wieder Reflexe der CuS-Phase, die

Intensität des 110-Reflexes ist allerdings zu schwach für eine repräsentative Auftragung. Die Auftragung in Abbildung 4.33 zeigt, dass sich die Reflexintensitäten für den Precursor des Typs CZTS_2 und die der anderen Precursoren stark unterscheiden. Als Ursache dafür wird eine Textur der Zinnsulfid- und Kupfersulfid-Schicht bei Precursortyp CZTS_2 angenommen. Abbildung 4.33 zeigt auch die Entwicklung der Produktphasen während des Heizexperimentes. Bei den Reflexen handelt es sich ausschließlich um die Sphalerit-artigen, sogenannten Σ-Signale, die aus einer Überlagerung von ZnS-, Cu_2SnS_3- und Cu_2ZnSnS_4-Reflexen bestehen können. Ab ca. 250 °C ist eine Zunahme der Intensitäten dieser Signale zu erkennen. Die Intensitäten steigen dabei für die Pakete mit dünnen Schichten und für den koverdampften Precursor bei niedrigen Temperaturen schneller an als für die dickeren Schichten. Nach Erreichen des Temperaturplateaus und auch während der Abkühlphase kommt es zu Intensitätsschwankungen der beobachteten Reflexe. Als Ursache kommt ein Textureffekt in Frage oder auch eine Intensitätsvariation der Σ-Signale aufgrund einer Veränderung der Phasenzusammensetzung aus ZnS, Cu_2SnS_3 und Cu_2ZnSnS_4. In letzterem Fall wäre auch eine Verschiebung der Reflexpositionen zu erwarten. Dazu ist in Abbildung 4.34 der Netzebenenabstand des Σ-Signals 111 für die verschiedenen Schichttypen aufgetragen. Für das Heizplateau und die Abkühlphase ist keine Korrelation der Signalintensität aus Abbildung 4.33 und dem Netzebenenabstand zu erkennen.

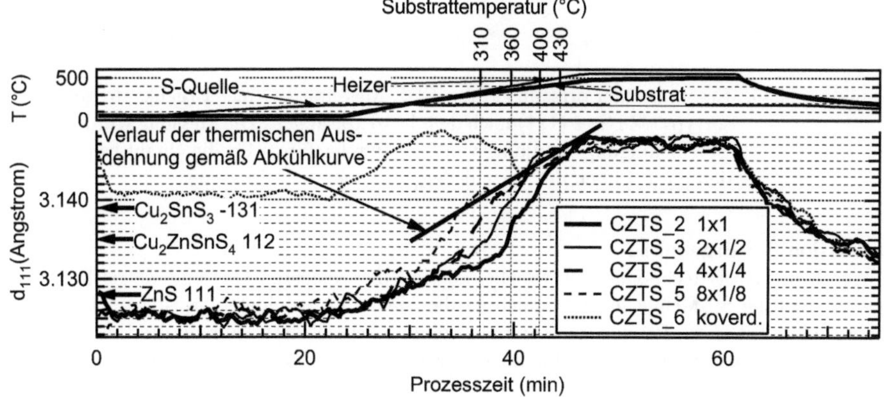

Abbildung 4.34.: Netzebenenabstand des Σ-Signals 111 für die verschiedenen Schichttypen. Die Netzebenenabstände d_{hkl} der Phasen Cu_2ZnSnS_4, Cu_2SnS_3 und ZnS sind entsprechend der Literaturwerte mit Pfeilen markiert [7, 48, 24]. Nach MAINZ [116] beträgt der relative Messfehler für die Bestimmung von d_{hkl} maximal ca. 1 Prozent.

In der Heizphase ist eine Korrelation zwischen Schichtdicke im Precursor und dem Netzebenenabstand auffällig. Dünnere Schichten bewegen sich schneller in Richtung des Netzebenenabstandes von Kesterit als dickere Schichten. Die Endpunkte des SnS-Abbaus aus Abbildung 4.33 sind markiert. An den Endpunkten für die verschiedenen Precursoren flacht der Verlauf des Netzebenenabstandes für die verschiedenen Precursoren ab. Im Anschluss an diese Endpunkte lässt sich die Entwicklung des Netzebenenabstandes gut durch die thermische Ausdehnung, wie sie sich aus der Abkühlkurve ergibt, annähern. Dieser Verlauf wird bei der anschließenden Auswertung der Reaktionsendpunkte diskutiert werden.

Die Interdiffusion der verschiedenen Elemente wurde im Anschluss an die Heizexperimente auch in-situ durch ein EDX-Tiefenprofil an Bruchkanten der Schichten bestimmt. Abbildung

4.35 zeigt das Ergebnis einer entsprechenden Messung am Precursortyp CZTS_2 nach dem Heizexperiment. Im obersten Schichtbereich sind große Kristallite zu erkennen, die gemäß der EDX-Messung stark Cu-reich sind. Darunter ist im REM-Bild eine Schicht mit hohem Kontrast zu erkennen. Diese Schicht befindet sich im Bereich der vormaligen ZnS-Precursorschicht und ist Zn-reich. Der untere Bereich der Schicht ist morphologisch homogen und scheint große Kristallite aufzuweisen. In diesem unteren Schichtbereich verläuft das Profil von Zn- und Sn-Fluoreszenzintensität nahezu identisch. Daraus wird geschlossen, dass auch die Zn/Sn-Verteilung in diesem Bereich der Schicht homogen ist. In der folgenden Diskussion werden aus diesem Tiefenprofil Rückschlüsse auf die Phasenzusammensetzung der Schicht gezogen.

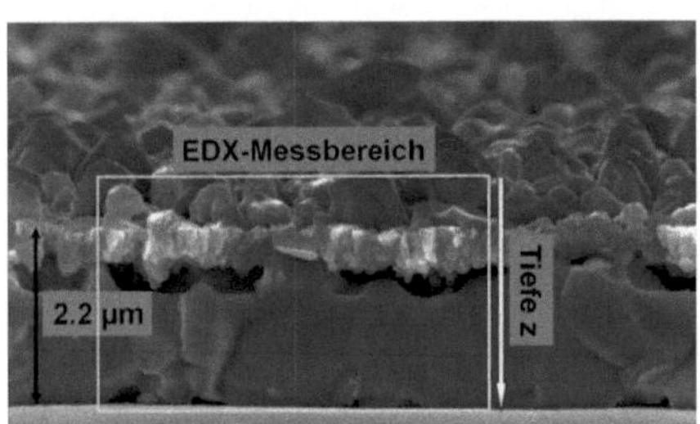

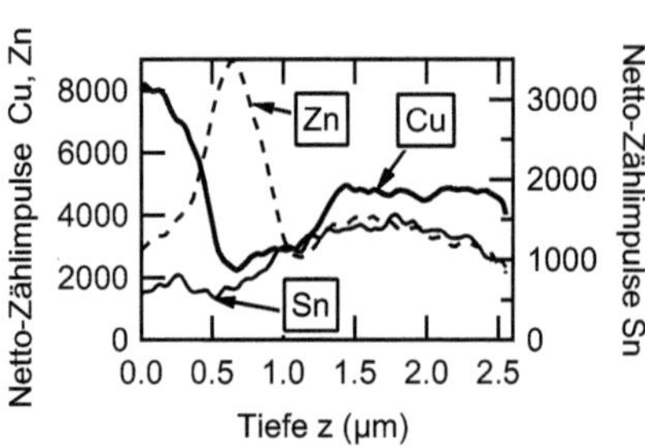

Abbildung 4.35.: Ergebnis einer ortsaufgelösten EDX-Messung an einer Bruchkante des Precursortyps CZTS_2 (1x1) nach dem Heizexperiment. Die Messung wurde bei einer Beschleunigungsspannung von 8 kV durchgeführt, für die Quantifizierung wurden die L-Linien der verschiedenen Elemente ausgewertet.

Diskussion der Ergebnisse

Entprechend der Berechnungen in Tabelle 4.8 sind die Schichten Cu- und Zn-reich. Das bedeutet, dass die Sn-Menge in den Schichten die Menge an gebildetem Kesterit limitiert. Die Zinnsulfidschicht ist im Precursorzustand amorph und kristallisiert während des Heizens für alle Precursortypen als SnS-Phase aus. Bei allen Schichttypen durchläuft die Intensität des SnS 111-Reflexes ein Maximum, um mit weiterem Heizen wieder auf Null abzufallen. Dieses Verschwinden der SnS-Phase verschiebt mit der Dicke der Schichten zu höheren Temperaturen. Auch bei der Kupfersulfidphase zeigt sich qualitativ eine ähnliche Entwicklung, allerdings ist hier die Systematik durch den hohen Cu-Gehalt von Schichttyp CZTS_3 unterbrochen. Da es keine Anzeichen für einen Materialverlust aus den Schichten gibt, ist anzunehmen, dass der Abbau der Eduktphasen mit einem Aufbau an Produktphase einhergeht. Die Auftragung der Intensitäten der Produktphase in Form des sogenannten Σ-Signals in Abbildung 4.33 zeigt entsprechend, dass die Produktbildung für kleinere Schichtdicken zu niedrigeren Temperaturen verschoben ist. Es wird auch deutlich, dass sich die Signale für kleine Schichtdicken der Entwicklung für die koverdampfte Referenzprobe annähern. Die selbe Systematik findet sich auch bei der Entwicklung des Netzebenenabstandes des 111-Reflexes des Σ-Signals in Abbildung 4.34. Für dünnere Schichten verschiebt dieser Abstand schneller in Richtung des Kesterit-Wertes als für dicke Schichten. Die Temperaturpunkte für das Verschwinden der SnS-Reflexe spiegeln sich auch im Verlauf des Netzebenenabstandes des 111-Reflexes wider. Nach dem Abbau von SnS lassen sich die Netzebenenabstände für die verschiedenen Schichttypen gemäß einer linearen thermischen Ausdehnung annähern. Die Beobachtungen werden so interpretiert, dass die Kesteritbildung bei dünneren Precursorschichten bei niedrigeren Temperaturen abgeschlossen ist und der Verlust der SnS-Reflexintensität den Endpunkt dieser Reaktion markiert. Die EDX-Messung in Abbildung 4.35

zeigt für den Schichttyp CZTS_2 nach der Prozessierung eine homogene Durchmischung von Sn und Zn im unteren Schichtbereich. Es gibt kein Anzeichen für eine Sn-Anreicherung im Bereich der vormaligen SnS-Precursorschicht. Da für die Elemente Zn und Sn die Phase Cu_2ZnSnS_4 die einzige gemeinsame, sulfidische Verbindung darstellt, wird diese homogene Elementverteilung durch die Umsetzung der gesamten verfügbaren Menge an Sn in Cu_2ZnSnS_4 erklärt. Weil bei Schichttyp CZTS_2 die längsten Transportwege für die Reaktion auftreten, wird eine vollständige Umwandlung des Sn zu Kesterit auch für die anderen Schichttypen vermutet.

Mit den Messdaten wird nun ein quantitatives Modell für die Kesteritbildung in diesen Schichten entwickelt. Als Voraussetzungen für dieses Modell müssen die folgenden Bedingungen erfüllt sein:

1. Der Endpunkt der Kesteritbildung fällt mit dem Verschwinden der SnS-Reflexe zusammen.

2. Kesterit wird in einer 1-dimensionalen, diffusionskontrollierten Reaktion gebildet.

3. Die Diffusion durch die gebildete Kesteritschicht kontrolliert die Reaktionsrate.

Nach Abschnitt 2.2 kann unter diesen Bedingungen in einem Experiment mit konstanter Heizrate (β=16 K/min) die gebildete Schichtdicke gemäß Gleichung 4.8 ausgedrückt werden.

$$x(T) = \sqrt{\frac{2 \cdot k_{0,diff} \cdot R \cdot T^2}{\beta \cdot E_{a,diff}} e^{-\frac{E_{a,diff}}{RT}}} \tag{4.8}$$

Dabei ist $k_{0,diff}$ der präexponentielle Faktor und $E_{a,diff}$ die Aktivierungsenergie für die diffusionskontrollierte Reaktion. Nach dieser Gleichung sind mindestens zwei Datenpunkte $x(T)$ mit bekanntem T für die Bestimmung der kinetischen Parameter $k_{0,diff}$ und $E_{a,diff}$ nötig. Der am einfachsten zu bestimmende Punkt $x(T)$ ist dabei der Endpunkt der Reaktion. In unserem Fall ergibt sich nach Bedingung (1) die Temperatur für diesen Punkt aus dem Verschwinden des SnS-Reflexes. Da kein Materialverlust eintritt und die Dichten der binären Sulfide vergleichbar mit der Dichte des Kesterit sind, lässt sich der Zusammenhang $x_{Reaktionsendpunkt} = x_{Precursorschichtstapel}$ annähern. Nach den REM-Aufnahmen in 4.31 betragen diese Dicken bei den verwendeten Schichtstapeln 2,2 µm (1x1), 1,1 µm (2x1/2), 0,65 µm (4x1/4) und 0,33 µm (8x1/8). Die Temperaturen für das Verschwinden von SnS sind in Abbildung 4.33 mit Linien markiert. Diese vier Wertepaare wurden verwendet, um die kinetischen Parameter gemäß Gleichung 4.8 nach der Methode der kleinsten Fehlerquadrate anzupassen. Die beste Anpasssung ergab sich für eine Aktivierungsenergie E_{Adiff} = 105 kJ/mol und einen präexponentiellen Faktor $k_{0,diff} = 7 \times 10^{-3}$ cm²/sec. Für eine Fehlerabschätzung wurden numerisch zwei verschiedene Arten von Abweichungen der Temperaturmessung untersucht. Zum einen war dies eine statistische Abweichung jedes einzelnen Temperaturpunktes um einen bestimmten Betrag und zum anderen eine systematische Abweichung aller Temperaturpunkte um einen bestimmten Betrag. Die Berechnung erfolgte in Temperaturschritten von einem Kelvin. Abbildung 4.36 zeigt die Schwankungsbreite der kinetischen Parameter bei Messfehlern bis zu 10 Kelvin. Unter der Annahme eines statistischen Fehlers dieser Größenordnung beträgt die Genauigkeit bei der Berechnung der Aktivierungsenergie $E_{Adiff} = 105 \pm 30$ kJ/mol. Literaturwerte für die Aktivierungsenergie des diffusionskontrollierten Wachstums von Chalkopyriten liegen in einem vergleichbaren Bereich mit 65 kJ/mol für InSe/CuSe-Stapel [171], 115 kJ/mol für GaSe/CuSe-Stapel [172] und 165 kJ/mol für In_2 Se_3/CuSe-Stapel [173].

Mit den kinetischen Parametern sollte sich auch der Verlauf der Produktentwicklung, in Form des Σ-Signals, annähern lassen. In Abbildung 4.37 ist die Ableitung des 111-Σ-Signals, also die Entstehungsrate des Reflexes, gegen die Temperatur aufgetragen. In durchgezogenen Linien sind die theoretischen Verläufe gemäß der genannten kinetischen Parameter und Gleichung 4.8

eingezeichnet. Eine qualitative Ähnlichkeit zwischen theoretischem Verlauf und den Messignalen ist zu erkennen.

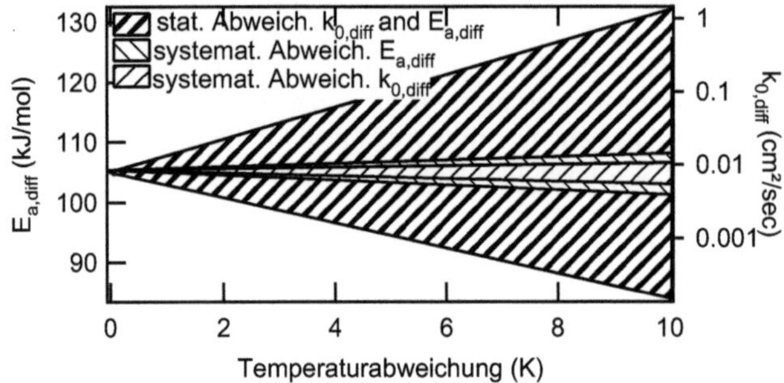

Abbildung 4.36.: Abschätzung des Berechnungsfehlers für die kinetischen Parameter aufgrund von Messfehlern bei Bestimmung der Temperatur des Reaktionsendpunktes. Die Schrittweite der Rechnung beträgt ein Kelvin.

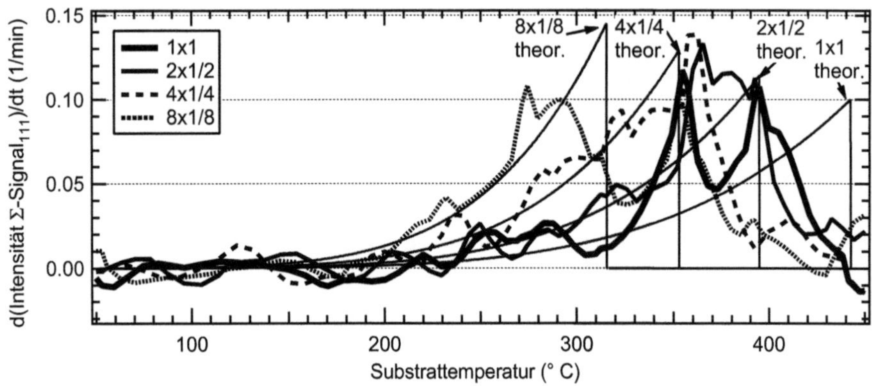

Abbildung 4.37.: Ableitung der Intensität des 111-Σ-Signals für die verschiedenen Schichttypen. Der theoretische Verlauf nach Gleichung 4.8 und mit den kinetischen Parametern $E_{a,diff} = 105$ kJ/mol und $k_{0,diff} = 7 \times 10^{-3}$ cm²/sec ist für die verschiedenen Schichttypen eingetragen.

Mit den kinetischen Parametern kann nun auch eine Abschätzung zur Geschwindigkeit der Schichtbildung in einem isothermen Experiment gemacht werden. Die temperaturabhängige Ratenkonstante der diffusionskontrollierten Reaktion $D(T)$ ist definiert über:

$$D(T) = k_{0,diff} \cdot e^{-\frac{E_{a,diff}}{RT}} \tag{4.9}$$

Nimmt man wieder einen statistischen Temperaturmessfehler von bis zu 10 Kelvin an, so ergibt sich für die Ratenkonstante bei 500 °C ein Wert zwischen 2×10^{-9} cm²/sec und 3×10^{-10}

cm^2/sec. Nach dem parabolischen Wachstumsgesetz in Gleichung 2.18 ergibt sich damit für 2 µm dicke Schichten eine Wachstumszeit zwischen 10 und 70 Sekunden. Diese Raten sind in etwa vergleichbar mit dem Wachstum von $CuInS_2$ aus CuIn-Precursorschichten [174].

Zusammenfassung

Die Messungen an den Schichtdickenvariationen zeigen qualitativ, dass die Schichtbildungsprozesse mit Abnahme der Schichtdicken zu niedrigeren Temperaturen verschieben. Die Entwicklung der Eduktphasen im Laufe des Heizprozesses kann für eine quantitative Auswertung genutzt werden. Diese Auswertung basiert auf dem Modell einer diffusionskontrollierten Reaktion. Die so ermittelten kinetischen Parameter führen zu dem Schluss, dass für die verwendeten Cu- und Zn-reichen Precursoren die Kesteritbildung auch in einem schnellen thermischen Prozess möglich ist. Die Berechnung deckt sich dabei mit dem Ergebnis einer EDX-Messung, nach der sich die Precursorschichtstapel nach wenigen Minuten bei 500 °C durchmischt haben. Die von KATAGIRI [14, 13] verwendeten mehrstündigen Heizprozesse sind daher nicht einer grundsätzlichen kinetischen Limitierung der Kesteritbildung geschuldet.

4.3.2. Bildung von Kesterit-Dünnschichten aus Schichtstapeln ternärer und binärer Sulfide

Bereits in Abschnitt 2.2.3 wurde gezeigt, dass sich die monokline Phase Cu_2SnS_3 durch ihre Sphalerit-Überstruktur gut als topotaktischer Precursor für die Bildung von Cu_2ZnSnS_4 eignet. Demgegenüber weist die Struktur des orthorhombischen Cu_4SnS_4 keine signifikante Ähnlichkeit mit Sphalerit bzw. Cu_2ZnSnS_4 auf. Cu_2SnS_3 und Cu_4SnS_4 sind nach den Ergebnissen in Abschnitt 4.2.3 die einzigen ternären Produktphasen bei der Prozessierung von Schichtstapeln aus Kupfersulfid und Zinnsulfid. Beide Verbindungen sind potentiell störende Fremdphasen im gewünschten Endprodukt, der Cu_2ZnSnS_4-Absorberschicht. Die Prozessierung der Schichten sollte daher so erfolgen, dass diese Phasen, sofern sie als Zwischenprodukt gebildet werden, nicht als Endprodukt in der Schicht verbleiben. Unter der Annahme, dass die Kinetik der Cu_2ZnSnS_4-Bildung durch einen möglichen topotaktischen Prozess kontrolliert ist, würde die Umsetzung von Cu_4SnS_4 und ZnS zu Cu_2ZnSnS_4 und Kupfersulfid langsamer ablaufen als bei der Verwendung von Cu_2SnS_3 als ternärer Phase. In diesem Abschnitt werden Precursoren untersucht, bei denen in einem Schichtstapel der Abfolge Mo/Cu_2SnS_3+Cu_4SnS_4/ZnS beide ternären Phasen nebeneinander vorliegen. Durch ein in-situ Heizexperiment wird geprüft, welche Unterschiede bei der Umsetzung der beiden Phasen zu Cu_2ZnSnS_4 auftreten.

Deposition der Precursorschicht

Zur Herstellung der Schicht wurde zunächst Zinnsulfid bei Raumtemperatur auf Mo-beschichtete Substrate aufgedampft. Anschließend wurde Cu-S nachgedampft, wobei gleichzeitig das Substrat mit einer Rate von 25 K/min auf ca. 400 °C geheizt wurde. Das Substrat wurde darauffolgend wieder abgekühlt und bei Raumtemperatur mit ZnS bedampft. Die Bedampfungsraten für die einzelnen Depositionsschritte wurden durch Wiegen von Testsubstraten vor der eigentlichen Schichtabscheidung bestimmt und sind in Tabelle A.1 des Anhangs eingetragen. Die Zusammensetzung der Schichten entsprechend der Depositionsraten und der Bedampfungszeiten ist in Tabelle 4.9 aufgelistet.

Tabelle 4.9.: Elementverhältnisse für den Schichttyp CZTS_7, ermittelt durch Wiegeexperimente an Testsubstraten vor der Schichtdeposition.

Schichttyp	Cu/Sn	Cu/Zn	Cu/(Zn+Sn)	Zn/Sn
CZTS_7	2,7	2,2	1,2	1,2

In-situ Analyse der Precursor im Heizexperiment

Abbildung 4.38 zeigt das EDXRD-Spektrum des Precursors bei Raumtemperatur. Es sind Reflexe der Phase Cu_4SnS_4 zu erkennen, sowie die sogenannten Σ-Signale als potentielle Überlagerung aus Reflexen der Verbindungen Cu_2SnS_3, ZnS und Cu_2ZnSnS_4. Die Entwicklung der Beugungsreflexe und Fluoreszenzlinien im anschließend durchgeführten Standard-Heizexperiment ist in Abbildung 4.39 dargestellt.

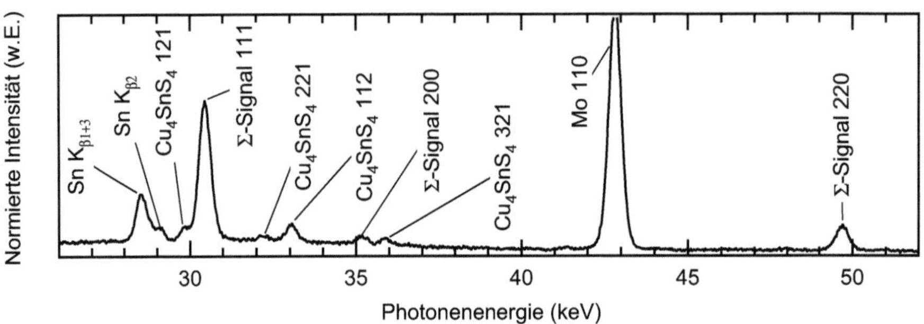

Abbildung 4.38.: EDXRD-Spektrum des Precursors des Schichttyps CZTS_7 bei Raumtemperatur (Stapelung: Mo/Cu_2SnS_3+Cu_4SnS_4/ZnS).

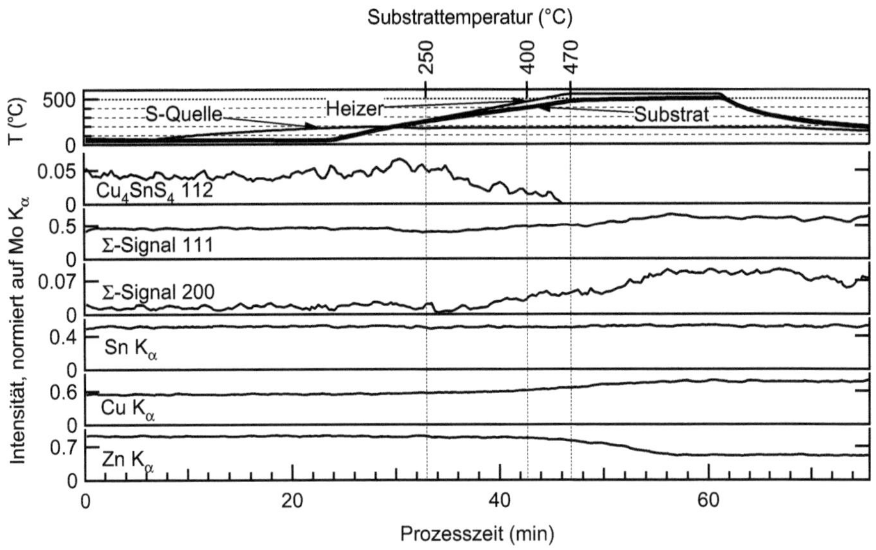

Abbildung 4.39.: Phasenentwicklung während des Heizexperimentes an Schichttyp CZTS_7 (Stapelung: Mo/Cu_2SnS_3+Cu_4SnS_4/ZnS). Die aufgeführten Intensitäten des sog. Σ-Signals können aus einer Überlagerung von Cu_2ZnSnS_4-, Cu_2SnS_3- und ZnS-Reflexintensitäten bestehen.

Die Veränderung des 112-Reflexes des Cu_4SnS_4 in Abbildung 4.39 zeigt repräsentativ das Verschwinden dieser Verbindung in der Heizphase. Die Signalintensität nimmt ab ca. 250 °C stetig ab und ist bei ca. 470 °C nicht mehr detektierbar. Ab ca. 250 °C nehmen auch die Reflexe des Σ-Signals an Intensität zu, die Zn-Fluoreszenz fällt, während die Cu-Fluoreszenz steigt. Im Lauf des Heizexperimentes treten auch Reflexe von $Cu_{2-x}S$ und, in der Abkühlphase, von CuS auf. Die Intensitäten dieser Signale sind aber zu schwach, um die Reflexe gemäß eines Gaußprofils anzupassen. Ihre Intensitäten sind deshalb nicht graphisch aufgetragen.

Diskussion und Zusammenfassung

Die Bildung von Cu_2SnS_3 und Cu_4SnS_4 im Precursor, nach der Prozessierung eines Zinnsulfid-Kupfersulfid-Schichtpaketes bei 400 °C, bestätigt die Ergebnisse zur Bildung der Kupferzinnsulfide in Abschnitt 4.2.3. Anders als in Abschnitt 4.2.3 nimmt im anschließenden in-situ Heizexperiment die Sn-Fluoreszenzintensität nicht signifikant ab. Nach den Ausführungen in den Abschnitten 3.2.2 und 4.4 ist die Intensität des Sn-Fluoreszenzsignals in diesen Schichtpaketen näherungsweise proportional zur Sn-Menge und damit die Sn-Menge für das Experiment in Abbildung 4.39 ebenfalls näherungsweise konstant. Das Verschwinden der Cu_4SnS_4-Reflexe während des Heizexperimentes ist deshalb nicht auf eine Dissoziation des Cu_4SnS_4 in Kupfersulfide und gasförmiges SnS zurückzuführen. Damit ist es sehr plausibel, dass Cu_4SnS_4 entsprechend einem der folgenden Reaktionspfade umgesetzt wird:

$$Cu_4SnS_4 + ZnS \rightarrow Cu_2ZnSnS_4 + Cu_2S \tag{4.10}$$

$$Cu_4SnS_4 \rightarrow Cu_2SnS_3 + Cu_2S \tag{4.11}$$

Entsprechend der Ergebnisse in Abschnitt 4.2.3 dissoziiert Cu_2SnS_3 bei Temperaturen über 470 °C unter Abgabe von SnS. Da es im Laufe des Heizexperimentes zu keinem Sn-Verlust kommt, ist für den Umsatz gemäß Gleichung 4.11 eine weitere Reaktion des Cu_2SnS_3 mit ZnS unter Bildung von Cu_2ZnSnS_4 anzunehmen.

Als Fazit lässt sich festhalten, dass auch Cu_4SnS_4, trotz der fehlenden topotaktischen Übereinstimmung, im Laufe der Heizexperimente zu Kesterit umgesetzt wird. Es ist möglich, dass die Bildung von Kesterit aus dieser Verbindung über Cu_2SnS_3 als Zwischenprodukt erfolgt. Anders als in den Experimentserien zur Bildung der Kupferzinnsulfide in Abschnitt 4.2.3 tritt Cu_4SnS_4 im quaternären Materialsystem bei höheren Prozesstemperaturen nicht mehr auf. Durch ein entsprechendes Temperaturprogramm, mit Endtemperaturen um oder über 470 °C, sollte sich damit die Bildung von Cu_4SnS_4 als Sekundärphase in Kesteritschichten vermeiden lassen.

4.4. Quantifizierung des Sn-Verlustes während der Heizexperimente

Die Experimente in den vorangehenden Kapiteln haben gezeigt, dass es für mehrere Precursorkonfigurationen zu einem Verlust von Sn aus den Schichten kommt, der sich sowohl in einer Veränderung der Fluoreszenz- als auch der Röntgenbeugungssignale äußert. Es finden sich dabei keine Anzeichen dafür, dass der Sn-Verlust mit einem Verlust an Cu oder Zn aus den Schichten verbunden ist. Als Ursache für den Materialverlust kommt damit das Verdampfen von atomarem Sn oder von Zinnsulfiden in Frage. PIACENTE [106] hat bezüglich der Verdampfung von Zinnsulfiden eine ausführliche Arbeit vorgelegt, in dem SnS als Hauptkomponente in der Gasphase nachgewiesen werden konnte. Abbildung 3.2 auf Seite 20 zeigt, dass der Dampfdruck von SnS im Temperaturbereich zwischen 300 °C und 500 °C in den Bereich des Kammerdruckes (ca. 10^{-2} Pa) steigt. Der Dampfdruck von elementarem Sn ist um mehrere Größenordnungen niedriger und damit vernachlässigbar. Der Sn-Verlust wird deshalb für alle Schichttypen als ein Abdampfen von SnS interpretiert.

In diesem Abschnitt wird ein Modell zur Bestimmung des Sn-Verlustes aus den unterschiedlichen Schichtpaketen vorgestellt. Das Modell basiert auf einer Auswertung der gemessenen Fluoreszenzintensitäten der in-situ Experimente. Durch einen direkten Vergleich der verschiedenen Schichttypen werden zunächst qualitative Unterschiede im Sn-Verlust während der Standard-Heizexperimente herausgearbeitet. In einem zweiten Schritt wird der Sn-Verlust für ausgewählte Experimente bei konstanter Temperatur quantifiziert. Anhand der Entwicklung der Beugungssignale wird beurteilt, aus welcher Phase der Sn-Verlust erfolgt. In der Diskussion werden die Sn-Verlustraten für die verschiedenen Phasen und Temperaturen in einer Arrhenius-Auftragung gegenübergestellt und auf ihre Plausibilität überprüft.

Auswertemethode

In diesem Abschnitt wird abgeschätzt, welcher Fehler bei der Bestimmung der Sn-Menge aus dem zeitlichen Verlauf des Sn-Fluoreszenzsignals zu erwarten ist für den Fall einer unbekannten Sn-Tiefenverteilung in den Schichten. Die Intensität eines detektierten Fluoreszenzsignales K_x lässt sich dazu allgemein als eine Funktion der Tiefenverteilung $n_{J'}(z)$ aller Elemente J' in der Schicht und der Gesamtmenge N_J des fluoreszierenden Elementes J ausdrücken gemäß

$$I_{J,Kx} = f(n_{J'}(z), N_J). \tag{4.12}$$

Der Einfluss der elementaren Tiefenverteilung auf $I_{J,Kx}$ hängt von den Röntgenabsorptions-Wirkungsquerschnitten der übrigen beteiligten Elemente ab. Sowohl die Absorption des einfallenden Primärstrahlspektrums bei Energien über der Absorptionskante JK als auch die Absorption der austretenden Fluoreszenzlinie JK_x durch die umgebenden Elemente muss berücksichtigt werden. Für geringe Absorptions-Wirkungsquerschnitte der umgebenden Elemente in diesen Energiebereichen kann deren Einfluss auf $I_{J,Kx}$ unter Umständen vernachlässigt werden. Um abschätzen zu können, wie groß der maximale Fehler bei Vernachlässigung der Absorption durch die umgebenden Elemente ist, werden zwei Grenzfälle der elementaren Tiefenverteilung gemäß Abbildung 4.40 untersucht. Im Fall (A) befindet sich eine SnS-Schicht unter einem Schichtpaket aus CuS und ZnS (maximale Verminderung der detektierten Sn-Fluoreszenz), im Fall (B) befindet sich eine SnS-Schicht auf dem Schichtpaket aus CuS und ZnS (keine Verminderung der detektierten Sn-Fluoreszenz).

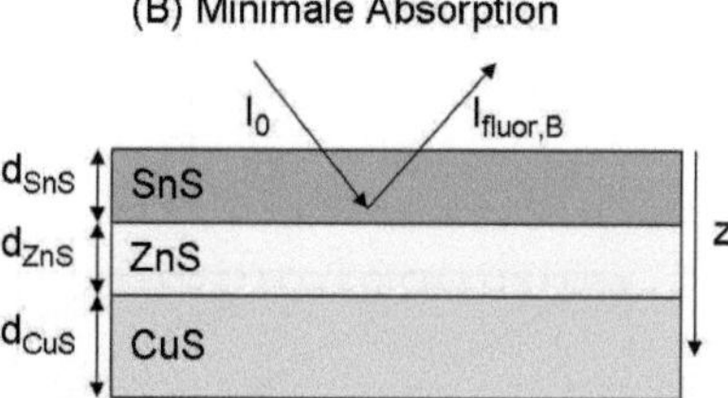

Abbildung 4.40.: Schematische Darstellung der beiden Extremfälle: (A) maximale Abschwächung der Sn-Fluoreszenz und (B) ohne Abschwächung der Sn-Fluoreszenz durch eine zusätzliche CuS- und ZnS-Schicht.

Für Fall (A) wird der einfallende Strahl durch die bedeckenden Schichten aus CuS und ZnS teilweise absorbiert. Die Intensität $I_{fluor,A}$ der in der SnS-Schicht entstehenden Sn K_α-Fluoreszenz lässt sich ausdrücken als

$$I_{fluor,A} = \int_{E_{SnK}}^{\infty} \int_{d_{SnS}} w(E,z) \cdot I_0(E) \cdot e^{-(\frac{\mu_{ZnS}(E) d_{ZnS}}{sin\alpha_{ein}} + \frac{\mu_{CuS}(E) d_{CuS}}{sin\alpha_{ein}})} dz dE. \tag{4.13}$$

Dabei gibt $w(E,z)$ die Wahrscheinlichkeit wieder, dass ein unter dem Winkel α_{ein} in die SnS-Schicht einfallendes Photon in der Tiefe z ein Sn K_α-Photon erzeugt und dieses Photon unter dem Winkel α_{aus} aus der SnS-Schicht austritt. Die verschiedenen μ-Werte sind die Absorptionskoeffizienten der unterschiedlichen Materialien bei den entsprechenden Energien. Sie können aus den Wirkungsquerschnitten in Abbildung 3.5 und der Teilchendichte gemäß Gleichung 3.8 berechnet werden. Die d-Werte stehen für die Schichtdicken, wie sie in Abbildung 4.40 bezeichnet sind. Im relevanten Energiebereich über der Sn K-Absorptionskante bei ca. 30 keV nehmen die Absorptionsquerschnitte für Cu, Zn und S kontinuierlich ab (siehe dazu Abbildung 3.5). Wendet man daher die Wirkungsquerschnitte bei 30 keV auf das gesamte Anregungsspektrum an, so erhält man eine Obergrenze für die Absorption der anregenden Photonen. Damit ist nach Gleichung 4.13 der Mindestwert für die erzeugte Fluoreszenzintensität gleich

$$I_{fluor,A,min} = e^{-(\frac{\mu_{ZnS}(E_{SnK}) d_{ZnS}}{sin\alpha_{ein}} + \frac{\mu_{CuS}(E_{SnK}) d_{CuS}}{sin\alpha_{ein}})} \cdot \int_{E_{SnK}}^{\infty} \int_{d_{SnS}} w(E,z) \cdot I_0(E) dz dE \tag{4.14}$$

$$= e^{-(\frac{\mu_{ZnS}(E_{SnK}) d_{ZnS}}{sin\alpha_{ein}} + \frac{\mu_{CuS}(E_{SnK}) d_{CuS}}{sin\alpha_{ein}})} \cdot I_{fluor,B}. \tag{4.15}$$

Die im Fall der unbedeckten Schicht freiwerdende Fluoreszenzintensität $I_{fluor,B}$ ergibt sich nach demselben Ansatz wie $I_{fluor,A}$ in Gleichung 4.13, wobei die Absorptionsterme für die einfallende Strahlung wegfallen. Für den Fall (A) muss nun noch die Absorption der ausfallenden Fluoreszenzstrahlung nach dem Lambertschen Gesetz berücksichtigt werden. Für die aus dem Schichtsystem emittierte Intensität gilt damit:

$$I_{fluor,A,trans,min} = e^{-(\frac{\mu_{ZnS}(E_{SnK_\alpha}) d_{ZnS}}{sin\alpha_{aus}} + \frac{\mu_{CuS}(E_{SnK_\alpha}) d_{CuS}}{sin\alpha_{aus}})} \cdot e^{-(\frac{\mu_{ZnS}(E_{SnK}) d_{ZnS}}{sin\alpha_{ein}} + \frac{\mu_{CuS}(E_{SnK}) d_{CuS}}{sin\alpha_{ein}})} \cdot I_{fluor,B} \tag{4.16}$$

In Abbildung 4.41 ist aufgetragen, welche maximalen Abweichungen in der Sn-Fluoreszenz nach Gleichung 4.16 aufgrund unterschiedlicher Elementtiefenverteilung möglich sind. Für die üblichen Schichtdicken von ca. 1 µm CuS und ca. 0,5 µm ZnS ist eine maximale Abweichung von ca. 20% denkbar. Es muss hier aber betont werden, dass dieser Grenzwert nur für eine komplette Umkehrung der Schichtfolge, also für eine Entwicklung von Fall (A) nach Fall (B), gilt.

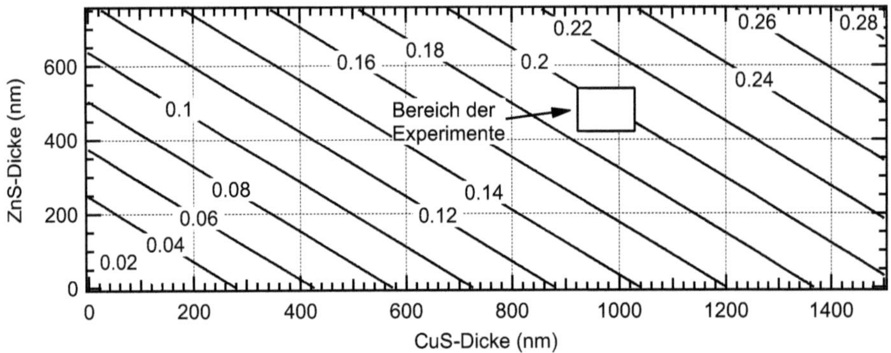

Abbildung 4.41.: Maximale Abschwächung der Sn-Fluoreszenz durch verschieden dicke Schichten von CuS und ZnS nach der Abschätzung in Gleichung 4.16 für den Fall $\alpha_{ein}=\alpha_{aus}=3{,}7°$.

Die experimentellen Ergebnisse, etwa in Abbildung 4.33 auf Seite 66, zeigen, dass sich auch für einen Schichtaufbau gemäß Fall (A) im Laufe der Kesteritbildung die Sn-Fluoreszenzintensität um maximal 10 Prozent verändert. Wie man an dem Beispiel des EDX-Tiefenprofils in Abbildung 4.35 erkennen kann, kommt es dabei zu einer Durchmischung der Elemente in der Schicht. Eine Entmischung der Schichten im Sinne eines Übergangs von Fall (A) in Fall (B) wird in den Experimenten nicht gefunden. Als maximale Abweichung bei der Quantifizierung des Sn-Fluoreszenzintensität wird daher im Weiteren der experimentell gefundene Wert von 10 Prozent verwendet.

In dieser Arbeit wurden bisher alle Intensitätswerte von Fluoreszenzlinien und Beugungsreflexen auf die Intensität der Mo K_α-Fluoreszenz normiert, um gerätebedingte Intensitätsschwankungen in der Heizphase zu kompensieren (näheres dazu bei PIETZKER [109]). Ein Blick auf die Absorptionsquerschnitte in Abbildung 3.5 zeigt aber, dass der Verlust von Sn aus den Schichten zu einer signifikanten Erhöhung der Mo-Fluoreszenz führen kann und damit die Normierung der Intensitäten auf dieses Signal einen Artefakt bei der Quantifizierung zur Folge hat. Zur quantitativen Auswertung des Sn-Verlustes bei konstanter Temperatur wurden daher unnormierte Sn K_α-Signale verwendet.

Um den zeitabhängigen Intensitätswerten der Sn-Fluoreszenz $I_{SnK_\alpha}(t)$ eine Sn-Menge $n_{Sn}(t)$ zuordnen zu können, wurde das Sn-Fluoreszenzsignal gemäß Gleichung 4.17 auf die Sn-Ausgangsmenge $n_{Sn,0}$ kalibriert.

$$n_{Sn}(t) = \frac{n_{Sn,0}}{I_{SnK_\alpha,0}} \cdot I_{SnK_\alpha}(t) \tag{4.17}$$

Der Fehler bei der Bestimmung der Sn-Ausgangsmenge $n_{Sn,0}$ aus den Bedampfungsraten beträgt nach Abschnitt 3.1 ca. 15 Prozent. Mit dem Fehler bei der Messung der Fluoreszenzintensität addiert sich das zu einem Gesamtfehler bei der Quantifizierung der Sn-Menge von ca.

25 Prozent. Für den Absolutfehler der Temperaturmessung während der Temperaturplateaus werden 15 Kelvin veranschlagt (siehe dazu Temperaturkalibration in Abschnitt 3.2 auf Seite 22)

Sn-Verlust während der Heizrampe (qualitative Auswertung)

Eine qualitative Einordnung des Sn-Verlustes für die verschiedenen Schichtsysteme ist anhand des direkten Vergleichs der Sn K_α-Intensitätsentwicklung in Abbildung 4.42 möglich. Mit Ausnahme des koverdampften Cu-Sn-S-Schichttyps CTS_3 (Beschichtungsparameter siehe Tabelle A.1 im Anhang) sind alle Fluoreszenzverläufe Experimenten entnommen, deren Phasenentwicklung in den vorangehenden Abschnitten bereits detailliert besprochen wurde. Die Darstellung ist in drei Graphen gegliedert, wobei die Signale für koverdampfte Precursoren im mittleren Graphen und für sequentiell verdampfte Precursoren im unteren Graphen aufgeführt sind. Es zeigt sich eine signifikante Übereinstimmung in den Verläufen der Sn-Fluoreszenzintensität für die verschiedenen Precursortypen. Bei den reinen Zinnsulfid-Schichten setzt der Sn-Verlust bereits bei Temperaturen von ca. 370 °C ein. In den Proben mit zusätzlichem Kupfer(sulfid) verschiebt sich die Starttemperatur des Sn-Verlustes auf ca. 460 °C und fällt damit mit dem Erreichen des Temperaturplateaus zusammen. Das Einsetzen des Sn-Verlustes tritt dabei für beide Precursortypen im selben Temperaturbereich auf. Eine detaillierte Analyse dieser beiden Messungen erfolgt im folgenden Abschnitt. Bei den Zn-haltigen Precursortypen fällt auf, dass in beiden Fällen keine signifikante Veränderung der Sn-Fluoreszenzintensität im Laufe des Heizexperimentes auftritt. Da es sich im Falle des Precursors CZTS_6 um eine homogen koverdampfte Schicht handelt, kann das Argument einer als Diffusionsbarriere wirkenden ZnS-Schicht hier nicht angeführt werden. Die Entwicklung der Zn-Fluoreszenz für dieses Experiment, wie es in Abbildung 4.33 dargestellt ist, liefert auch keinen Hinweis auf eine ZnS-Anreicherung an der Schichtoberfläche im Laufe des Heizexperimentes.

Auch unter Berücksichtigung der in den vorangehenden Kapiteln besprochenen Experimente lässt sich damit zusammenfassend sagen, dass der Verlust an Sn-Intensität entsprechend der Reihenfolge Zinnsulfid→Kupferzinnsulfid→Kupferzinkzinnsulfid abnimmt.

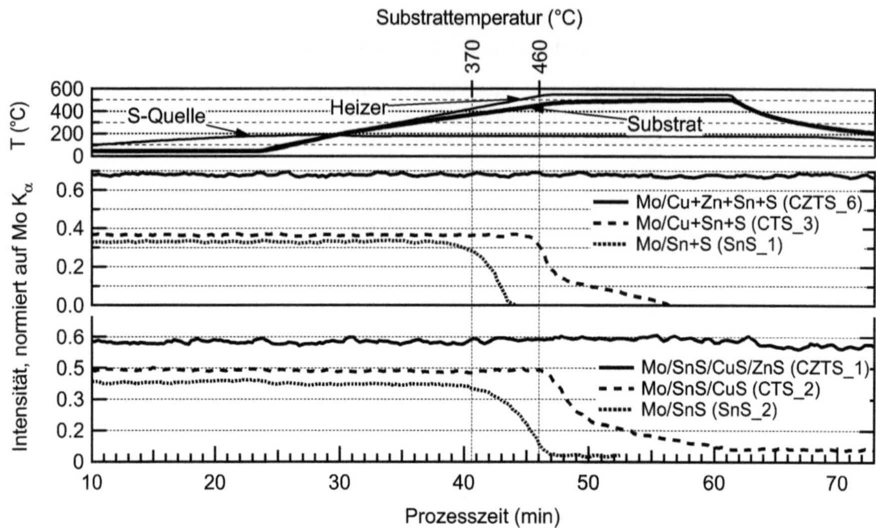

Abbildung 4.42.: Entwicklung der Sn K_α-Fluoreszenzintensität bei einem Heizrampenexperiment für verschiedene Precursortypen. Im mittleren Graphen sind die Verläufe für kalt koverdampfte Schichten dargestellt. Im unteren Graphen sind die Messwerte für geschichtete Precursoren mit der prinzipiellen Abfolge Mo/SnS/CuS/ZnS dargestellt. Einzelne Messungen (SnS_1, SnS_2, Cu+Sn+S koverdampft) wurden wegen des hohen Sn-Verlustes vorzeitig abgebrochen. Die koverdampften und die sequentiell bedampften Precursoren verhalten sich qualitativ ähnlich.

Sn-Verlust bei konstanter Temperatur (quantitative Auswertung)

Für die Quantifizierung des Sn-Verlustes wurden Experimentbereiche mit konstanter Temperatur ausgewählt. Über den Ansatz in Gleichung 4.17 wurde die zeitliche Entwicklung des Sn-Gehalts der Schichten bestimmt und die Sn-Verlustrate durch Anpassung eines linearen oder exponentiellen Kurvenverlaufs ermittelt. Ein linearer Verlauf ergibt sich beim Verdampfen von einer Oberfläche gleichbleibender Beschaffenheit, also z. B. beim Verdampfen einer Metallschmelze aus einem zylindrischen Tiegel. Die Veränderung der verdampfbaren Gesamtmenge N lässt sich damit nach Gleichung 4.18 in Form einer Abdampfrate J_{evap} ausdrücken [110].

$$J_{evap} = \frac{dN}{dt} = K_{evap} \tag{4.18}$$

Der Parameter K_{evap} ist thermisch aktiviert, seine Temperaturabhängigkeit lässt sich mit einer Aktivierungsenergie E_{evap} und einem Vorfaktor $K_{evap,0}$ beschreiben als [110]

$$K_{evap} = K_{evap,0} \cdot e^{-\frac{E_{evap}}{RT}}. \tag{4.19}$$

In dem hier untersuchten Fall des SnS-Abdampfens aus Dünnschichten unter Dissoziation der Schicht muss nicht zwingend Gleichung 4.18 erfüllt sein. Nimmt man an, dass die SnS-Abdampfrate von der Sn-Konzentration an der Oberfläche abhängt und dass durch eine hohe Diffusionsgeschwindigkeit die Oberflächenkonzentration an Sn direkt proportional zur Gesamtmenge an Sn in der Schicht ist, so ergibt sich die Abdampfrate zu

$$J_{evap} = \frac{dN}{dt} = N(t) \cdot K_{evap}, \tag{4.20}$$

und damit ein exponentieller Verlauf des Sn-Verlustes gemäß Gleichung 4.21

$$N(t) = N_0 \cdot e^{-K_{evap}t}. \tag{4.21}$$

Bei der Auswertung der folgenden Experimente wird eine Anpassung an einen linearen Kurvenverlauf und, soweit sinnvoll, zusätzlich eine Anpassung an einen exponentiellen Verlauf durchgeführt.

Für die Quantifizierung des Sn-Verlustes aus den Kupferzinnsulfiden werden zunächst die Messdaten aus Abbildung 4.42 verwendet. In Abbildung 4.43 ist die nach Gleichung 4.17 berechnete Sn-Menge dargestellt.

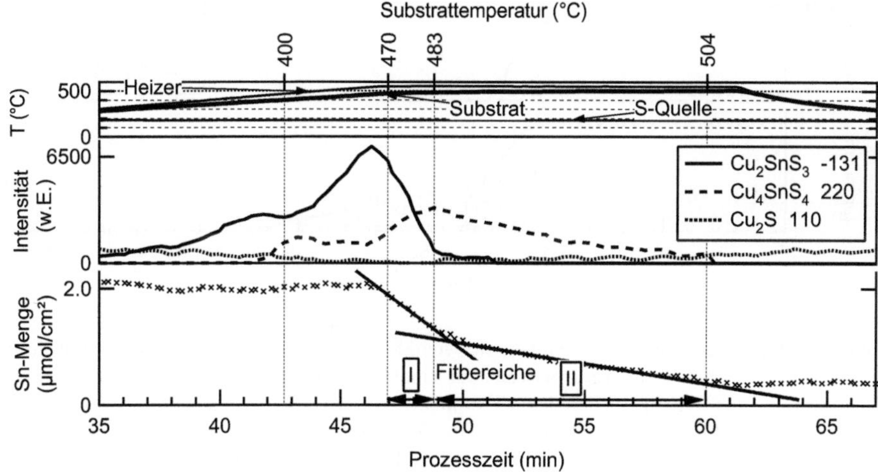

Abbildung 4.43.: Entwicklung des Sn-Gehalts gemäß der Sn K_α-Fluoreszenzintensität während eines Temperaturplateaus für den Precursor Mo/SnS/CuS (CTS_2). Im mittleren Graphen ist die Entwicklung der Phasen aufgetragen. Im Verlauf des Sn-Verlustes lassen sich zwei Bereiche, bezeichnet als I und II, unterscheiden. In Bereich I erfolgt der Sn-Verlust vor allem unter Abnahme der Cu_2SnS_3 -Intensität. Im Bereich II zerfällt Cu_4SnS_4. Die Abnahme der Sn-Fluoreszenz, bzw. des Sn-Gehalts der Schichten erfolgt näherungsweise linear. Die Sn-Verlustrate liegt im Bereich I bei ca. 0,31 µmol/(cm²min) und in Bereich II bei ca. 0,07 µmol/(cm²min).

Anhand der Entwicklung der kristallinen Phasen im mittleren Graph in Abbildung 4.43 ist zu erkennen, dass es zwei Bereiche des Sn-Verlustes gibt, die mit der Abnahme der Beugungssignale von Cu_2SnS_3 (Bereich I) und Cu_4SnS_4 (Bereich II) korrelieren. Eine lineare Kurvenanpassung liefert für den Bereich I eine Sn-Abdampfrate von ca 0,31 µmol/(cm²min) und 0,07 µmol/(cm²min) für Bereich II. Eine ähnliche Entwicklung zeigt sich für den koverdampften Precursortyp in Abbildung 4.44. Hier tritt ab ca. 450 °C ein massiver Sn-Verlust auf, der ebenfalls in einem Bereich I mit der Abnahme der Cu_2SnS_3-Intensitäten einhergeht und in einem Bereich II mit einem fallenden Signal der Cu_4SnS_4-Beugungssignale verbunden ist. Die ermittelten Abdampfraten liegen bei 0,53 µmol/(cm²min) für Bereich I und 0,09 µmol/(cm²min) für Bereich II. Wie für den Precursortyp CTS_2 in Abbildung 4.43 bildet $Cu_{2-x}S$ (Digenit) das letzte Glied in der Phasenentwicklung. Neben den in den Abbildungen 4.44 und 4.43 dargestellten Daten wurde noch ein weiteres Experiment zum SnS-Abdampfverhalten bei Precursortyp CTS_2 ausgewertet. Für das dabei verwendete Temperaturplateau von ca. 530 °C konnte eine Sn-Verlustrate von 0,11 µmol/(cm²min) bestimmt werden, der Sn-Verlust erfolgte dabei aus Cu_4SnS_4.

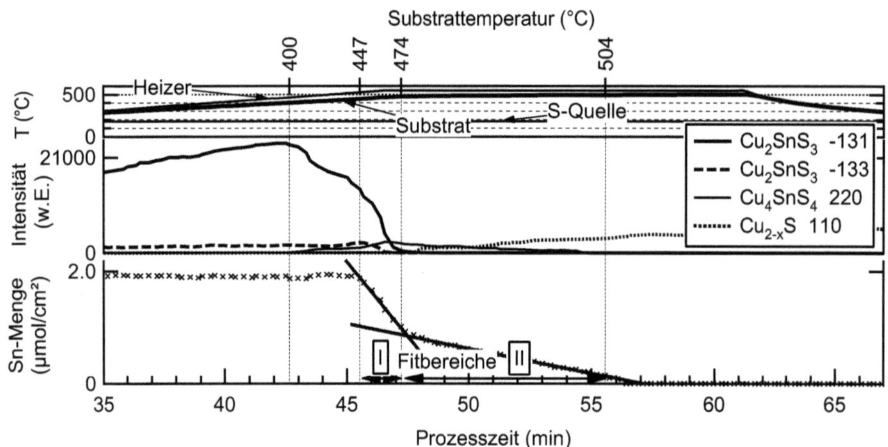

Abbildung 4.44.: Entwicklung des Sn-Gehalts gemäß der Sn K_α-Fluoreszenzintensität während eines Temperaturplateaus für einen koverdampften Precursor Mo/Cu+Sn+S (CTS_3). Im mittleren Graphen ist die Entwicklung der Phasen aufgetragen. Wie im Fall des Precursors Mo/SnS/CuS lassen sich im Laufe des Sn-Verlustes zwei Bereiche, bezeichnet als I und II, unterscheiden. Die Sn-Verlustrate liegt im Bereich I bei ca. 0,53 µmol/(cm²min) und im Bereich II bei ca. 0,09 µmol/(cm²min).

Wie sich in Abbildung 4.42 zeigt, tritt in dem standardmäßig verwendeten Temperaturprogramm mit Maximaltemperaturen um 500 °C kein merklicher Sn-Verlust aus Cu-Zn-Sn-S-Schichten auf. Um einen möglichen Sn-Verlust aus Kesterit-Schichten zu untersuchen, wurden daher Experimente bei höheren Substrattemperaturen durchgeführt. Ein solches Experiment bei höheren Substrattemperaturen ist für einen Precursor des Typs CZTS_1 in Abbildung 4.45 wiedergegeben. Bis zu der Plateautemperatur von ungefähr 520 °C ist keine Verringerung der Sn-Menge in der Schicht zu beobachten, die Intensität der Σ-Signale erreicht ein Maximum. Weiteres Hochheizen bis ca. 600 °C führt schließlich auch hier zu einem deutlichen Sn-Verlust. Mit diesem Verlust geht eine Abnahme der Intensitäten der Σ-Signale einher. Die beste Anpassung des Verlaufs der Sn-Menge wird durch eine Exponentialfunktion erreicht. Um das Abdampfverhalten mit den Kupferzinnsulfidschichten vergleichen zu können, wurde auch eine lineare Anpassung durchgeführt, die eine Verlustrate von 0,11 µmol/(cm²min) liefert. Als Endprodukte nach dem Heizexperiment sind durch Röntgenbeugung $Cu_{2-x}S$ (Digenit) und das sogenannte Σ-Signal als Überlagerung aus ZnS und Cu_2ZnSnS_4 nachweisbar, die Phase Cu_4SnS_4 konnte zu keinem Zeitpunkt des Experimentes beobachtet werden.

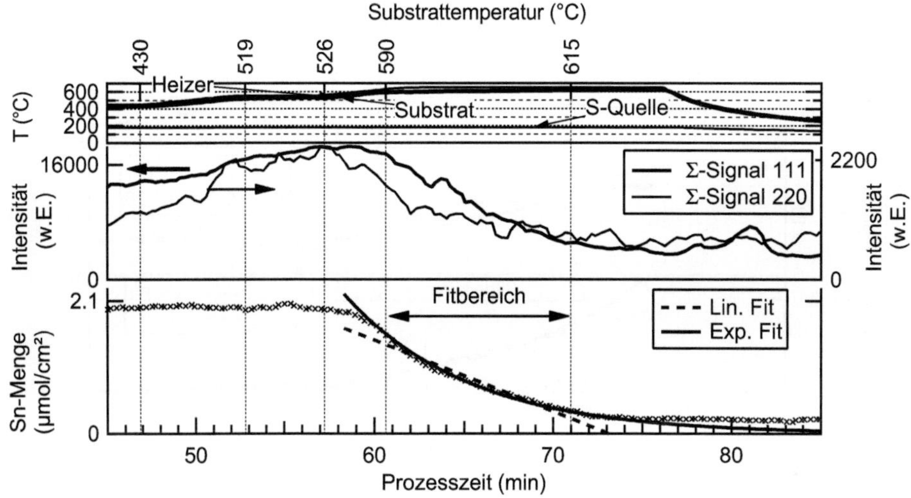

Abbildung 4.45.: Entwicklung des Sn-Gehalts gemäß der Sn K_α-Fluoreszenzintensität beim Anfahren verschiedener Temperaturplateaus für einen Precursor Mo/SnS/CuS/ZnS (CZTS_1). Im mittleren Graphen ist die Entwicklung des 111- und des 220-Reflexes des sog. Σ-Signals aufgetragen, das sich aus Reflexanteilen von Cu_2ZnSnS_4, Cu_2SnS_3 und ZnS zusammensetzen kann. Eine lineare Kurvenanpassung liefert im ausgewerteten Zeitbereich eine Sn-Verlustrate von 0,11 µmol/(cm²min).

Ein ähnliches Heizexperiment wurde an einem Precursor des Typs CZTS_5 durchgeführt, der aus acht Schichtstapeln der Folge SnS/CuS/ZnS aufgebaut ist. In diesem Schichtsystem sollte der Einfluss einer möglicherweise nicht reagierten ZnS-Schicht auf das Abdampfen von SnS deutlich geringer sein als für den Precursor Typ CZTS_1, bei dem eine solche Restschicht den gesamten Sn-haltigen Schichtbereich bedecken würde. In Abbildung 4.46 zeigt sich, dass es auch für diesen Precursortyp zu einem massiven Sn-Verlust mit korrelierter Abnahme der Intensitäten der Σ-Signale kommt. Eine lineare Kurvenanpassung im auswertbaren Temperaturbereich liefert eine Sn-Verlustrate von etwa 0,11 µmol/min. Die Phasenentwicklung während des Sn-Verlustes ist ähnlich der des Precursortyps CZTS_1, es bleiben in diesem Fall keine Reste von Sn in der Schicht zurück.

Zur besseren statistischen Auswertbarkeit wurde auch für die Kesteritschichten noch ein weiteres Experiment auf das SnS-Abdampfverhalten hin untersucht. Der dabei verwendete Precursor war ähnlich dem Typ CZTS_7, allerdings mit geringerem Sn-Anteil, aufgebaut. Die Details der Depositionsparameter finden sich in Abschnitt 4.3.2 und in Tabelle A.1 des Anhangs unter CZTS_8. Im Verlauf des Heizexperimentes wurden zwei Temperaturplateaus angefahren. Für das erste Plateau bei ca. 550 °C konnte eine Sn-Verlustrate von 0,02 µmol/(cm²min) bestimmt werden, für das zweite Plateau bei ca. 605 °C ergab sich eine Rate von 0,16 µmol/(cm²min).

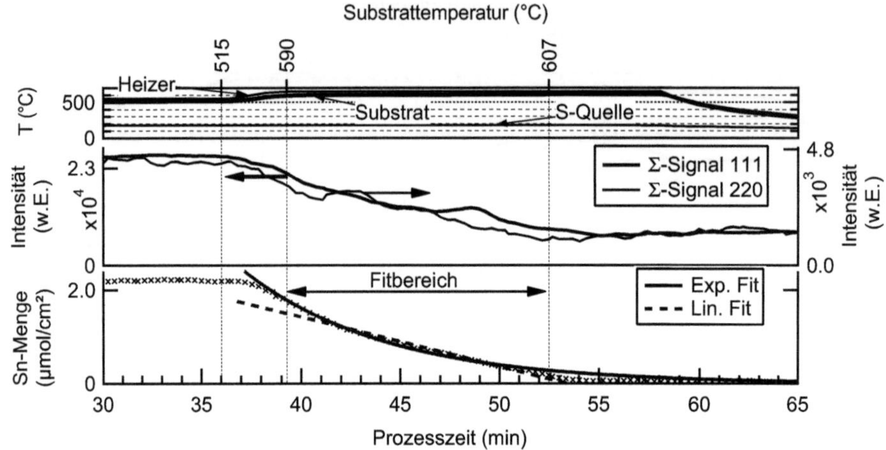

Abbildung 4.46.: Entwicklung des Sn-Gehalts gemäß der Sn K_α-Fluoreszenzintensität beim Anfahren verschiedener Temperaturplateaus für einen Precursor Mo/8x(SnS/CuS/ZnS/SnS) (CZTS_5, für Details siehe Abschnitt 4.3.1.2). Im mittleren Graphen ist die Entwicklung des 111- und des 220-Reflexes der sog. Σ-Signals aufgetragen, der sich aus Reflexanteilen des Cu_2ZnSnS_4, Cu_2SnS_3 und ZnS zusammensetzen kann. Auch hier ist wie in Abbildung 4.45 die Abnahme des Sn-Gehalts mit der Intensität der Beugungssignale gekoppelt. Eine lineare Kurvenanpassung liefert im ausgewerteten Zeitbereich eine Verlustrate von 0,11 µmol/(cm²min).

Diskussion der Ergebnisse und Zusammenfassung

Die Ergebnisse zeigen, dass alle untersuchten Sn-haltigen Schichten bei ausreichend hoher Temperatur SnS in die Gasphase abgeben. Dies erscheint zunächst ungewöhnlich, da KATAGIRI [11, 12, 13, 15, 14] einen solchen Effekt trotz vergleichbarer oder sogar höherer Temperaturen nicht findet. Die einfache Erklärung liegt hier im hohen Restgasdruck bei KATAGIRI, der kinetisch eine Erhöhung des SnS-Partialdrucks an der Substratoberfläche und damit eine Stabilisierung der SnS-Festphase bewirkt.

Für die Experimente dieser Arbeit findet man qualitativ, dass die Abdampfrate gemäß der Reihenfolge Zinnsulfid→Kupferzinnsulfid→Kupferzinkzinnsulfid abnimmt. Bei der quantitativen Auswertung werden sowohl lineare als auch exponentielle zeitliche Entwicklungen der Sn-Menge während des Abdampfvorganges beobachtet. Wie zu Beginn des Ergebnisteils ausgeführt, ist gemäß Gleichung 4.18 ein linearer Verlauf für eine gleichbleibende Oberfläche und eine unveränderte Oberflächenkonzentration der verdampfenden Spezies zu erwarten. Beide Annahmen sind für das Verdampfen in Folge einer Dissoziationsreaktion nicht wahrscheinlich, da sich das nichtflüchtige Dissoziationsprodukt (Kupfersulfid und Zinksulfid) vermutlich an der Schichtoberfläche anreichert. Dennoch kann sich auch im Falle einer Dissoziation ein annähernd linearer Verlauf ergeben, wenn etwa durch andere Effekte die Sn-Verarmung an der Oberfläche kompensiert wird. Denkbar ist hier eine Vergrößerung der Oberfläche und damit der Abdampfrate durch Riss- und Porenbildung im Laufe der Verdampfung. Aufgrund der Vielzahl von möglichen Einflussfaktoren wird hier auf eine Interpretation der Kurvenverläufe für die verschiedenen Experimente verzichtet. Zur Diskussion des Sn-Verlustes werden im Weiteren für alle Experimente die Abdampfraten gemäß der linearen Kurvenanpassung verwendet. Eine Arrhenius-Auftragung für die verschiedenen, so gewonnenen experimentellen Ergebnisse ist in Abbildung 4.47 dargestellt. Da es sich gemäß Gleichung 4.19 beim SnS-Verlust um einen thermisch aktivierten Prozess handelt, sollten Datenpunkte aus einer Temperaturvariation an vergleichbaren Schichtpaketen in der Arrhenius-Auftragung auf einer Gerade mit negativer Steigung liegen. Ein solcher Verlauf deutet sich für die Cu_2ZnSnS_4-Schichten an. Allerdings ist die Menge an Datenpunkten zu gering, um verlässlich eine Aktivierungsenergie gemäß Gleichung 4.19 anzugeben. Die logarithmische Auftragung der Abdampfrate gegen die reziproke Temperatur eignet sich aber dennoch gut, um die abnehmende SnS-Abdampfrate gemäß der Reihenfolge $Cu_2SnS_3 \rightarrow Cu_4SnS_4 \rightarrow Cu_2ZnSnS_4$ zu verdeutlichen.

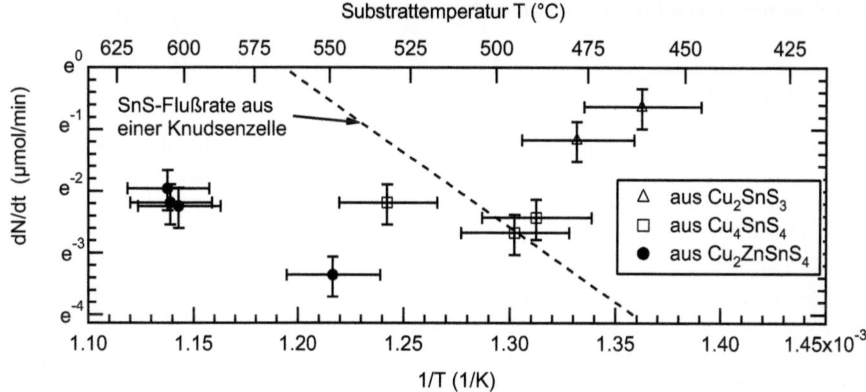

Abbildung 4.47.: Arrhenius-Auftragung der verschiedenen Messergebnisse zum Sn-Verlust.

Als Anhaltswert für die Interpretation der Messdaten ist in Abbildung 4.47 die SnS-Flussrate eingezeichnet, die sich in einem geschlossenen System im Gleichgewicht einstellt. Diese Flussrate gibt wieder, wieviele Gasteilchen pro Flächen- und Zeiteinheit mit den Gefäßwänden des Systems kollidieren. Unter Verwendung der Gleichungen 4.3 und 4.2 kann sie berechnet werden aus der Beziehung

$$J_{SnS} = \frac{N_A p}{\sqrt{2\pi MRT}}, \tag{4.22}$$

wobei N_A die Avogadro-Konstante, p der Gleichgewichtsdampfdruck, M die molare Masse der gasförmigen Spezies, R die allgemeine Gaskonstante und T die Temperatur sind. Die für die Berechnung nötigen Werte für den Gleichgewichtsdampfdruck des SnS wurden der Arbeit von PIACENTE [106] entnommen. Damit kann die Verdampfungsrate aus einer Knudsen-artigen Verdampferquelle, d.h. einer Quelle mit kleiner Öffnung, bestimmt werden. In diesem Fall bleibt trotz der Öffnung der Gleichgewichtsfall als Grundlage für Gleichung 4.22 bestehen, da der Druck im System durch die Öffnung näherungsweise nicht beeinflusst wird. Für den Fall der SnS-Verdampfung von den Dünnschichten ist diese Annahme nicht gültig. Die Schichten befinden sich nicht in einem Austauschgleichgewicht mit der Umgebung, freiwerdendes SnS wird über das Pumpensystem laufend aus dem System entfernt. Die experimentell gefundenen Abdampfraten für die Dünnschichten (siehe SnS-Verlust aus Zinnsulfidschichten in Abbildung 4.42) sind daher weitaus höher als sie sich für eine Knudsen-artige Verdampferquelle ergeben würden. Die

Übereinstimmung der nach Gleichung 4.22 bestimmten Abdampfrate mit der Abdampfrate des SnS aus Cu_4SnS_4 in Abbildung 4.47 ist zufällig.

Das Fazit aus den Messungen zum Abdampfverhalten von SnS ist, dass die Dissoziationsstabilität der einzelnen Verbindungen gemäß der Reihenfolge SnS → Cu_2SnS_3 → Cu_4SnS_4 → Cu_2ZnSnS_4 zunimmt. Es sollte damit möglich sein, bei geeigneter Wahl der Prozesstemperatur ein Phasengemisch aus Cu_2SnS_3 + Cu_2ZnSnS_4 oder Cu_4SnS_4 + Cu_2ZnSnS_4 in ein Gemisch aus Cu_2ZnSnS_4 + $Cu_{2-x}S$ überzuführen. Das verbleibende Kupfersulfid könnte in einem nachfolgenden KCN-Ätzschritt (siehe dazu [174]) gelöst werden, womit eine reine Cu_2ZnSnS_4-Schicht gebildet würde. Die optimale Temperatur für einen solchen Prozess liegt gemäß der Messdaten im Bereich zwischen 480 °C und 520 °C. Die selektive Bildung von Kesterit unter Abbau der ternären Kupferzinnsulfide stellt somit eine Möglichkeit dar, phasenreine Kesteritschichten aus nicht-stöchiometrischen Precursorschichten herzustellen.

4.5. Zusammenfassung

Durch die systematische Untersuchung der Festkörperreaktionen im Materialsystem Cu-Zn-Sn-S und in binären und ternären Untersystemen konnten verschiedene Einflussfaktoren auf das Wachstum von Cu_2ZnSnS_4-Dünnschichten identifiziert werden. Die wichtigsten Erkenntnisse sind im Folgenden geliedert aufgeführt.

ZnS-Rekristallisation Feinkörnige ZnS-Schichten rekristallisieren im Beisein von Kupfersulfiden bei Temperaturen um 300 °C bis 400 °C. Ohne die Kupfersulfide oder im Beisein von Zinnsulfiden wird auch bei Temperaturen um 500 °C keine signifikante Rekristallisation beobachtet. Der positive Einfluss von Gruppe I-Elementen auf die Rekristallisation von II-VI-Halbleitern ist bereits aus der Literatur (u.a. bei VECHT [155]) bekannt und wurde in dieser Arbeit zum erstenmal in-situ durch Röntgenbeugung beobachtet. Es ist ebenfalls bekannt, dass auch die verwandten I-III-VI-Halbleiter $CuInS_2$ und $Cu(In,Ga)Se_2$ [175] bei Cu-Überschuss rekristallisieren. Aufgrund der ähnlichen Materialeigenschaften kann ein vergleichbarer Effekt auch für den I-II-IV-VI-Halbleiter Cu_2ZnSnS_4 vermutet werden. Cu-reiches Wachstum kann also möglicherweise auch hier gezielt zur Vergrößerung der Korndurchmesser eingesetzt werden.

Cu-Diffusion in den Schichten Die Experimente am Materialsystem Cu-Zn-S zeigten auch, dass die Umwandlung von $Cu_{2-x}S$ zu CuS zur Diffusion von Cu-Ionen an die Schichtoberfläche führt. Voraussetzung ist dabei, dass Schwefel in der Gasphase zur Verfügung steht. Der Effekt verdeutlicht, dass Kupfer in den untersuchten Sulfiden mobiler ist als Schwefel. Die Diffusion von Cu-Ionen an die Oberfläche führt zur Bildung großer Kupfersulfidkörner an der Schichtoberfläche und von Löchern und Poren in der Schicht.

Bildung der Kupferzinnsulfide Obwohl im Materialsystem Cu-Sn-S eine ganze Reihe von ternären Phasen existiert (siehe Tabelle 2.4 auf Seite 9), konnten in den in-situ Experimenten nur Cu_2SnS_3 und Cu_4SnS_4 beobachtet werden. Diese Beobachtung wurde sowohl für koverdampfte, und somit homogen durchmischte Precursoren als auch für schichtartig aufgebaute Precursoren gemacht. Es ist dabei signifikant, dass bei allen Schichten zunächst Cu_2SnS_3 und erst bei Temperaturen um 400 °C Cu_4SnS_4 gebildet wird. Diese Phasenentwicklung lässt sich nicht anhand der Thermodynamik der Phasendiagramme des Systems Cu-Sn-S (siehe dazu auch Abbildung B.5 auf Seite 131 des Anhangs) ableiten und muss kinetisch bedingt sein. In Schichten, die zusätzlich ZnS enthalten, unterbleibt die Bildung von Cu_4SnS_4. Die experimentellen Ergebnisse in Abschnitt 4.3.1.1 deuten aber daraufhin, dass Cu_2SnS_3 als intermediäre Phase vor der Bildung von Cu_2ZnSnS_4 auftritt. Die Untersuchungen in Abschnitt 4.3.2 zeigten, dass Cu_4SnS_4 wie Cu_2SnS_3 als Precursorphase für die Bildung von Cu_2ZnSnS_4 eingesetzt werden kann. Auch hier kann ein Reaktionsweg mit Cu_2SnS_3 als intermediärer Phase vor der Bildung von Cu_2ZnSnS_4 nicht ausgeschlossen werden.

Kinetik der Kesteritbildung Mit Hilfe der Experimentserie in Abschnitt 4.3.1.2 konnte gezeigt werden, dass in Cu- und Zn-reichen Precursorschichten die Umwandlung zu Kesterit bei einer Temperatur von 500 °C in wenigen Minuten erfolgen kann. Die langen Heizprozesse, wie sie KATAGIRI [13] für die Herstellung von Kesteritschichten verwendet, sind damit nicht auf eine prinzipielle kinetische Limitierung der Kesteritbildung zurückzuführen.

Sn-Verlust aus den Schichten Durch eine Auswertung der Sn-Fluoreszenzlinie konnte in Abschnitt 4.4 der Sn-Verlust während des Heizprozesses für verschiedene Schichttypen bestimmt werden. Aufbauend auf eine bekannte Arbeit zum Verdampfungsverhalten von Zinnsulfiden [106] wird der Sn-Verlust dem Abdampfen von SnS zugeordnet. Die Abdampfrate von SnS aus den Schichten nimmt dabei für die unterschiedlichen Phasen entsprechend der Reihenfolge $SnS \rightarrow Cu_2SnS_3 \rightarrow Cu_4SnS_4 \rightarrow Cu_2ZnSnS_4$ ab. Cu_2ZnSnS_4 zeigt bei einer Temperatur von 500 °C keinen merklichen Sn-Verlust. Mit dem höheren Sn-Verlust aus den anderen Verbindungen bietet sich so eine Möglichkeit, diese Phasen gezielt aus der Schicht zu entfernen. Der entstehende Cu-Überschuss könnte sich positiv auf die Rekristallisation der Schichten auswirken.

Die Ergebnisse zur Kinetik der Festkörperreaktionen aus diesem Kapitel bilden eine wichtige Grundlage für die Untersuchung der Reaktionen von Festkörper und Gasphase im folgenden Kapitel 5.

5. Kesterit-Dünnschichtwachstum durch Reaktion Festkörper-Gasphase

Die Reaktion einer Festkörperphase mit der Gas- oder Dampfphase ist Grundlage für ein bekanntes Verfahren zur Herstellung von Dünnschichten multinärer Verbindungen. In Form von Mehrstufen-Aufdampfprozessen wird dieses Prinzip bei der Herstellung von Cu(In,Ga)Se_2 [176, 175, 1] und Cu(In,Ga)S_2 [177] angewendet. Diese Art der Prozessierung hat mehrere Vorteile, sowohl gegenüber dem Schichtwachstum durch Festkörperreaktionen wie es in Kapitel 4 behandelt wurde, als auch gegenüber einem einfachen Ko-Verdampfungsprozess, bei dem alle Schichtkomponenten gleichzeitig aus der Gasphase kondensieren [178, 140]. Durch den mehrstufigen Verdampfungsprozess können Gradienten der Elementkonzentration sowohl hinsichtlich der Schichttiefe als auch in Bezug auf die Prozesszeit eingestellt werden. Dadurch wird etwa bei Cu(In,Ga)Se_2-Schichten eine Ga-Anreicherung am Rückkontakt, eine Cu-Verarmung am Frontkontakt und eine Schicht-Rekristallisation (durch einen Cu-reichen Zwischenschritt) realisiert. Der Mehrstufenprozess ist dabei auch technologisch vorteilhaft, da relevante Prozessierungsschritte durch einfache Messaufbauten (z.B. Laserlicht-Streuung, Details bei PIETZKER [109]) in-situ kontrolliert werden können. Bereits in Abschnitt 2.2.3 wurde gezeigt, dass Cu(In,Ga)Se_2 in diesen Mehrstufenprozessen in einer topotaktischen Reaktion gebildet werden kann [95, 92, 93] und ein ähnlicher Mechanismus auch für Cu_2ZnSnS_4 denkbar ist.

In diesem Kapitel werden, entsprechend den Überlegungen zur Topotaxie aus Abschnitt 2.2.3, Cu_2SnS_3 und ZnS als Precursorphasen für einen Cu_2ZnSnS_4-Mehrstufen-Aufdampfprozess verwendet. Die Charakterisierung des Schichtwachstums erfolgt anhand von Experimentserien unter Variation der Substrattemperatur und der Prozesszeit. Das Modell der Cu_2ZnSnS_4-Bildung gemäß eines topotaktischen oder epitaktischen Mechanismus' wird überprüft. Aufbauend auf die Ergebnisse der zeitlichen Entwicklung des Schichtwachstums werden Modelle für die Kinetik der Cu_2ZnSnS_4-Bildung vorgestellt. Das Kapitel schließt mit Abschnitt 5.3 in einer Diskussion, welcher der beiden Precursortypen sich besser für das Wachstum von Cu_2ZnSnS_4-Schichten eignet.

5.1. ZnS als Precursorschicht für die Kesteritbildung

In Abschnitt 2.2.3 der Grundlagen dieser Arbeit wurde die strukturelle Ähnlichkeit von Cu_2ZnSnS_4 (Kesterit) und ZnS (Sphalerit) behandelt. In Kapitel 4.1.3 konnte gezeigt werden, dass ZnS-Dünnschichten nach der Deposition tatsächlich in Sphalerit-Struktur vorliegen und sich damit als Precursor für topotaktisches oder epitaktisches Wachstum eignen. Die Umsetzung zu Kesterit soll durch einen Prozessschritt erfolgen, bei dem der ZnS-Precursor bei hoher Substrattemperatur gleichzeitig mit Cu, Sn und S bedampft wird. Zur Untersuchung des Schichtwachstums wurde eine Variation der Substrattemperatur und der Bedampfungszeit durchgeführt. Die so hergestellten Proben wurden mit Röntgendiffraktometrie, Röntgenfluoreszenzanalyse und elektronenmikrokopischen Analyseverfahren charakterisiert und die Ergebnisse in Form eines Wachstumsmodelles interpretiert.

5.1.1. Parametervariation für die Kesteritbildung

Die Parameteroptimierung konzentriert sich auf eine Variation der Substrattemperatur sowohl bei der Abscheidung der ZnS-Schicht als auch bei der nachträglichen Reaktion mit Cu-Sn-S. Bei Raumtemperatur abgeschiedenes ZnS neigt zur Delamination, und die entstehenden Schichten sind feinkristallin bis amorph. Bei höherer Substrattemperatur verbessert sich die mechanische Schichthaftung, gleichzeitig nimmt aber die Adsorption des ZnS-Dampfes auf den Mo-Substraten stark ab. Über die Bestimmung der abgeschiedenen ZnS-Massen bei verschiedenen Substrattemperaturen wurde zunächst entschieden, bis zu welcher Temperatur die Haftungsrate akzeptabel ist (Beschichtungszeiten unter einer halben Stunde).

Bei der Substrattemperaturvariation der nachfolgenden Bedampfung mit Cu-Sn-S wurde ein Maximalwert von 520 °C gewählt. Nach den Ergebnissen aus Abschnitt 4.4 sollte bei dieser Temperatur der Sn-Verlust aus Kesterit noch vernachlässigbar sein, gleichzeitig die Bildung von Kupferzinnsulfiden aber unterdrückt werden. Bei den Bedampfungsraten von Cu und Sn wurde zunächst ein Cu-Überschuss eingestellt. In Dünnschichten der Systeme $CuInS_2$ und $Cu(In,Ga)Se_2$ wirkt sich ein Cu-Überschuss und eine damit verbundene Bildung von Kupfer-Chalkogeniden positiv auf die Bildung der Chalkopyritstruktur [179] und das Wachstum der Chalkopyritkörner aus [176, 179].

5.1.1.1. Wachstum des ZnS-Precursors

Tabelle 5.1 zeigt experimentelle Daten, welche die Abnahme der ZnS-Adhäsion bei steigender Substrattemperatur belegen. Aufgeführt sind in der Tabelle die Wachstumsraten der ZnS-Schicht ohne Substratbeheizung (Substrattemperatur ca. 25 °C) sowie das Verhältnis der Wachstumsrate bei der Temperatur T zur Wachstumsrate bei 25 °C. Dieser Quotient wird so als quantitatives Maß der ZnS-Adsorption für die drei unterschiedlichen Experimente herangezogen.

Tabelle 5.1.: Wachstumsraten von ZnS bei verschiedenen Substrattemperaturen. Die Raten wurden durch Wiegen der Substrate vor und nach der Beschichtung bestimmt.

Substrattemperatur T	Wachstumsrate (25 °C)	$\frac{\text{Wachstumsrate (T)}}{\text{Wachstumsrate (25 °C)}}$
150 °C	25 µg/(cm²min)	0,45
220 °C	14 µg/(cm²min)	0,05
300 °C	14 µg/(cm²min)	0

Die Messwerte in Tabelle 5.1 zeigen, dass bei den üblicherweise verwendeten Bedampfungsraten und Substrattemperaturen über 200 °C die Wachstumsrate von ZnS auf Mo-beschichtetem Glas gegen Null geht. Um die Abscheidung von 500 nm ZnS bei den üblichen Bedampfungsraten unter einer halben Stunde durchführen zu können, wurde die Substrattemperatur für die ZnS-Bedampfung deshalb auf 150 °C beschränkt.

Die so hergestellten Schichten wurden mittels Elektronenmikroskopie auf ihre Morphologie und mittels Röntgenbeugung auf ihre Kristallstruktur untersucht. Die REM-Aufnahmen zeigen eine stängelartige Morphologie der ZnS-Körner in den Schichten (siehe dazu die prozessierte Schicht in Abbildung 5.6 auf Seite 93, 300 °C Substrattemperatur, unterer Schichtbereich). In der Röntgenbeugung sind eindeutig Sphalerit (ZnS, kubisch), aber auch schwache Reflexe des Wurtzit (ZnS, hexagonal) zu erkennen (siehe dazu Abbildung 5.3 auf Seite 91). Die Intensitätsverhältnisse der Reflexe deuten dabei auf eine Textur in den Schichten hin. Bei einer Experimentserie zur nachfolgenden Bedampfung mit Cu-Sn-S wurden Texturmessungen an unterschiedlich lange bedampften ZnS-Schichten durchgeführt. In Abbildung 5.1 sind die Polfiguren einer solchen Messung an einem ZnS-Precursor nach 2,5 Minuten Cu-Sn-S-Bedampfung dargestellt. Wie im folgenden Abschnitt 5.1.1.3 gezeigt wird, ist der ZnS-Precursor nach dieser kurzen Bedampfung noch nahezu vollständig erhalten und nur geringfügig mit Cu-Sn-S bedeckt.

In der {111}-Polfigur sind sowohl ein ausgeprägtes Maximum bei 0° Verkippung als auch ein Ring hoher Intensität bei ca. 71° Verkippung zu sehen. Dieses Ergebnis ist typisch für eine Fasertextur in <111>-Richtung, da sich {111}-Ebenen im kubischen System unter 70,5° schneiden. Die {200}-Polfigur zeigt einen Ring hoher Intensität für einen Kippwinkel von ca. 55°, wie es bei einer <111>-Fasertextur in einem kubischen System zu erwarten ist. Dasselbe gilt für die {220}-Polfigur, bei der die entsprechenden Ringe bei ca. 35° und 90° liegen.

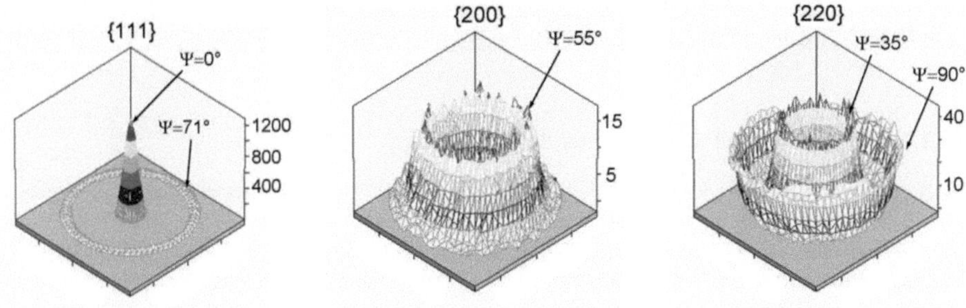

Abbildung 5.1.: Polfiguren eines ZnS-Precursors nach 2,5 min Cu-Sn-S-Bedampfung. Die Diffraktometermessung wurde gemäß Abschnitt 3.3.1 durchgeführt. Die Indizierung erfolgte entsprechend des kubischen Sphaleritgitters. Es ist eine Textur in <111>-Richtung zu erkennen.

5.1.1.2. Diskussion des Precursorwachstums

Die stark abfallende Adsorption von ZnS mit steigender Substrattemperatur ist ein aus der Literatur bekanntes Phänomen. RITTER [147] führt den Effekt auf eine geringe Adsorption von Zn auf ZnS zurück. Die beobachtete <111>-Textur der Schichten wird ebenfalls von mehreren Autoren berichtet [180, 181, 151, 182]. Nach dem Kriterium einer möglichst niedrigen Oberflächenenergie wäre dabei eigentlich die Bildung einer unpolaren {110}-Oberfläche günstiger als die Bildung einer polaren {111}-Oberfläche [183, 184] (siehe dazu Abbildung 5.2). ZnS-Kristalle lassen sich deshalb auch am besten entlang {110}-Ebenen spalten [184].

Trotzdem zeigen aber selbst ZnS-Volumenkristalle häufig eine {111}-Facettierung [185, 186, 187]. WRIGHT [188] erklärt dies durch eine Rekonstruktion der Oberfläche, was die {111}-Oberflächenenergie entscheidend senkt. Nach WRIGHT wird diese Rekonstruktion begünstigt durch nicht-stöchiometrische Wachstumsbedingungen. Bei texturiertem Wachstum von Dünnschichten muss allerdings nicht zwangsläufig die energetisch günstigste Fläche die Textur vorgeben. So wird etwa beim Dünnschichtwachstum von Diamant häufig eine <110>-Textur gefunden [189], obwohl die {111}-Flächen in diesem Material die geringste Oberflächenenergie aufweisen. WILD [189] und OPHUS [190] erklären diesen Effekt dadurch, dass beim Dünnschichtwachstum die schneller wachsenden Facetten mit hoher Oberflächenenergie (in diesem Fall {110}) die Langsameren überwachsen und damit die Textur der Schicht bestimmen. Da es beim Wachstum von ZnS vermutlich von den Prozessierungsparametern abhängt, welche Facette energetisch

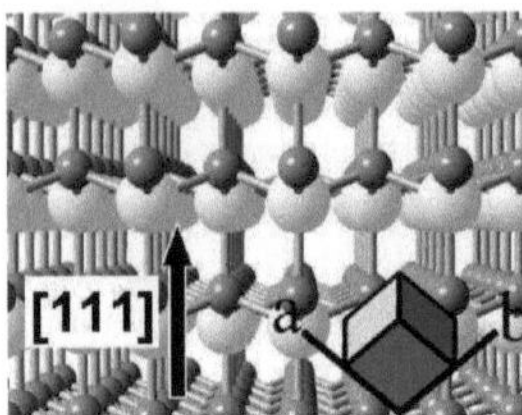

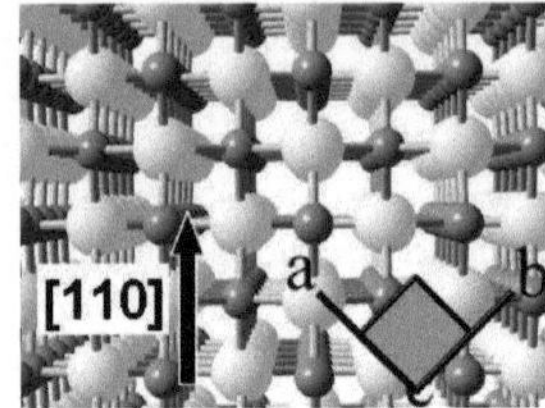

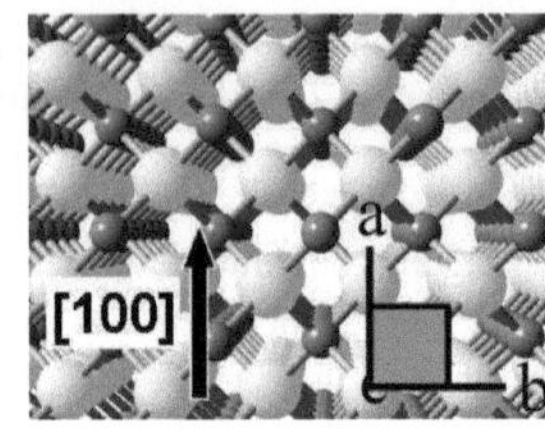

Abbildung 5.2.: Darstellung verschiedener Kristallrichtungen im Sphalerit. Die {110}- und {100}-Ebenen sind polar, die {110}-Ebenen sind unpolar. Die Zn-Atome sind grau gezeichnet.

günstiger ist, kann die gefundene <111>-Textur damit sowohl als thermodynamischer als auch als kinetischer Effekt interpretiert werden.

5.1.1.3. Reaktion mit Cu-Sn-S aus der Gasphase

Der erste Teil dieser Experimentserie befasst sich mit der Auswahl eines geeigneten Temperaturbereiches für die Bildung von Kesterit aus einem ZnS-Precursor unter Bedampfung mit Cu-Sn-S. Im zweiten Teil werden die Ergebnisse einer Experimentserie vorgestellt, bei welcher der Wachstumsprozess (mit optimierter Temperatur) zu verschiedenen Zeitpunkten vorzeitig abgebrochen wurde. Anhand dieser Abbruchexperimente lässt sich der zeitliche Verlauf des Schichtwachstums verfolgen.

Variation der Substrattemperatur

Vor der Deposition auf den ZnS-Substraten wurden die Metall-Bedampfungsraten durch Messung am Quarz-Schichtdickenmonitor auf ca. 12 µg/(cm²min) für Sn und ca. 10 µg/(cm²min) für Cu eingestellt. Die Schwefelquelle wurde mit den Standardparametern bei 190 °C Tiegeltemperatur betrieben. Nach 11 min Cu-Sn-S-Bedampfung wurde die Temperatur der Sn-Quelle mit einer Rate von 10 K/min von 1230 °C auf 1130 °C abgesenkt, um eine Cu- und Zn-Anreicherung in der resultierenden Schicht zu erzeugen (Cu-reiches Wachstum zur Förderung des Kristallwachstums, siehe Kapiteleinführung). Die Beschichtung wurde für jede Probenserie nach 21 Minuten beendet. Die Substrattemperaturen der vier aufeinander folgenden Bedampfungsexperimente lagen bei 300 °C, 380 °C, 450 °C und 520 °C. Entsprechend der Diffraktogramme in Abbildung 5.3 lassen sich nach der Prozessierung folgende Phasen zuordnen:

- 300 °C: Die intensitätsstärksten Reflexe bei 28,5° und 47,3° können sowohl ZnS (Sphalerit), Cu_2SnS_3 und/oder Cu_2ZnSnS_4 (Kesterit) zugeordnet werden. Einzelne Kesterit-Überstrukturreflexe (mit Pfeilen markiert) sind zu erkennen, Überstrukturreflexe des Cu_2SnS_3 lassen sich nicht eindeutig identifizieren. Bei 46,2° tritt ein Reflex auf, der $Cu_{1,96}S$ (Chalcocit) zuordenbar ist.

- 380 °C: Cu_2ZnSnS_4 (Kesterit) ist anhand der Überstrukturreflexe (Pfeilmarkierungen) eindeutig zu erkennen, eine Überlagerung durch ZnS (Sphalerit) und Cu_2SnS_3 ist nicht auszuschließen. Einige Reflexe lassen sich $Cu_{1,96}S$ (Chalcocit) und Cu_7S_4 (Anilit) zuordnen.

- 450 °C und 520 °C: $Cu_{1,96}S$ (Chalcocit) und Cu_7S_4 (Anilit) lassen sich identifizieren. Die Überstrukturreflexe des Cu_2ZnSnS_4 (Kesterit) treten nicht auf.

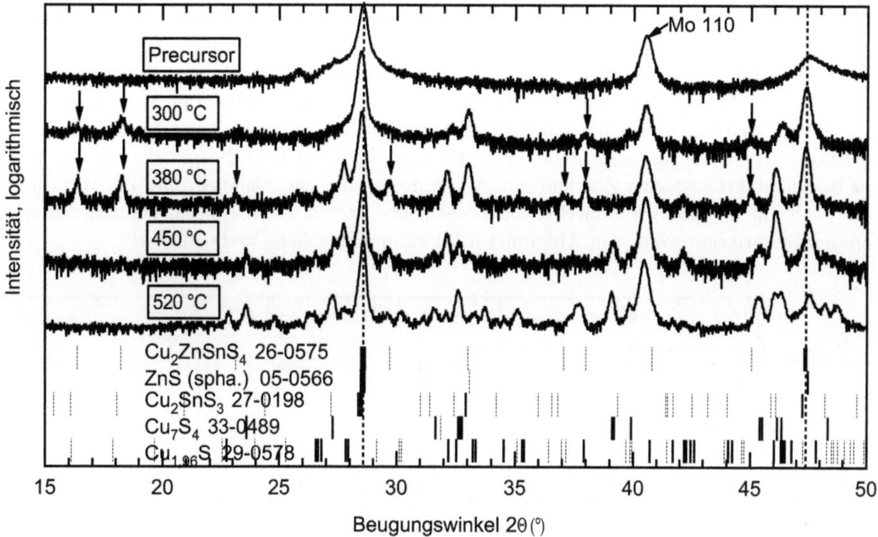

Abbildung 5.3.: Diffraktogramme der ZnS-Precursorschichten nach Bedampfung mit Cu-Sn-S bei verschiedenen Substrattemperaturen. Die Verschiebung des starken Beugungsreflexes bei 47,3° in Richtung des Literaturwertes von Cu_2ZnSnS_4 220/204 deckt sich mit dem Auftreten der Kesterit-Überstrukturreflexe (mit Pfeilen markiert).

Neben der Phasenzusammensetzung wurden die Unterschiede in den Röntgenfluoreszenzsignalen für die verschiedenen Substrattemperaturen untersucht, um die Abhängigkeit der Elementzusammensetzung von der Substrattemperatur zu bestimmen. Da die Ausbildung eines Tiefengradienten der elementaren Zusammensetzung in den Schichten möglich ist, kann eine Angabe der Elementzusammensetzung basierend auf RFA-Daten allerdings verfälscht werden (siehe dazu Abschnitt 3.2.2). Es wurden deshalb nur die Fluoreszenzintensitäten der einzelnen Elemente ausgewertet und für die verschiedenen Substrattemperaturen miteinander verglichen. Zur besseren Darstellbarkeit sind die Intensitätswerte der verschiedenen Fluoreszenzsignale auf ihren jeweiligen Maximalwert in der Experimentserie normiert. Die entsprechende Auftragung in Abbildung 5.4 zeigt ein näherungsweise konstantes Signal der Cu-Fluoreszenz für die verschiedenen Substrattemperaturen. Bei der Sn-Fluoreszenz ist ein starker Abfall der Intensität mit steigender Substrattemperatur zu erkennen, bei 450 °C ist nahezu keine Intensität mehr nachweisbar. Auch die Zn-Fluoreszenz fällt bei Erhöhung der Substrattemperatur von 300 °C auf 520 °C um bis zu 50 Prozent ab.

Der morphologische Aufbau der Schichten ist in Abbildung 5.6 wiedergegeben. Für die Beschreibung des Schichtaufbaus wird angenommen, dass die hellen Bereiche im unteren Teil der Schichten der Phase ZnS zugeordnet werden können, entsprechend der Ergebnisse zum Materialsystem Cu-Zn-S in Abbildung 4.18 auf Seite 48. Bei einer Substrattemperatur von 300 °C ist die ZnS-Precursorschicht mit ca. 500 nm Dicke noch nahezu unverändert. Bei 380 °C sind nur noch einzelne, bis ca. 100 nm große Körner am Mo-Rückkontakt zu erkennen. Die darüber liegende Schicht weist Korngrößen von bis zu ca. 1 µm auf. Für 450 °C und 520 °C sind die Schichten deutlich dünner. Am Rückkontakt sind große Bereiche mit ZnS zu erkennen. Die ZnS-Körner finden sich ausschließlich im Bereich der vormaligen ZnS-Precursorschicht und nicht an der Oberfläche. Große Körner von vermutlich Kupfersulfid haben das ZnS zum Teil verdrängt. Die Verdrängung erscheint bei 520 °C stärker zu sein als bei 450 °C, was sich mit dem noch weiter abnehmenden Signal der Zn-Fluoreszenz in Abbildung 5.4 deckt. Für das Experiment bei der Substrattemperatur 380 °C wurde an der Bruchkante die Tiefenverteilung der Elemente durch einen EDX-Scan bestimmt. Die Auftragung der Elementverteilung in Abbildung 5.5 zeigt eine starke Cu-Anreicherung an der Schichtoberfläche. In einem ca. 1 µm breiten Bereich der Schichtmitte sind die Elementanteile näherungsweise konstant über die Schichttiefe. Im Bereich des Rückkontaktes ist eine Zn- und eine Cu-Anreicherung zu erkennen. Die Zn-Anreicherung deckt sich mit den im Sekundärelektronenbild beobachteten ZnS-Körnern. Die Ergebnisse der Temperaturvariation werden in Abschnitt 5.1.2 zusammengefasst und diskutiert.

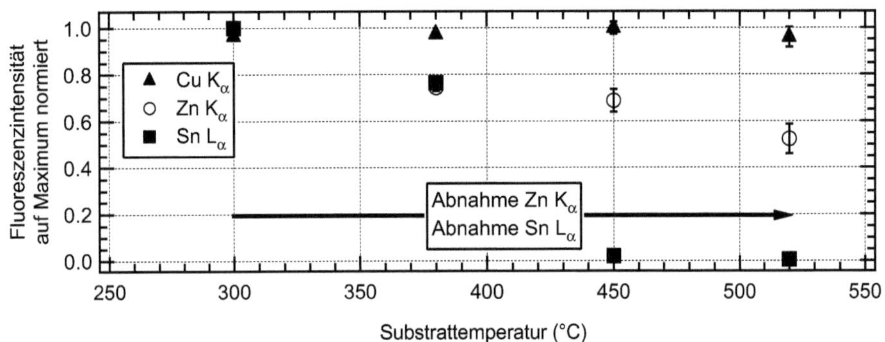

Abbildung 5.4.: Fluoreszenzintensitäten der ZnS-Precursorschichten nach Bedampfung mit Cu-Sn-S bei verschiedenen Substrattemperaturen. Der systematische Fehler der Temperaturmessung ist mit 50 Kelvin abgeschätzt. Als Fehler der Fluoreszenzintensität ist die Standardabweichung der jeweils neun Messpunkte pro Probe angegeben. Zur besseren Vergleichbarkeit der drei Fluoreszenzsignale wurden die Messpunkte aus den drei Datenreihen auf ihren jeweiligen Maximalwert in der Substrattemperaturvariation normiert.

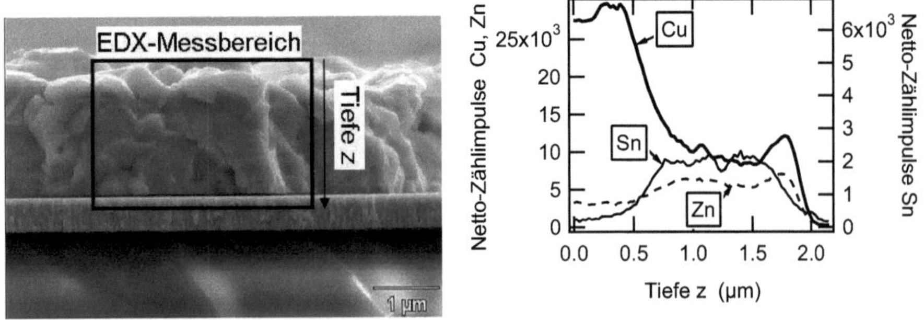

Abbildung 5.5.: Ergebnis einer ortsaufgelösten EDX-Messung an einer ZnS-Precursorschicht nach Bedampfung mit Cu-Sn-S bei 380 °C. Für die Quantifizierung wurden die L-Linien der verschiedenen Elemente ausgewertet.

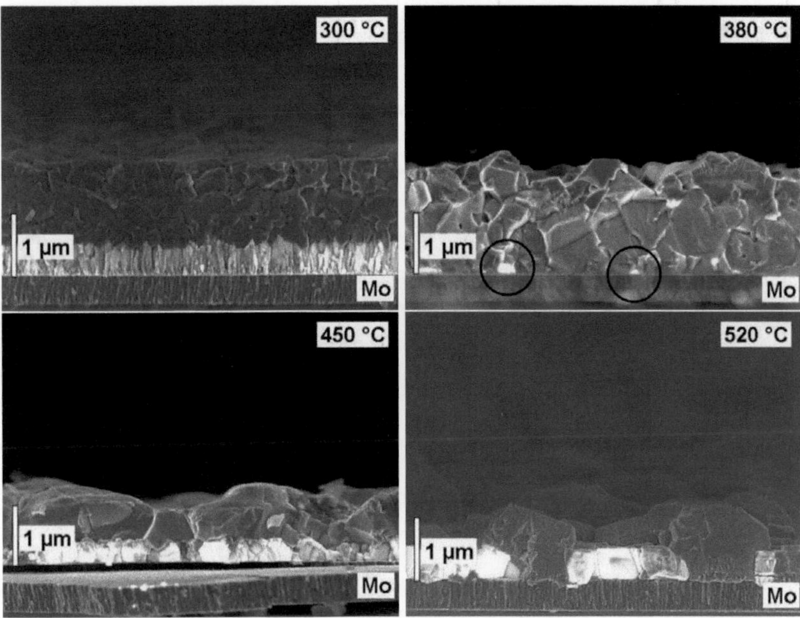

Abbildung 5.6.: REM-Querschnittsaufnahmen an ZnS-Precursorschichten nach Bedampfung mit Cu-Sn-S bei verschiedenen Substrattemperaturen. Die hellen Schichtbereiche (bei 380 °C mit Kreisen markiert) werden auf ZnS zurückgeführt.

Variation der Bedampfungszeit (Abbruchexperimente)

Aus der Experimentserie bei variierter Substrattemperatur lässt sich ableiten, dass unter den gegebenen Prozessbedingungen die Kesteritbildung im Temperaturbereich um 380 °C erfolgt. Die XRF-Messungen deuten darauf hin, dass bei 380 °C bereits signifikant weniger Sn in die Schichten eingebaut wird als bei 300 °C. Um ausreichend Sn zur Verfügung zu stellen, wurde daher für die hier geschilderte Experimentserie eine konstante Sn-Rate von ca. 12 µg/(cm^2min) über die gesamte Prozesszeit verwendet. Um die starke Cu-Anreicherung aus der Experimentserie zur Temperaturvariation zu verringern, wurde zudem die Cu-Bedampfungsrate auf 8 µg/(cm^2min) gesenkt.

Für die Untersuchung der zeitlichen Entwicklung der Kesteritbildung wurde der Bedampfungsprozess nach 2,5 min, 5,5 min, 10,5 min und 20,5 min abgebrochen. Die Phasenentwicklung für die unterschiedlichen Prozesspunkte ist in Abbildung 5.7 dargestellt. Nach 2,5 min treten noch keine eindeutigen Reflexe des Kesterit (Cu_2ZnSnS_4) in den Diffraktogrammen auf. Neben den Reflexen des Sphalerit (ZnS, kubisch) wird ein vermutlich dem Wurtzit (ZnS, hexagonal) zuordenbares Signal bei ca. 27° detektiert. Mit zunehmender Bedampfungszeit sind die Überstrukturreflexe des Kesterit (mit Pfeilmarkierungen) zu erkennen, deren Intensität ebenfalls mit der Bedampfungszeit zunimmt.

Die Entwicklung der Schichtzusammensetzung über die Bedampfungszeit ist in Form der Fluoreszenzintensitäten der verschiedenen Elemente in Abbildung 5.8 aufgetragen. Wie bei der Auswertung der Temperaturvariationen sind alle Fluoreszenzwerte auf ihren jeweiligen Maximalwert in der Experimentserie normiert.

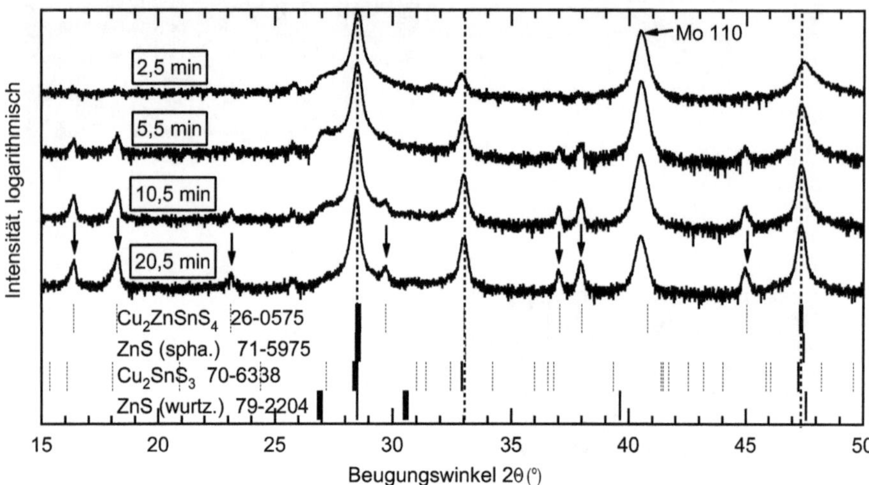

Abbildung 5.7.: Diffraktogramme der ZnS-Precursorschichten nach unterschiedlich langer Bedampfung mit Cu-Sn-S bei 380 °C. Mit zunehmender Bedampfungszeit verschiebt der Beugungsreflex bei 47,2° von ZnS 220 zu Cu_2ZnSnS_4 220/204.

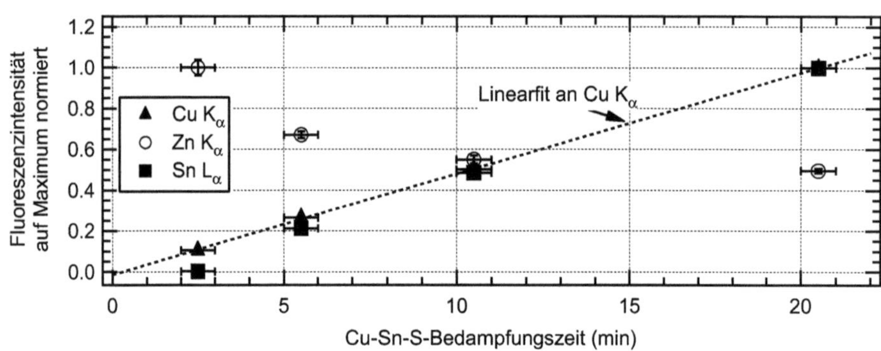

Abbildung 5.8.: Fluoreszenzintensitäten der ZnS-Precursorschichten nach unterschiedlich langer Bedampfung mit Cu-Sn-S bei 380 °C. Der Fehler der Zeitmessung liegt bei ca. 0,5 min. Als Fehler der Fluoreszenzintensität ist die Standardabweichung der jeweils neun Messpunkte pro Probe angegeben. Zur besseren Vergleichbarkeit der drei Fluoreszenzintensitäten wurden die Messpunkte aus den drei Datenreihen auf ihren jeweiligen Maximalwert normiert. Die Entwicklung der Cu-Fluoreszenz lässt sich sehr gut über ein lineares Zeitgesetz beschreiben.

Die Auftragung in Abbildung 5.8 zeigt, dass die Cu-Fluoreszenzintensität linear mit der Bedampfungszeit zunimmt. Für die Zn-Fluoreszenz ist eine verlangsamte Abnahme der Signalintensität mit zunehmender Bedampfungszeit festzustellen. Für die Sn-Fluoreszenz ist eine niedrige

Intensität (annähernd Null) nach der kürzesten Bedampfungszeit von 2,5 min zu erkennen. Bei längerer Bedampfungszeit verläuft die Intensität der Sn-Fluoreszenz, wie bei der Cu-Fluoreszenz, proportional zur Bedampfungszeit.

Die morphologischen Untersuchungen in Abbildung 5.9 zeigen qualitativ, dass mit zunehmender Bedampfungszeit die Dicke der hellen Precursorschicht abnimmt, während eine grobkörnige Produktschicht aufwächst. Die stängelartige Morphologie der Precursorschicht setzt sich in der Produktschicht nicht fort. Nach 20,5 Minuten sind nur noch vereinzelte ZnS-Reste am Mo-Rückkontakt zu erkennen, die aufgewachsene Produktschicht ist rau.

Für die Probe nach 20,5 Minuten Cu-Sn-S-Bedampfung wurde mittels EDX ein Tiefenprofil der Elementverteilung aufgenommen. Die entsprechende Auftragung in Abbildung 5.10 auf der nächsten Seite zeigt, dass sich trotz der verminderten Cu-Bedampfungsrate an der Oberfläche eine Cu-Anreicherung ausgebildet hat. Die Verläufe von Cu- und Sn-Fluoreszenz in der Tiefe der Schicht sind vergleichbar. Am Mo-Rückkontakt deutet sich eine Zn-Anreicherung an.

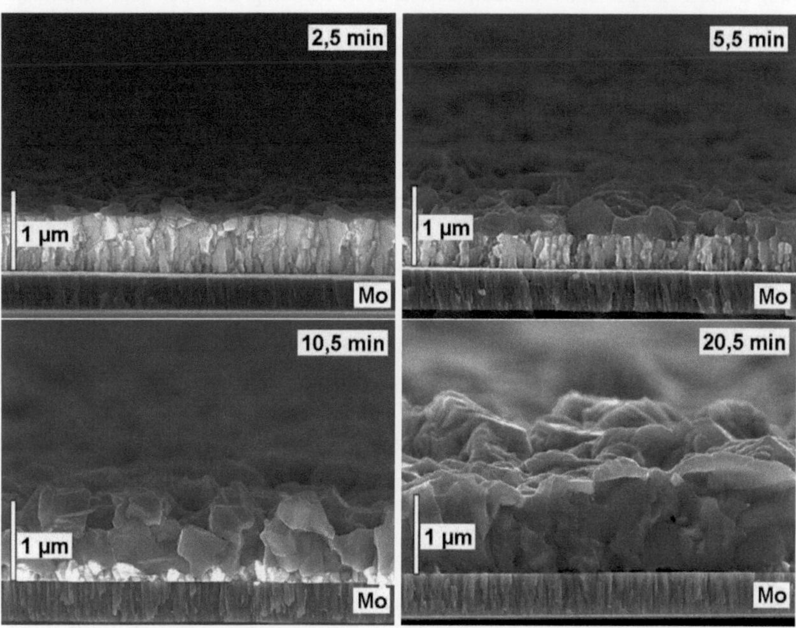

Abbildung 5.9.: REM-Querschnittsaufnahmen der ZnS-Precursorschichten nach unterschiedlich langer Bedampfung mit Cu-Sn-S bei 380 °C. Die hellen Bereiche auf der Mo-Schicht lassen sich ZnS zuordnen.

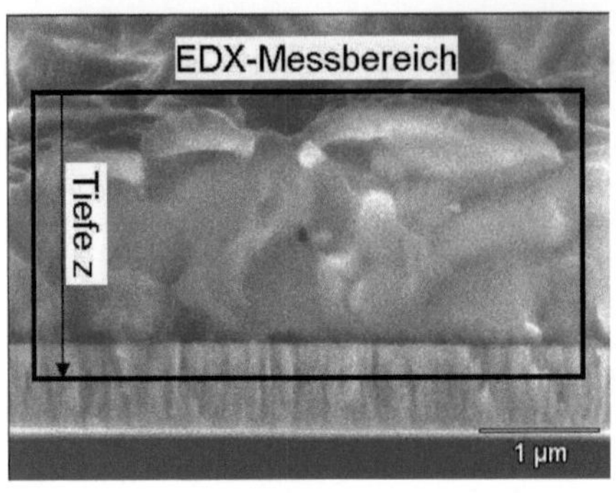

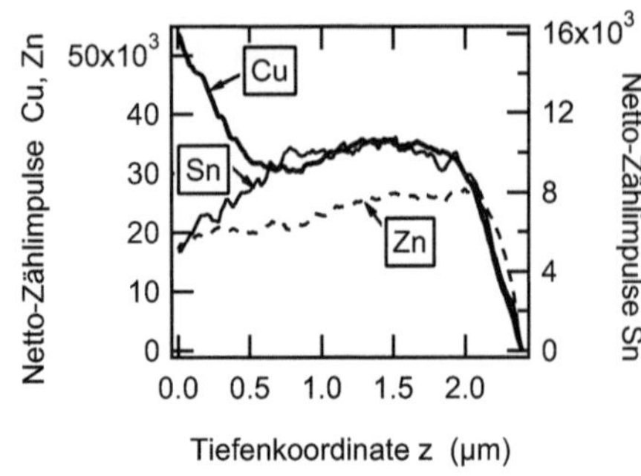

Abbildung 5.10.: Ergebnis einer ortsaufgelösten EDX-Messung an einer ZnS-Precursorschicht nach 20,5 Minuten Bedampfung mit Cu-Sn-S bei 380 °C. Die Messung wurde bei einer Beschleunigungsspannung von 8 kV durchgeführt, für die Quantifizierung wurden die L-Linien der verschiedenen Elemente ausgewertet. An der Schichtoberseite ist eine signifikante Cu-Anreicherung zu erkennen.

Um den Mechanismus des Schichtwachstums näher zu untersuchen, wurde aus der 5,5 Minuten bedampften Probe ein TEM-Querschnitt präpariert. In der Hellfeldaufnahme in Abbildung 5.11 ist wie in der REM-Aufnahme in Abbildung 5.9 eine Zweischicht-Struktur zu erkennen.

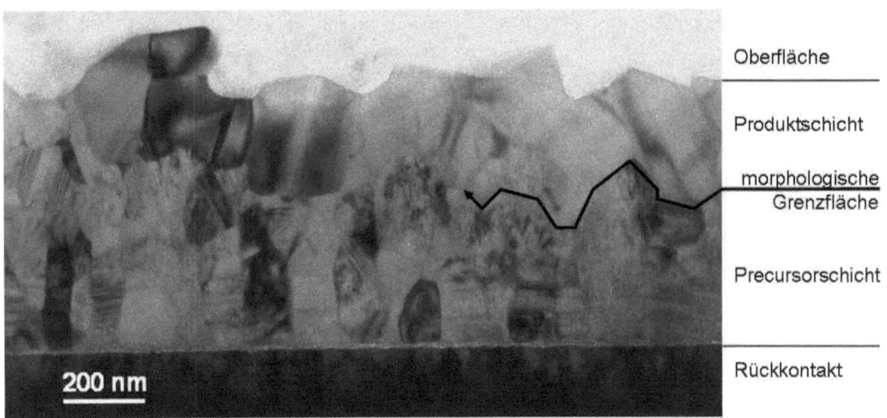

Abbildung 5.11.: TEM-Hellfeldaufnahme am Querschnitt eines ZnS-Precursors nach 5,5 Minuten Cu-Sn-S-Bedampfung. Im unteren Schichtbereich sind die stängelartigen Kristallite der Precursorschicht zu erkennen. Oberer und unterer Schichtbereich werden durch eine morphologische Grenzfläche getrennt.

Zur Zuordnung der beiden Schichten wurde ein EDX-Tiefenprofil an der Probe erstellt. Nach den Messdaten in Abbildung 5.12 handelt es sich bei der oberen Schicht um ein Gemisch aus Cu-Zn-Sn (und Schwefel, mit annähernd konstantem Signal über die Schichttiefe). Die Intensitätsverläufe sind im oberen Schichtbereich für alle drei Metalle ähnlich. An der morphologischen Grenzfläche kommt es zu einem abrupten Anstieg der Zn-Fluoreszenz bei gleichzeitigem

Abfall der Cu- und Sn-Fluoreszenz. Ca. 100 nm unter der Grenzfläche ist das Cu- und Sn-Fluoreszenzsignal in den Bereich des Signalrauschens gesunken. Die morphologische Grenzfläche ist also mit einer Veränderung der chemischen Zusammensetzung verknüpft.

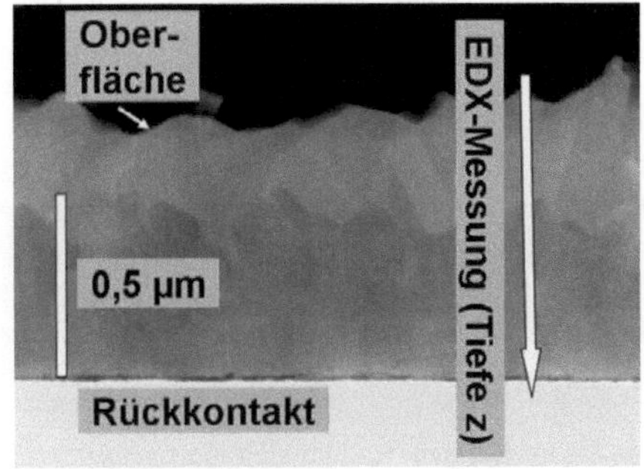

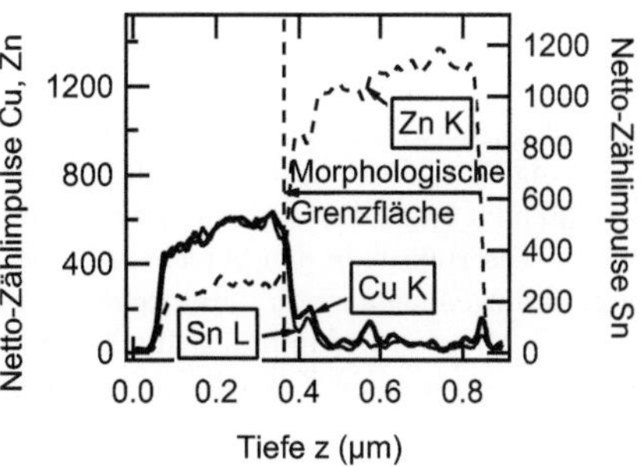

Abbildung 5.12.: STEM-EDX-Tiefenprofil am Querschnitt eines ZnS-Precursors nach 5,5 Minuten Cu+Sn+S-Bedampfung. Im oberen Schichtbereich ist eine gute Übereinstimmung zwischen den Zn-, Cu- und Sn-Fluoreszenzintensitäten zu erkennen.

Da Aufdampfprozesse stark von der Beschaffenheit der Oberfläche beeinflusst werden, wurden zusätzlich höher aufgelöste EDX-Messungen an mehreren Stellen der Schichtoberfläche durchgeführt. Abbildung 5.13 zeigt das Ergebnis einer repräsentativen Messung. Es ist eine leichte Cu-Anreicherung im obersten Schichtbereich mit einer Ausdehnung von ca. 10 nm zu erkennen.

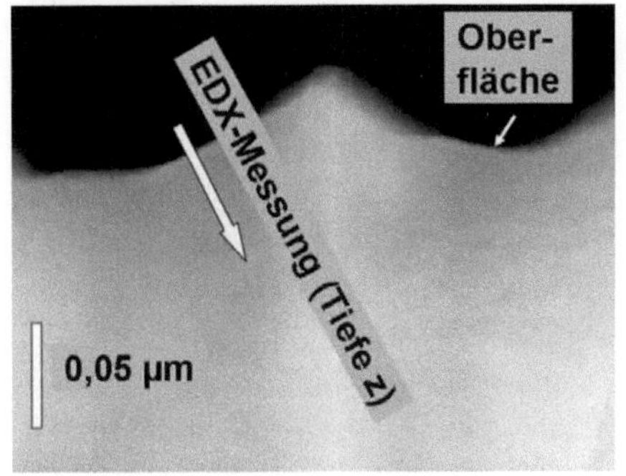

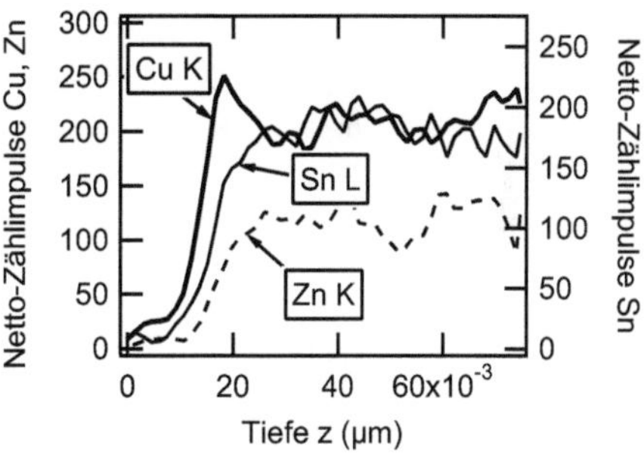

Abbildung 5.13.: STEM-EDX-Tiefenprofil im Oberflächenbereich eines ZnS-Precursors nach 5,5 Minuten Cu+Sn+S-Bedampfung (Querschnittsaufnahme). Im obersten Schichtbereich ist eine Cu-Anreicherung zu erkennen.

Um Aufschluss über strukturelle Mechanismen des Schichtwachstums zu erhalten, wurde die Veränderung der Schichttextur infolge der Bedampfung mit Cu-Sn-S untersucht. Dazu wurden Polfiguren von Schichten nach kurzer Bedampfung (2,5 min) und nach langer Bedampfung (20,5 min) gemessen. Die entsprechende Messung an der 2,5 min bedampften Probe ist bereits bei der Behandlung der Precursoreigenschaften in Abbildung 5.1 auf Seite 89 vorgestellt worden. Es konnte dabei eine Fasertextur der Schicht in <111>-Richtung beobachtet werden. Gemäß den EDX- und XRD-Messungen in den Abbildungen 5.10 und 5.7 ist die Schicht nach 20,5 Minuten

Bedampfung zum größten Teil in Kesterit umgewandelt. Die Polfigurmessungen an dieser Schicht in Abbildung 5.14 sind entsprechend des kubischen Systems indiziert und zeigen wie die Precursorschicht eine <111>-Fasertextur. Neben den Polen der {111}-Ebenen sind aber auch Pole der {200}-Ebenen senkrecht zur Substratoberfläche zu erkennen. Das Verhältnis der Intensitätsmaxima von 200/111 beträgt etwa 0,05. Das theoretische Intensitätsverhältnis der Summe aus 200- und 004-Reflex zum 112-Reflex im Kesterit beträgt etwa 0,15 (Berechnung mit dem Softwarepaket *PowderCell* gemäß der Strukturdaten des Kesterit [7]). Damit lässt sich qualitativ feststellen, dass der Anteil von Polen in <111>-Richtung höher ist als von Polen in <100>-Richtung. Die Messung der Polfiguren zeigt somit, dass die <111>-Fasertextur der Precursorschichten im Laufe der Prozessierung erhalten bleibt, sich aber zusätzlich eine schach ausgeprägte <100>-Fasertextur in den Schichten bildet. Um diese weitgehende Beibehaltung der Kristallitorientierungen genauer zu untersuchen, wurden TEM-Hochauflösungsaufnahmen an der Schicht nach 5,5 Minuten Bedampfung durchgeführt. An drei verschiedenen Stellen wurde die Kohärenz der Netzebenen an der Grenzfläche zwischen Precursorschicht und Produktschicht überprüft. An allen Messstellen wurde eine zum Teil deutliche Verkippung der Netzebenen der beiden Schichten festgestellt. Abbildung 5.15 zeigt eine Aufnahme aus einem Bereich, in dem sich Korngrenzen des Precursors in der Produktschicht fortzusetzen scheinen. In der Hochauflösungsaufnahme können anhand der Netzebenenabstände und der Kreuzungswinkel {111}-Ebenen identifiziert werden. Der Verkippungswinkel des Produktkorns gegenüber den Precursorkörnern beträgt mehr als 15 Grad. An anderen Stellen wurden Verkippungswinkel von bis zu 30 Grad bestimmt. Die abweichende Orientierung von Precursor- und Produktkörnern wird bei der folgenden Entwicklung eines strukturellen Wachstumsmodells diskutiert.

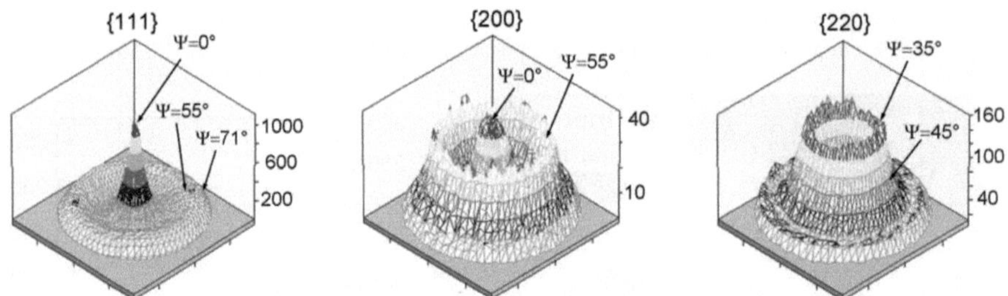

Abbildung 5.14.: Polfiguren eines ZnS-Precursors nach 20,5 min Cu-Sn-S-Bedampfung. Gemäß der EDX-Tiefenprofilierung in Abbildung 5.10 ist die Schicht nahezu vollständig in Kesterit umgewandelt. Die Indizierung erfolgte entsprechend eines kubischen Sphaleritgitters. Wie im Precursor nach 2,5 min Bedampfung ist auch hier eine Textur in <111>-Richtung zu erkennen.

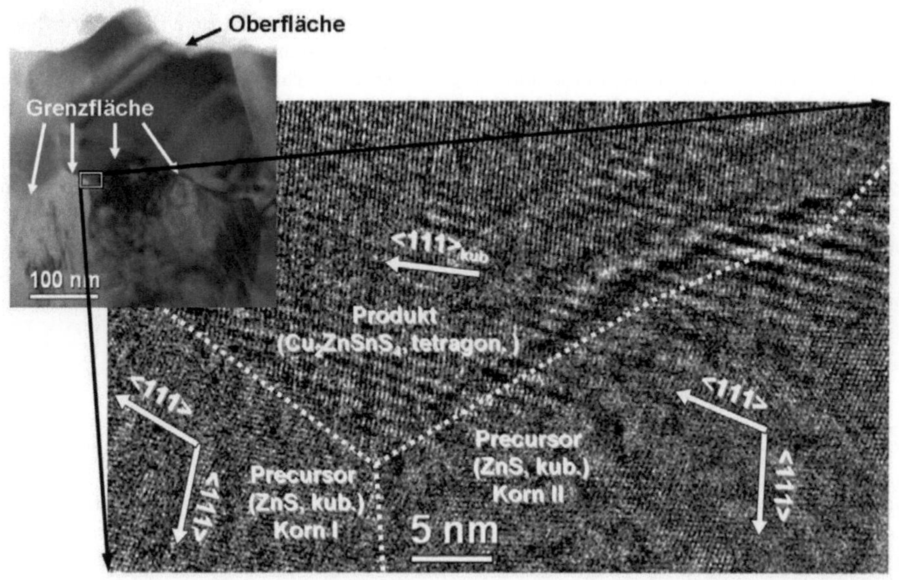

Abbildung 5.15.: TEM-Hochauflösungsaufnahme an der Grenzfläche zwischen Precursor und der darüber liegenden Produktschicht. Der Verlauf der Korngrenzen ist durch eine gestrichelte Linie angedeutet. Die Abstände der gefundenen Netzebenen liegen in allen Körnern bei ca. 0,3 nm, in den unteren beiden Körnern tritt zudem ein Winkel von ca. 109° zwischen den verschiedenen Ebenenscharen auf. Es handelt sich damit um {111}-Ebenen. Das obere Korn ist um mehr als 15° gegen die Körner des Precursors verkippt.

5.1.2. Diskussion eines Wachstumsmodells

Die Experimentserie zur Temperaturvariation zeigt, dass für die Substrattemperatur bei der Herstellung von Kesteritschichten nach der Abfolge ZnS-(Cu+Sn+S) ein Prozessfenster mit einer Weite von weniger als 150 Kelvin existiert. Als optimale Temperatur wurden 380 °C bestimmt, ein systematischer Fehler von bis zu ca. 50 Kelvin muss bei der Temperaturmessung berücksichtigt werden. Die REM-Aufnahmen in Abbildung 5.10 zeigen, dass bei niedrigeren Temperaturen die Bedampfung mit Cu-Sn-S zur Bildung einer Deckschicht auf der ZnS-Precursorschicht führt. Bei höheren Temperaturen nimmt der Sn-Einbau in die Schichten stark ab. Durch XRF-Messungen konnte nachgewiesen werden, dass der Sn-Gehalt in den Schichten bei einer Substrattemperatur von 450 °C auf Null abgefallen ist. Im Vergleich zu den Messungen zum Sn-Verlust an sulfidischen Precursorstapeln in Abschnitt 4.4 setzt somit der Effekt der Sn-Verarmung in den Schichten schon bei niedrigeren Temperaturen ein. Das kann dadurch erklärt werden, dass die Adsorption des Sn aus der Gasphase mit steigender Substrattemperatur stark abnimmt.

Die REM-Aufnahmen in Abbildung 5.6 auf Seite 93 zeigen, dass die ZnS-Körner nach der Bedampfung bei den hohen Temperaturen signifikant gewachsen sind. Das bestätigt das Ergebnis aus Abschnitt 4.2.2, wonach die Rekristallisation von ZnS durch Kupfer bzw. Kupfersulfide beschleunigt wird. Das ZnS befindet sich auch nach der Bedampfung im Bereich der vormaligen ZnS-Precursorschicht, die Schicht ist allerdings nicht mehr durchgängig, sondern wird teilweise durch Körner einer anderen Phase unterbrochen. Da diese Schichten annähernd Sn-frei sind (siehe XRF-Messung in Abbildung 5.4), wird diese Phase als Kupfersulfid identifiziert. Die Verdrängung des ZnS ist ein Indiz, dass die ZnS-Menge in der Schicht bei steigender Substrattemperatur abnimmt. Tatsächlich zeigt sich in den XRF-Messungen eine deutliche Abnahme der Zn-Fluoreszenzintensität bei höheren Substrattemperaturen. Da die bedeckende Schicht aus den Elementen Cu, Sn und S nach den REM-Aufnahmen in Abbildung 5.6 gleichzeitig abnimmt, muss dieser Effekt auf den Verlust von Zn aus der Schicht zurückgeführt werden. Ein Mechanismus, der sowohl den Sn- als auch den Zn-Verlust erklären kann, ist in der chemischen Gleichung 5.1 ausgedrückt (mit s=solid und g=gaseous).

$$\mathrm{ZnS(s)} + \mathrm{Sn(s)} \rightleftharpoons \mathrm{Zn(g)} + \mathrm{SnS(g)} \tag{5.1}$$

Sn(s) bezeichnet dabei an der Substratoberfläche adsorbiertes Sn und ZnS(s) das Precursor-Material. Wie in Abbildung 3.2 auf Seite 20 gezeigt wurde, sind nur die Dampfdrücke von Zn und SnS bei den verwendeten Substrattemperaturen hoch genug, um zu einem signifikanten Verlust von Zn bzw. Sn aus den Schichten zu führen. Nach der Berechnung in Abschnitt 2.1.2 ist bei 400 °C und unter Standardbedingungen das Gleichgewicht für den Umsatz in 5.1 stark in Richtung der Festphasen verschoben. Diese Aussage ist allerdings nur für ein abgeschlossenes System gültig. Die Bedampfungen erfolgten hingegen in einem offenen System, gasförmige Komponenten werden dabei laufend durch das Pumpensystem aus dem System entfernt. Das Gleichgewicht in Gleichung 5.1 erfordert daher eine ständige Neubildung der gasförmigen Komponente und damit den Verlust an ZnS(s) und Sn(s). Die Ergebnisse der XRF-Messungen und der REM-Aufnahmen an den Abbruchexperimenten deuten darauf hin, dass der Zn-Verlust in der Anfangsphase der Schichtbildung am höchsten ist.

Zur Veranschaulichung ist in Abbildung 5.16 die Entwicklung der Schichtdicken für die ZnS-Schicht sowie für die bedeckende Produktschicht, wie sie aus den REM-Aufnahmen in Abbildung 5.9 abgelesen werden kann, aufgetragen. Für die Dicke der ZnS-Schicht ist ein nicht-linearer Verlauf über die Zeit zu erkennen. Die Dicke der Produktschicht ist aufgrund der zunehmenden Schichtrauigkeit im Laufe der Bedampfung nur mit großem Fehler zu bestimmen. Nimmt man an, dass die bedeckende Produktschicht aus Kesterit besteht, dessen Bildung durch die Cu-Bedampfungsrate von 8 µg/(cm^{2}min) kontrolliert wird, so ist nach 20 Minuten mit einer Produktschichtdicke von ca. 1,5 µm zu rechnen. Der damit verbundene lineare Verlauf der Schichtdicke über die Zeit stimmt im Rahmen des Messfehlers gut mit den experimentell gefundenen Werten der Schichtdicke überein. Die nicht-lineare Abnahme der ZnS-Schichtdicke lässt sich auf den zusätzlichen Zn-Verlust in der Anfangsphase der Schichtbildung zurückführen. Eine weitere Implikation aus dem linearen Verlauf der Produktschichtdicke ist, dass der Prozess der Schichtbildung nicht diffusionskontrolliert ist. Zur Verdeutlichung ist in Abbildung 5.16 die Schichtdickenentwicklung aufgetragen, wie sie sich für eine diffusionskontrollierte Reaktion mit den Diffusionsparametern aus Abschnitt 4.3.1.2 ergeben würde. Ohne die Limitierung durch die Bedampfungsrate würde demnach eine 1,5 µm dicke Schicht bereits nach ca. 5 min gebildet (gepunktete Linie in Abbildung 5.16).

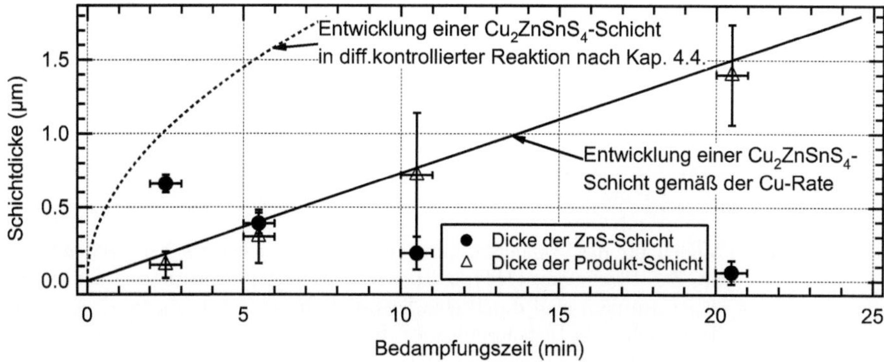

Abbildung 5.16.: Vergleich der Entwicklung der ZnS-Schicht und der Produktschicht. Die Dickenwerte wurden den REM-Aufnahmen in Abbildung 5.9 entnommen, die Rauigkeit der Schichten ist durch Fehlerbalken wiedergegeben. Für die Entwicklung der Produktschicht deutet sich ein linearer Verlauf an. Die Steigung der Gerade stimmt im Rahmen des Messfehlers mit der Entwicklung einer Cu_2ZnSnS_4-Schicht bei einer Cu-Bedampfungsrate von 8 µg/(cm**²**min) überein (mit der Cu-Rate als limitierender Größe). Die Entwicklung einer Cu_2ZnSnS_4-Schicht bei diffusionskontrolliertem Wachstum, mit den kinetischen Parametern aus Abschnitt 4.3.1.2, liefert weit höhere Wachstumsraten.

Verschiedene Messungen deuten darauf hin, dass sich an der Oberfläche der Schicht eine Cu-Anreicherung einstellt. So ist nach dem ersten Abbruchexperiment kein Sn-Fluoreszenzsignal in den Schichten detektierbar und EDX-Tiefenprofile an den folgenden Abbruchexperimenten (Abbildungen 5.10 und 5.13) zeigen ein erhöhtes Cu-Fluoreszenzsignal an der Oberfläche der Schichten. Die REM-Aufnahmen in Abbildung 5.9 machen zudem deutlich, dass die ZnS-Schicht bereits nach 5,5 Minuten komplett bedeckt ist. Daraus wird gefolgert, dass der Mechanismus des Zn-Verlustes die Diffusion von Zn-Ionen an die Oberfläche beinhaltet. Dort reduzieren adsorbierte Metallatome die Zn-Ionen und die Zn-Atome werden in den Gasraum abgegeben. Dieser Vorgang ist in Abbildung 5.17 schematisch dargestellt.

Bereits in Abschnitt 2.2.3 wurde gezeigt, dass in zahlreichen sulfidischen Verbindungen die Metall-Kationen deutlich schneller diffundieren als Schwefel. Damit ist es plausibel, den Mechanismus der Cu_2ZnSnS_4-Schichtbildung als einen reinen Kationenaustausch aufzufassen. Abbildung 5.18 zeigt diesen Prozess schematisch. Für die Schichtbildung ohne Schwefeltransport und ohne Bildung von freiem Schwefel ist es nötig, dass genau soviele Zn-Ionen an die Schichtoberseite diffundieren wie Cu- und Sn-Ionen an die Schichtunterseite diffundieren. Nach diesem Modell ist bei vollständigem Einbau des Zn in Cu_2ZnSnS_4 die Wachstumsrate an der Oberseite der Kesteritschicht dreimal höher als an seiner Unterseite. Da nach den XRF-Ergebnissen in Abbildung 5.8 der Zn-Verlust aus den Schichten über einen längeren Zeitraum anhält, wird gefolgert, dass auch ein Teil des diffundierten Zn^{2+} an der Schichtoberfläche zu Zn reduziert wird und in die Gasphase übergeht.

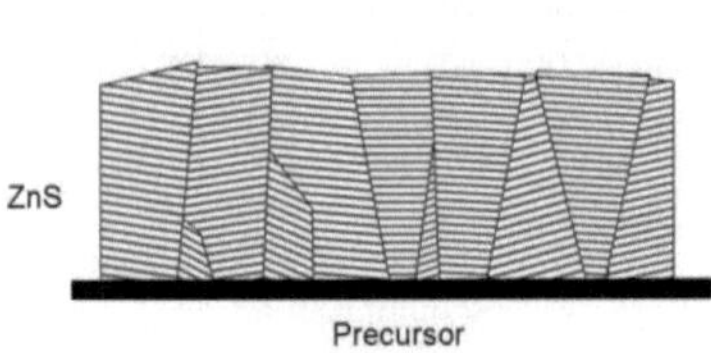

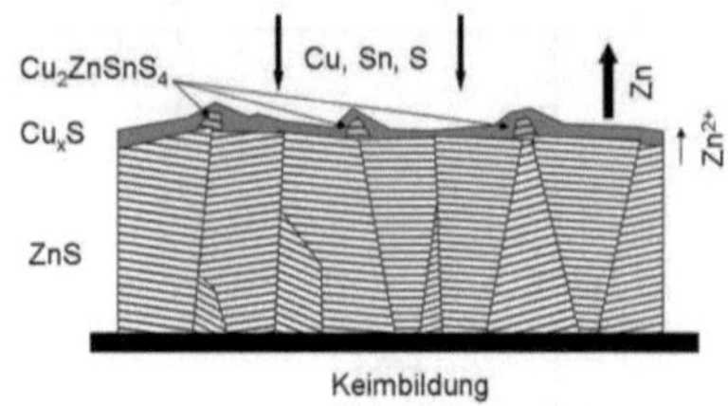

Abbildung 5.17.: Modell für das Anfangsstadium des Kesteritwachstums bei Verwendung eines ZnS-Precursors. $\{111\}_{\text{kub}}$-Ebenen und deren Ausrichtung in den verschiedenen Körnern sind durch eine Schraffur (nicht maßstabsgetreu) angedeutet. Trotz hoher Sn-Bedampfungsrate bildet sich zunächst eine Cu-reiche Deckschicht. An ausgezeichneten Stellen, z.B. Korngrenzen des Precursors, bilden sich Cu_2ZnSnS_4-Keime.

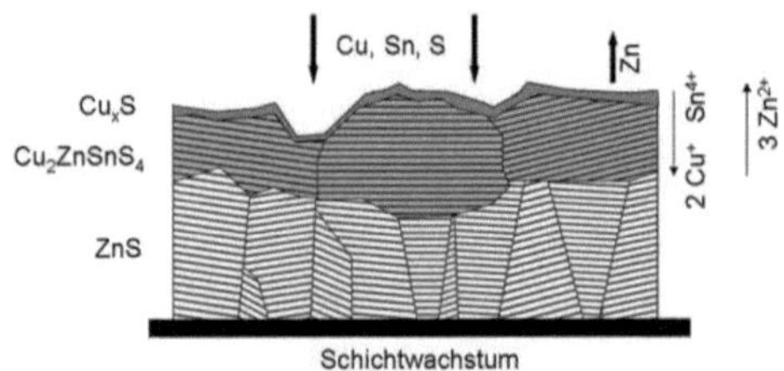

Abbildung 5.18.: Modell für die Kesteritbildung nach Ausbildung einer durchgehenden Cu_2ZnSnS_4-Schicht. Der angegebene Transport von Ionen bezieht sich auf die Bildung von einem Molekül Cu_2ZnSnS_4 an der Schichtunterseite und drei Molekülen Cu_2ZnSnS_4 an der Schichtoberseite ohne Schwefeltransport.

Eine spezielle Form eines Reaktionsmechanismus über einen Kationenaustausch stellt die topotaktische Reaktion unter Beibehaltung des Schwefel-Untergitters dar, wie sie in Abschnitt 2.2.3 vorgestellt wurde. Die Texturmessungen in den Abbildungen 5.14 und 5.1 scheinen diesen Mechanismus zunächst zu bestätigen, da sich eine Fortsetzung der <111>-Precursor-Textur in der Kesteritschicht andeutet. Allerdings zeigt sich in verschiedenen elektronenmikroskopischen Aufnahmen (Abbildung 5.9 und 5.11), dass sich die Morphologie des Precursors nicht oder nur ansatzweise in der gebildeten Kesteritschicht fortsetzt. Hochauflösungsaufnahmen an drei verschiedenen Stellen der Precursor-Kesterit-Grenzfläche zeigen wie in Abbildung 5.15 eine deutliche Verkippung der Netzebenen von Precursor und Kesterit. Das Modell in den Abbildungen 5.17 und 5.18 gibt einen Ansatz, um die scheinbar widersprüchlichen Ergebnisse der TEM- und Texturmessungen zu erklären. Demnach bilden sich zunächst vereinzelte Cu_2ZnSnS_4-Keime an der ZnS-Oberfläche. Es wird angenommen, dass diese Keime vor allem an Orten hoher Oberflächenenergie entstehen, also an Korngrenzen oder an topographisch markanten Stellen der Schichtoberfläche. Eine solche Abhängigkeit der Keimbildung von der Schichtrauigkeit wird etwa beim epitaktischen Wachstum von $CuInS_2$ auf Silizium beobachet [191]. Für die kristallographische Ausrichtung der Keime wird nun eine Vorzugsorientierung in kubischer <111>-Richtung angenommen. Diese Ausrichtung kann zum einen durch eine prinzipielle energetische Bevorzugung der <111>-Richtung beim Wachstum von Cu_2ZnSnS_4 verursacht sein. Sie kann aber zum anderen auch auf ein epitaktisches oder topotaktisches Anwachsen der Keime an das <111>-orientierte ZnS der Keimstelle zurückführbar sein. Bilden sich die Keime dabei an einer ZnS-ZnS-Korngrenze, so kann die Orientierung des Keims einen Zwischenzustand einnehmen und dadurch mit beiden Precursorkörnern nicht exakt übereinstimmen. Unabhängig davon, wie die primäre Vorzugsorientierung der Keime entsteht, werden die Keime bei ihrem weiteren Wachstum die initielle Ausrichtung beibehalten und durch ihr Wachstum auch benachbarte ZnS-Körner bedecken. Da nicht alle ZnS-Körner exakt gleich orientiert sind, müssen dabei zwangsläufig Grenzflächen zwischen ZnS- und Cu_2ZnSnS_4-Körnern entstehen, deren Orientierung gegeneinander verkippt ist. Mit diesem Modell kann sowohl die annähernd gleichbleibende Textur der Schichten als auch die fehlende Kohärenz zwischen Precursor- und Produktkörnern erklärt werden.

5.2. Cu_2SnS_3 als Precursorschicht für die Kesteritbildung

Neben ZnS (Sphalerit) ist auch Cu_2SnS_3 strukturell ähnlich zu Cu_2ZnSnS_4 (Kesterit), beide Phasen kristallisieren in einer Sphalerit-Überstruktur. Cu_2SnS_3 eignet sich damit als Precursor für die Bildung von Cu_2ZnSnS_4 in einer topotaktischen Reaktion (für Details siehe Abschnitt 2.2). Die Phase Cu_2SnS_3 hat als Precursor den weiteren Vorteil, dass hier bereits das gewünschte Cu/Sn-Verhältnis für die spätere Kesteritschicht vorliegt. In diesem Abschnitt wird die Umsetzung eines Cu_2SnS_3-Precursors zu Kesterit durch Bedampfung mit ZnS bei beheiztem Substrat untersucht. Wie bei den ZnS-Precursoren in Abschnitt 5.1 wurde sowohl eine Variation der Substrattemperatur als auch der Bedampfungszeit durchgeführt. Die so hergestellten Proben wurden mit Röntgendiffraktometrie, Röntgenfluoreszenzanalyse und elektronenmikrokopischen Analyseverfahren charakterisiert. Aus den Ergebnissen wird ein Modell für das Kesterit-Wachstum abgeleitet.

5.2.1. Parametervariation für die Kesteritbildung

Anders als bei der Abscheidung des Zn-S-Precursors, bei dem als einzige Verbindungsphase ZnS gebildet werden kann, sind die prozesstechnischen Anforderungen an die Herstellung einer Cu_2SnS_3-Schicht mittels Ko-Verdampfung hoch. Auch unter der Vorgabe, dass sich der S-Einbau bei S-Überschuss selbst reguliert, ist es erforderlich die Bedampfungs- und Einbauraten für Cu und Sn exakt einzustellen. Aus den verschiedenen Untersuchungen zu Phasendiagrammen des Systems Cu-Sn-S [43, 63, 192, 45] ergibt sich kein Hinweis für einen ausgedehnten Existenzbereich des Cu_2SnS_3 im Phasenraum, sodass stöchiometrische Abweichungen zur Bildung zusätzlicher Phasen führen. Damit sind einphasige Cu_2SnS_3-Schichten bei der Beschichtung nur für solche Wachstumsprozesse zu erwarten, bei denen sich der Einbau der gasförmigen Komponenten in die Schicht selbst reguliert und kontrolliert. Für einen solchen selbstkontrollierten Mechanismus kann möglicherweise die abnehmende Sn-Haftung bei höheren Substrattemperaturen ausgenutzt werden, wie sie bei den Cu-Sn-S-Bedampfungen auf ZnS in Abschnitt 5.1 gefunden wurde. Dieses Konzept beruht auf der Vermutung, dass bei deutlichem Sn-Überschuss in der Gasphase und einer konstanten, hohen Substrattemperatur nur eine einzige Kupferzinnsulfidphase stabil ist und überschüssiges Sn nicht in die Schicht eingebaut wird. Die Gültigkeit dieses Ansatzes wird im folgenden Abschnitt anhand einer Variation der Substrattemperatur experimentell überprüft. Mittels Röntgendiffraktometrie wird die Phasenzusammensetzung der Schichten untersucht und eine geeignete Temperatur für die Bildung von Cu_2SnS_3 ausgewählt. Auch bei der anschließenden Bedampfung mit ZnS zur Bildung von Kesterit wurde zunächst eine Variation der Substrattemperatur durchgeführt. Entsprechend den Ergebnissen zum Zinnverlust aus Cu_2SnS_3 in Abschnitt 4.4 wurde eine Maximaltemperatur von 450 °C verwendet, um Sn-Verlust zu vermeiden. Anhand der Phasenzusammensetzung wurde eine optimale Temperatur für die Kesteritbildung bestimmt und diese bei einer anschließenden Variation der ZnS-Bedampfungszeit (Abbruchexperimente) als Substrattemperatur eingestellt.

5.2.1.1. Wachstum von Cu-Sn-S-Precursoren

Für die Herstellung des Precursors wurden Cu, Sn und S gleichzeitig und bei beheiztem Substrat aufgedampft. Als Substrattemperaturen wurden in drei Experimentserien 300 °C, 380 °C und 450 °C verwendet. Die Bedampfung erfolgte unter hohem Sn-Angebot, das Verhältnis des atomaren Cu/Sn-Bedampfungsverhältnisses betrug ca. 1,1. Die Sn-Rate betrug ca. 12 $\mu g/(cm^2 min)$, die Cu-Rate ca. 7 $\mu g/(cm^2 min)$ bei einer Bedampfungszeit von 40 Minuten.

Tabelle 5.2.: Übersicht über die Herstellungsparameter der verschiedenen Cu-Sn-S-Beschichtungen.

Schichtaufbau	Temperatur	$\frac{\text{Cu-Rate}}{\text{Sn-Rate}}$
Mo/Cu+Sn+S	konstant 300 °C	1,1
Mo/Cu+Sn+S	konstant 380 °C	1,1
Mo/Cu+Sn+S	konstant 450 °C	1,1

Die so prozessierten Schichten wurden strukturell mittels Röntgendiffraktometrie untersucht. Die in 5.19 aufgeführten Diffraktogramme liefern folgende Phasenzusammensetzung für die verschiedenen Schichttypen:

- 300 °C: Der nach PDF-Karte intensitätsstärkste Cu_2SnS_3-Reflex -131 tritt als dominantes Beugungssignal auf. Die Reflexlage ist gegenüber dem PDF-Standard um ca. 0,2° zu kleineren Beugungswinkeln verschoben. Ein intensitätsschwacher Reflex bei ca. 25,6° kann nicht zugeordnet werden.
- 380 °C: Es sind ausschließlich Reflexe der Phase Cu_4SnS_4 zu erkennen.
- 450 °C: Die Reflexlagen stimmen weitgehend mit Cu_7S_4 (Anilit) überein, ein Reflex bei 29,5° ist nicht klar zuordenbar.

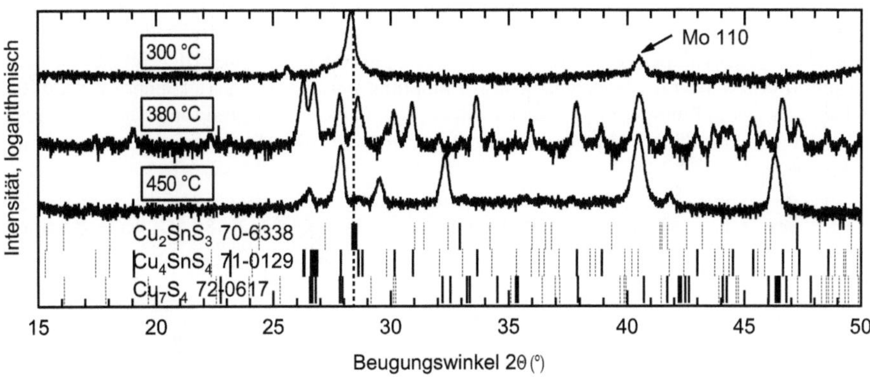

Abbildung 5.19.: Diffraktogramme der verschiedenen Cu-Sn-S-Beschichtungen wie sie in Tabelle 5.2 aufgeführt sind.

Das Diffraktogramm an der bei 300 °C bedampften Schicht deutet auf eine stark texturierte Cu_2SnS_3-Schicht hin. Bei einer Experimentserie zur nachfolgenden Bedampfung mit ZnS wurden Texturmessungen an unterschiedlich lange bedampften Cu_2SnS_3-Schichten durchgeführt. In Abbildung 5.20 sind die Polfiguren einer solchen Messung an einem Cu_2SnS_3-Precursor nach 2,5 Minuten ZnS-Bedampfung dargestellt. Wie im folgenden Abschnitt 5.2.1.3 gezeigt wird, ist der Cu_2SnS_3-Precursor nach dieser kurzen Bedampfung noch nahezu vollständig erhalten und nur geringfügig mit ZnS bedeckt. Die Polfiguren wurden entsprechend der kubischen Überstruktur indiziert. Die {111}-Polfigur zeigt ein deutliches Maximum bei 0° Verkippung. Bei der

{200}-Polfigur fehlt der Intensitätsring für 54,7° Verkippung und bei der {220}-Polfigur für 35,3° Verkippung, wie sie bei einer <111>-Fasertextur im kubischen System auftreten sollten. Dieses Ergebnis wird in 5.2.1.2 diskutiert.

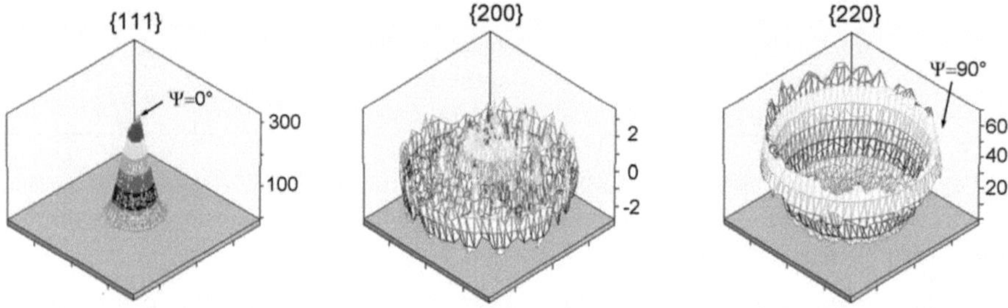

Abbildung 5.20.: Polfiguren eines Cu-Sn-S-Precursors nach 2,5 min ZnS-Bedampfung. Die Diffraktometermessung wurde gemäß Abschnitt 3.3.1 durchgeführt. Die Indizierung erfolgte entsprechend eines kubischen Sphaleritgitters. Es ist eine Textur in <111>-Richtung zu erkennen.

In Abbildung 5.21 sind die Morphologien der Schichten nach Bedampfung bei 300 °C und 380 °C gegenübergestellt. Bei 300 °C Substrattemperatur tritt eine stängelartige Kristallitmorphologie auf. Die Kristallite nehmen in Richtung der Oberfläche an Durchmesser zu. Die Schicht ist sehr dicht und die Morphologie ist lateral homogen. Die bei 380 °C bedampften Schichten weisen sehr große Kristallite mit Ausdehnungen bis zu mehreren µm auf. Die Dicke der einzelnen Kristallite variiert dabei zwischen ca. 1 µm und 2 µm, die Morphologie der Schicht ist dadurch im µm-Maßstab lateral inhomogen. Die Bedampfung bei 450 °C liefert kleinere Kristallite, die Schichtdicke ist auf unter 1 µm gesunken. Da bei 450 °C nach den diffraktometrischen Messungen keine Kupferzinnsulfide mehr gebildet werden, wurde auf die Abbildung einer Querschnittaufnahme verzichtet.

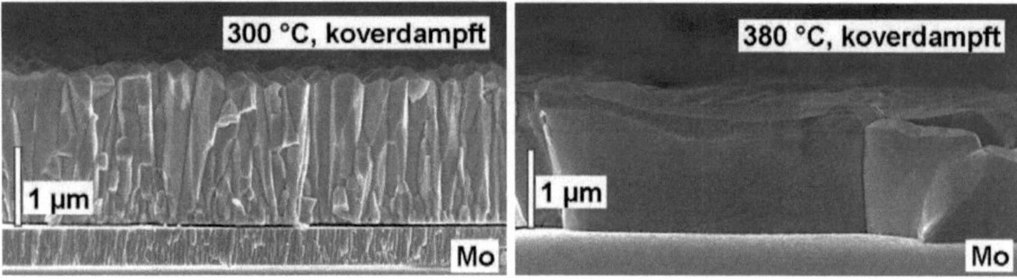

Abbildung 5.21.: REM-Querschnittaufnahmen der verschiedenen Cu-Sn-S-Beschichtungen, wie sie in Tabelle 5.2 aufgeführt sind. Bei 300 °C zeigt sich eine stängelartige Kristallitmorphologie. Bei 380 °C bilden sich Kristallite von mehreren µm Ausdehnung, die Schichtdicke ist inhomogen und schwankt zwischen ca. 1 µm und 2 µm.

5.2.1.2. Diskussion des Precursorwachstums

Die Ergebnisse der diffraktometrischen Messungen zeigen, dass es unter Sn-reichen Wachstumsbedingungen und bei beheizten Substraten möglich ist, einphasige Kupferzinnsulfidschichten herzustellen. In späteren Experimenten wurde zudem eine gute Reproduzierbarkeit der Schichtbildung festgestellt. Es wird daher vermutet, dass die Schichten unter den gewählten Parametern in einem selbstkontrollierten Prozess wachsen. Da sich trotz Sn-Überschuss keine Zinnsulfide in der Schicht bilden, wird der Sn-Einbau vermutlich durch das Cu-Angebot an der Schichtoberfläche gesteuert. Abhängig von der Substrattemperatur werden dadurch unterschiedliche Phasen stabilisiert, deren Sn-Gehalt mit steigender Temperatur sinkt. Bei 300 °C ist dies Cu_2SnS_3, bei 380 °C die Phase Cu_4SnS_4 und bei 450 °C das komplett Sn-freie Cu_7S_4. Die Morphologie der Cu_2SnS_3-Schichten wird durch gerichtete, stängelartige Kristallite geprägt. Die {111}-Polfigur in Abbildung 5.20 zeigt eine <111>-Vorzugsrichtung der kubischen Sphaleritunterstruktur des Cu_2SnS_3 an. Erstaunlicherweise fehlen in der {200}- und {220}-Polfigur die Intensitätsringe für 54,7° bzw. 35,3° Verkippung, wie sie im kubischen System zu erwarten wären. Eine mögliche Erklärung folgt aus der TEM-Aufnahme an einem später prozessierten Abbruchexperiment in Abbildung 5.29. Die dort abgebildeten Cu_2SnS_3-Kristallite zeigen dabei eine hohe Dichte an Stapelfehlern senkrecht zur Wachstumsrichtung und damit parallel zu den {111}-Ebenen. Durch diese Stapelfehler kann die Gitterperiodizität in anderen Kristallrichtungen beeinträchtigt werden, die entsprechenden Beugungsreflexe treten dadurch nicht auf. Wie für die ZnS-Precursorschichten in Abschnitt 5.1.1.2, ist auch für Cu_2SnS_3 nicht bekannt, welche Kristallebenen unter den gegebenen Wachstumsbedingungen die geringste Oberflächenenergie aufweisen. Entsprechend kann auch die Textur der Cu_2SnS_3-Schichten sowohl durch einen thermodynamischen, als auch durch einen kinetischen Wachstumseffekt verursacht sein.

5.2.1.3. Reaktion mit Zn-S aus der Gasphase

Für die Bedampfungsexperimente mit ZnS wurden ausschließlich die bei 300 °C Substrattemperatur hergestellten Cu_2SnS_3-Precursoren verwendet. Bei der ZnS-Bedampfung wurde zunächst eine Variation der Substrattemperatur durchgeführt. Wie bei der Verwendung des ZnS-Precursors in Abschnitt 5.1 baute darauf eine anschließende Variation der Bedampfungszeit (mit Abbruchexperimenten) auf.

Variation der Substrattemperatur

Die Zn-Bedampfungsrate betrug für alle Experimente der Temperaturvariation ca. 9 µg/(cm²min). Die Bedampfung erfolgte über einen Zeitraum von 25 Minuten. Setzt man eine 1,8 µm dicke Cu_2SnS_3-Schicht voraus, so wie sie sich in den REM-Aufnahmen in Abbildung 5.21 zeigt, so ergibt dies einen Zn-Überschuss von ca. 40 Prozent gegenüber der Stöchiometrie von Cu_2ZnSnS_4. Die untersuchten Temperaturpunkte waren 220 °C, 300 °C, 380 °C und 450 °C.

Die Phasenzusammensetzung der Schichten nach der Prozessierung läßt sich anhand der Diffraktogramme in Abbildung 5.22 bestimmen. Die folgenden Phasen können zugeordnet werden:

- 220 °C und 300 °C: Wie im Precursor tritt der -131 Reflex des Cu_2SnS_3 auf. An der rechten Flanke des Reflexes ist eine Schulter zu erkennen, die sowohl ZnS als auch Cu_2ZnSnS_4 zugeordnet werden kann. Die intensitätsschwachen Reflexe bei 25,6° und 27,1° können nicht identifiziert werden.

- 380 °C: Cu_2ZnSnS_4 kann anhand der Überstrukturreflexe (Pfeilmarkierungen) eindeutig nachgewiesen werden. Die Asymmetrie des Hauptreflexes 112 deutet auf eine Überlagerung mit Cu_2SnS_3 hin.

- 450 °C: Cu_2ZnSnS_4 ist anhand der Überstrukturreflexe zuordenbar. Daneben treten Reflexe der Phasen Cu_7S_4 (Anilit) und $Cu_{1,96}S$ (Chalcocit) auf.

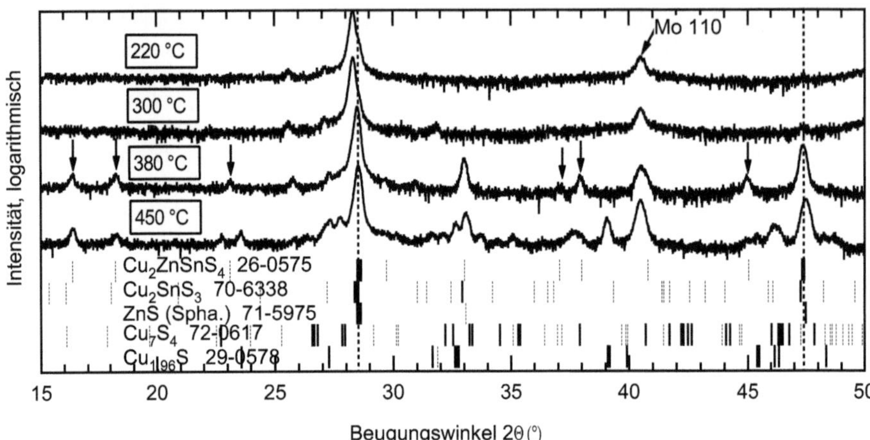

Abbildung 5.22.: Diffraktogramme der koverdampften Cu-Sn-S-Precursoren nach zusätzlicher Bedampfung mit ZnS bei verschiedenen Substrattemperaturen. Ab 380 °C treten die Überstrukturreflexe des Kesterit auf (mit Pfeilen markiert). Ab 450 °C sind zusätzlich deutliche Kupfersulfidsignale zu erkennen.

Die Veränderung der Elementzusammensetzung in den Schichten durch die Variation der Substrattemperatur wurde in RFA-Messungen bestimmt. Wie bei den vorher behandelten Experimentserien ist in Abbildung 5.23 die normierte Fluoreszenzintensität in Abhängigkeit der Substrattemperatur aufgetragen. Es zeigt sich, dass die Intensität der Cu-Fluoreszenz für die verschiedenen Temperaturen nahezu konstant ist. Bei der Sn-Fluoreszenz findet sich ein signifikanter Intensitätsabfall bei 450 °C. Die Intensität der Zn-Fluoreszenz steigt dagegen mit zunehmender Temperatur an.

Abbildung 5.24 gibt einen Überblick über die Morphologie der Schichten nach der Prozessierung. Bei 220 °C und 300 °C sind noch die typischen gerichteten Kristallite der Precursorschicht zu erkennen. Die Schichten sind mit einer hellen Schicht bedeckt, die wenige 10 nm dick ist. Wie EDX-Messungen am Materialsystem Cu-Zn-S in Abbildung 4.17 auf Seite 47 zeigten, ist eine hohe Signalintensität im SE-Bild typisch für ZnS. Bei 380 °C deutet sich nur noch im unteren Bereich der Schicht die Precursormorphologie an, ansonsten haben sich größere Körner gebildet. Die Schicht ist mit ca. 2 µm etwas dicker als bei den niedrigeren Temperaturen. Auch hier finden sich an der Oberfläche helle, ZnS-haltige Bereiche. Bei 450 °C treten diese hellen Bereiche nicht mehr nur an der Oberfläche, sondern auch in der Tiefe der Schicht auf.

Die Ergebnisse aus diesem Abschnitt werden in 5.2.2 bei der Entwicklung eines Wachstumsmodells der Schichten diskutiert.

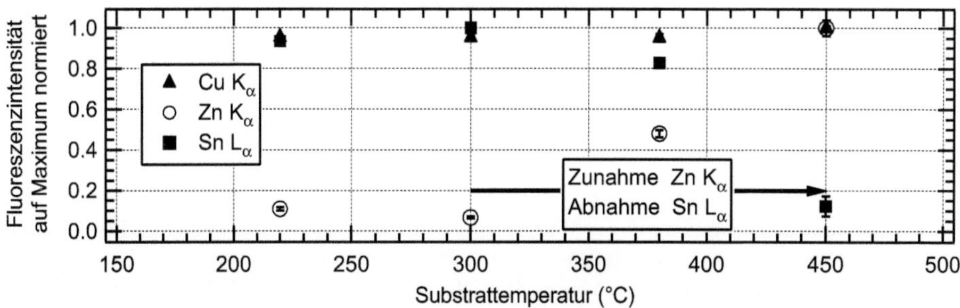

Abbildung 5.23.: RFA-Fluoreszenzintensitäten der Cu-Sn-S-Precursorschichten nach ZnS-Bedampfung bei unterschiedlichen Substrattemperaturen. Der systematische Fehler der Temperaturmessung beträgt bis zu 50 Kelvin. Als Fehler der Fluoreszenzintensität ist die Standardabweichung der jeweils neun Messpunkte pro Probe angegeben. Die Messpunkte aus den drei Datenreihen wurden auf ihren jeweiligen Maximalwert in der Substrattemperaturvariation normiert.

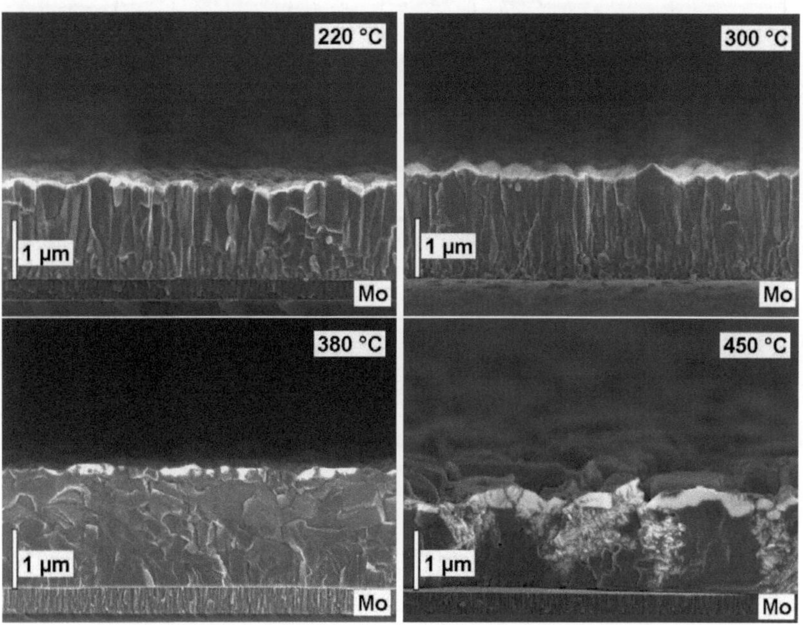

Abbildung 5.24.: REM-Querschnittaufnahmen der koverdampften Cu-Sn-S-Precursorschichten nach ZnS-Bedampfung bei unterschiedlichen Substrattemperaturen. Die hellen Bereiche werden auf ZnS zurückgeführt (siehe Erklärung in Abschnitt 3.3.2).

Variation der Bedampfungszeit (Abbruchexperimente)

Entsprechend der Ergebnisse der Substrattemperaturvariation wurde für diese Experimentserie eine Temperatur von 380 °C eingestellt. Um auch bei kurzen Prozesszeiten ein ausreichendes Zn-Angebot in den Schichten zu gewährleisten, wurde für die nachfolgenden Experimente der Zeitvariation die Zn-Bedampfungsrate auf 15 µg/(cm²min) erhöht.

Die Phasenentwicklung über die Bedampfungszeit ist in Abbildung 5.25 dargestellt und lässt sich wie folgt zusammenfassen:

- 2,5 Minuten ZnS-Bedampfung: Wie im Precursor tritt der -131 Reflex des Cu_2SnS_3 auf. An der rechten Flanke des Reflexes ist eine Schulter zu erkennen, die sowohl ZnS als auch Cu_2ZnSnS_4 zugeordnet werden kann. Die intensitätsschwachen Reflexe bei 25,6° und 27,1° können nicht identifiziert werden.
- 10 Minuten ZnS-Bedampfung: Cu_2ZnSnS_4 kann anhand der Überstrukturreflexe (Pfeilmarkierungen in Abbildung 5.25) eindeutig nachgewiesen werden. Die linke Flanke des Cu_2ZnSnS_4 112-Reflexes kann auf eine Überlagerung mit Wurtzit zurückführbar sein.
- Weitere Bedampfung: Es treten keine zusätzlichen Reflexe auf und Cu_2ZnSnS_4 bleibt anhand der Überstrukturreflexe eindeutig zuordenbar.

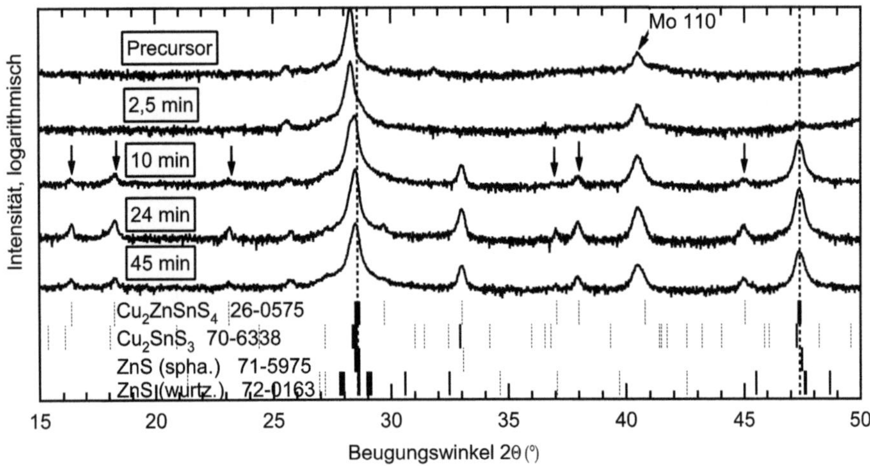

Abbildung 5.25.: Diffraktogramme der koverdampften Cu-Sn-S-Precursoren nach unterschiedlich langer Bedampfung mit ZnS bei 380 °C. Zum Vergleich ist auch das Diffraktogramm für einen unbedampften Precursor aufgetragen.

Die Elementzusammensetzung der Schichten wurde mittels Röntgenfluoreszenzanalyse untersucht. In Abbildung 5.26 sind die Fluoreszenzintensitäten der verschiedenen Elemente in Abhängigkeit der Bedampfungszeit aufgetragen. Für die Cu-Fluoreszenz ist eine nahezu gleichbleibende Intensität über die Bedampfungszeit zu erkennen. Die Intensität der Sn-Fluoreszenz nimmt im Laufe der Bedampfung leicht ab. Die Intensität der Zn-Fluoreszenz nimmt linear mit der Bedampfungszeit zu. Für den Fall einer rein chemischen Adsorption des ZnS durch den Einbau in Cu_2ZnSnS_4 wäre eine Sättigung der Zn-Intensität mit fortschreitender Bedampfung zu erwarten.

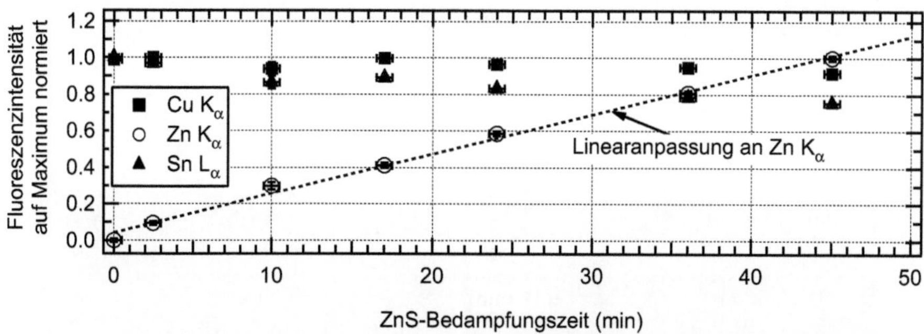

Abbildung 5.26.: RFA-Fluoreszenzintensitäten der Cu-Sn-S-Precursorschichten nach unterschiedlich langer Bedampfung mit ZnS bei 380 °C. Der Fehler der Zeitmessung liegt bei ca. 0,5 min. Als Fehler der Fluoreszenzintensität ist die Standardabweichung der jeweils neun Messpunkte pro Probe angegeben. Zur besseren Vergleichbarkeit der drei Fluoreszenzintensitäten wurden die Messpunkte aus den drei Datenreihen auf ihren jeweiligen Maximalwert normiert.

Um die Ergebnisse der Fluoreszenzmessungen einordnen zu können, wurden elektronenmikroskopische Aufnahmen an Bruchkanten der prozessierten Schichten erstellt. Die entsprechenden Aufnahmen in Abbildung 5.27 zeigen, dass der morphologische Aufbau des Precursors nach 2,5 Minuten noch weitgehend erhalten ist. Eine dünne Deckschicht mit hohem Kontrast ist vermutlich auf ZnS zurückzuführen. Nach 10 Minuten ist im oberen Bereich der Schicht eine signifikant veränderte Morphologie ohne stängelartige Kristallite zu erkennen. Auch hier deutet sich wieder eine helle Deckschicht an. Mit weiterer Bedampfungszeit geht die Precursormorphologie weiter verloren, sie bleibt dabei in den unteren Schichtbereichen am längsten erhalten. Die ZnS-haltige Deckschicht an der Oberfläche wächst weiter und erreicht nach 45 Minuten eine Dicke von ca. 0,4 µm.

Um den Fortschritt der Zn-Interdiffusion über die Zeit abzuschätzen, wurden für zwei Bedampfungszeiten EDX-Tiefenprofile der Elementverteilung an den REM-Bruchkanten aufgenommen. In Abbildung 5.28 auf der nächsten Seite sind die Tiefenverläufe für die Schichten nach 10 Minuten und nach 45 Minuten Bedampfung aufgetragen.Die Intensitäten der EDX-Messung in Abbildung 5.28 wurden auf die Cu-Intensität bei einer fixen Tiefe normiert, um die beiden Messungen vergleichen zu können. Es ist dabei zu beachten, dass Datenpunkte in Abbildung 5.28, deren Messwerte unter ca. 0,2 liegen, wegen möglicher Artefakte nicht bei der Ergebnisinterpretation berücksichtigt werden sollten. Die Auftragung der Netto-Zählimpulse erlaubt zunächst keine quantitative Zuordnung von Elementanteilen in der Schicht. Durch Bildung von Intensitätsverhältnissen (z.B. Cu/Zn) ist aber ein Vergleich mit anderen Schichtprofilen möglich, etwa denen bei der ZnS-Precursor-Prozessvariante. Bei den EDX-Tiefenprofilen nach der ZnS-Precursor-Prozessvariante in den Abbildungen 5.10 und 5.5 wurde ein Cu/Zn-Intensitätsverhältnis von ca. 1,5 nahezu homogen über die Schichttiefe gefunden. Wegen der homogenen Elementverteilung und weil Cu_2ZnSnS_4 die einzige quaternäre Verbindung in diesem Materialsystem darstellt, wurde der entsprechende Wert des Cu/Zn-Intensitätsverhältnisses als Zielwert für stöchiometrischen Kesterit angenommen. Der Vergleich zeigt sehr deutlich, dass mit zunehmender Bedampfungszeit die Zn-Konzentration in der Precursorschicht ansteigt. Es ist aber weiterhin zu erkennen, dass auch nach 45 Minuten Bedampfung die Zn-Intensität, d.h. die Zn-Konzentration in der Schicht, nicht für die Bildung von stöchiometrischem Kesterit in der gesamten Schichttiefe ausreicht.

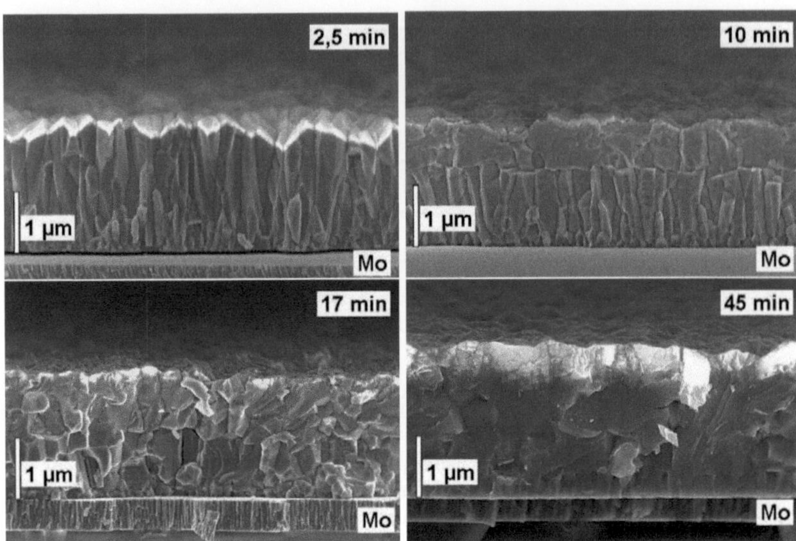

Abbildung 5.27.: REM-Querschnittsaufnahmen der koverdampften Cu-Sn-S-Precursorschichten nach unterschiedlich langer Bedampfung mit ZnS bei 380 °C. Die hellen Oberflächenbereiche lassen sich einer Zn-reichen Phase (vtl. ZnS) zuordnen.

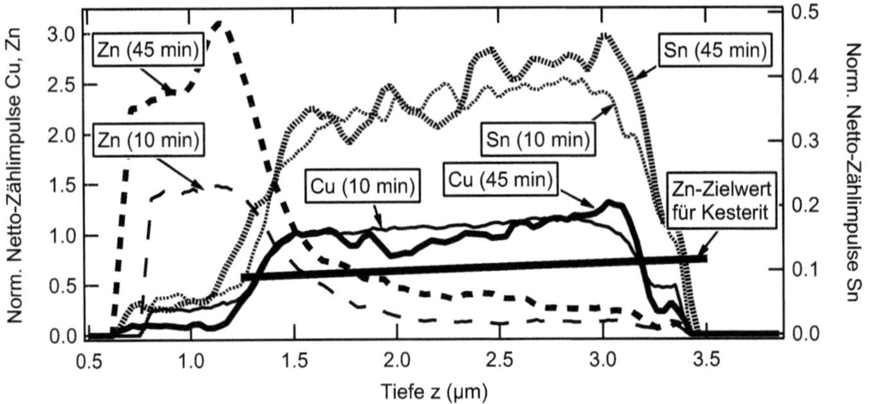

Abbildung 5.28.: Ergebnis einer EDX-Flächenmessung an Bruchkanten des Cu-Sn-S-Precursors nach 10 Minuten und nach 45 Minuten ZnS-Bedampfung bei 380 °C. Um die Messungen vergleichen zu können, wurde in beiden Fällen eine Normierung auf die Cu-Intensität bei 1,5 µm Tiefe durchgeführt. Zusätzlich ist ein „Zn-Zielwert“ eingetragen. Dieser ist den EDX-Messungen in den Abbildungen 5.10 und 5.5 entnommen, bei denen Cu/Zn-Intensitätsverhältnisse von ca. 1,5 gemessen wurden.

Die Probe, die 10 Minuten mit ZnS bedampft worden war, wurde für eine weitere Untersuchung des Wachstumsmechanismus zusätzlich im TEM untersucht. Abbildung 5.29 zeigt eine Übersichtsaufnahme des Schichtquerschnitts. Wie bei der REM-Aufnahme in Abbildung 5.27 lassen sich ein unterer und ein oberer Schichtbereich unterscheiden. Die Grenzfläche zwischen den beiden Bereichen verläuft weitgehend horizontal durch die Schicht. Der untere Bereich zeigt die bekannte stängelartige Morphologie des Precursors. Die Stängelkristallite haben z.T. einen auffälligen streifenartigen Kontrast, die Streifen verlaufen dabei horizontal oder leicht gegen die Horizontale verkippt. Diese Streifen treten im oberen Schichtbereich, der sogenannten Produktschicht, nicht auf. Die Morphologie der Precursorschicht setzt sich nicht in der Produktschicht fort.

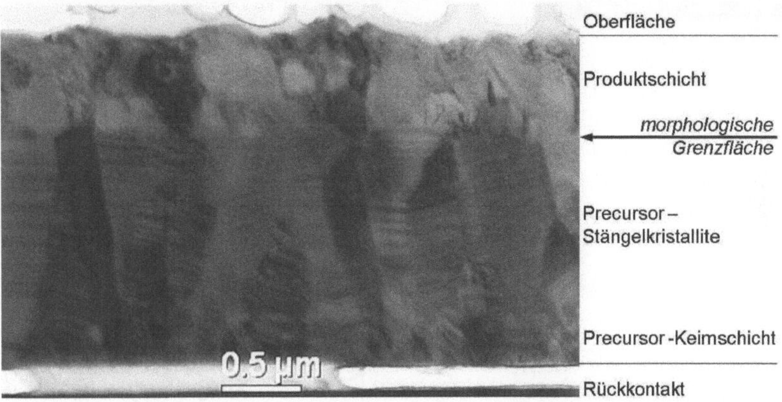

Abbildung 5.29.: TEM-Hellfeldaufnahme am Querschnitt eines Cu-Sn-S-Precursors nach 10 Minuten ZnS-Bedampfung. Im unteren Schichtbereich sind die großen stängelartigen Kristallite der Precursorschicht zu erkennen. Eine morphologische Grenzfläche verläuft horizontal durch die Schicht.

Abbildung 5.30 zeigt ein STEM-EDX-Tiefenprofil an derselben Probe. Anders als bei der REM-EDX-Aufnahme in Abbildung 5.28 ist hier ein scharfer Übergang zwischen einem Bereich mit signifikantem Zn-Fluoreszenzsignal und einem Bereich mit nahezu null Zn-Fluoreszenzsignal zu erkennen. Dieser Übergang ist in Abbildung 5.31 mit höherer Auflösung dargestellt. Die EDX-Messung verdeutlicht, dass an der morphologischen Grenzfläche ein Sprung in der Zn-Konzentration auftritt.

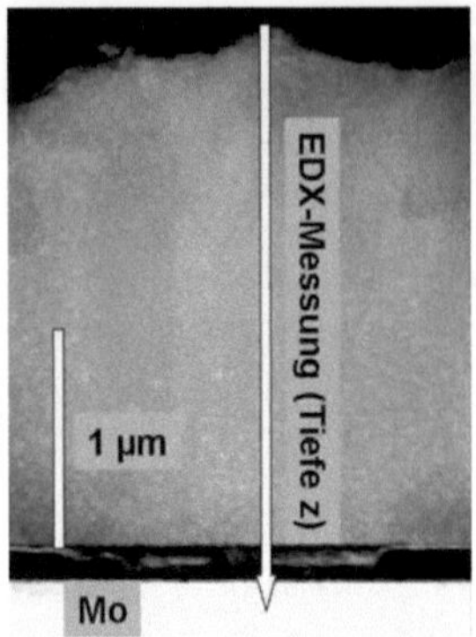

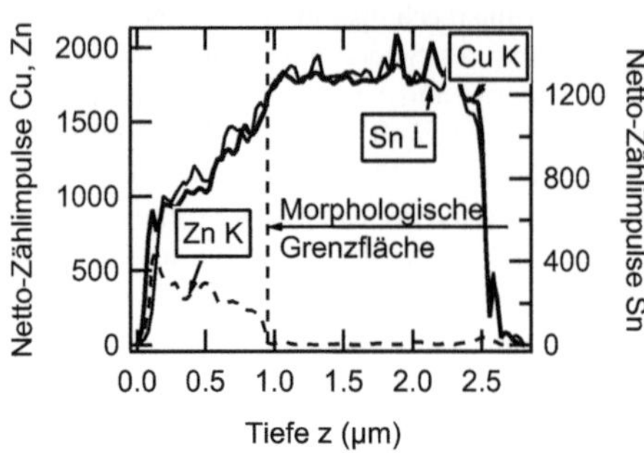

Abbildung 5.30.: STEM-EDX-Tiefenprofil am Querschnitt eines Cu-Sn-S-Precursors nach 10 Minuten ZnS-Bedampfung. Unterhalb der morphologischen Grenzfläche ist Zn nicht nachweisbar.

Neben dieser Grenzfläche wurde auch der oberflächennahe Bereich des Querschnittes mittels STEM-EDX genauer untersucht. Abbildung 5.32 zeigt eine entsprechende, repräsentative EDX-Messung der Schicht.

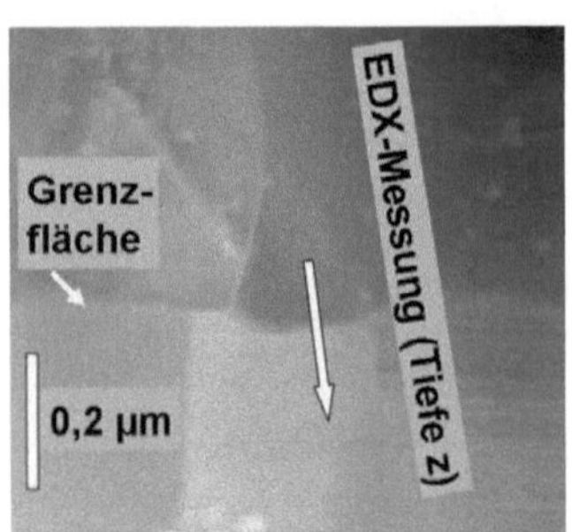

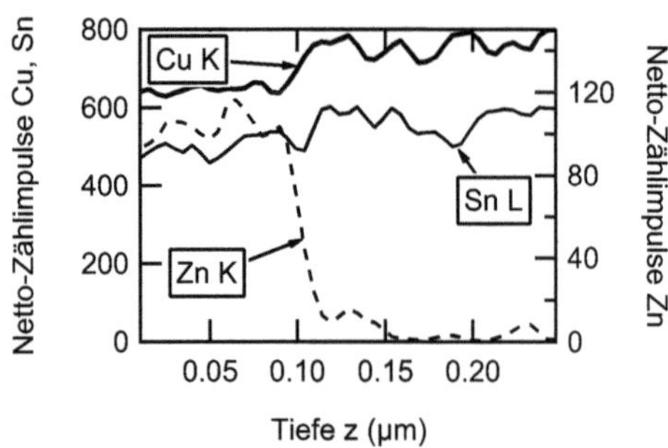

Abbildung 5.31.: STEM-EDX-Tiefenprofil im Bereich der Grenzfläche zwischen Precursor (unten) und Produktschicht (oben) nach 10 Minuten ZnS-Bedampfung. An der morphologischen Grenzfläche tritt ein Sprung im Zn-Anteil der Schicht auf.

Eine Zn-Anreicherung im oberen Schichtbereich ist klar zu erkennen. Daneben wird aber auch deutlich, dass über diesem Bereich noch Cu und auch Sn angereichert sind. Dieser Effekt wird bei der Interpretation der ZnS-Adsorption aus der Gasphase entscheidend sein.

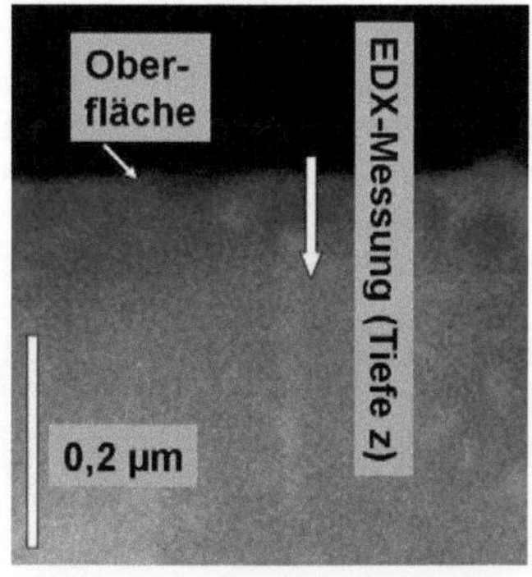

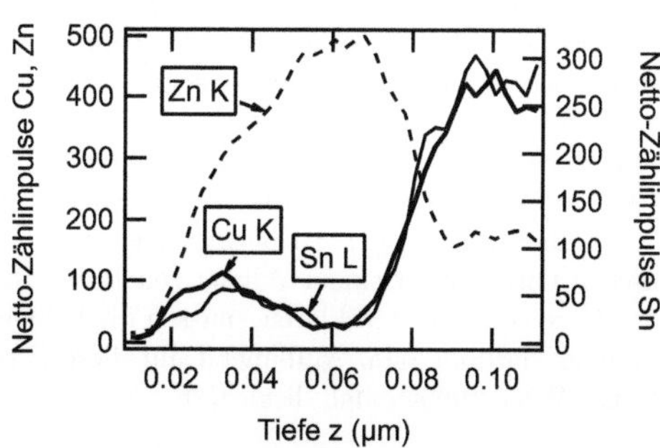

Abbildung 5.32.: STEM-EDX-Tiefenprofil im Oberflächenbereich eines Cu-Sn-S-Precursors nach 10 Minuten ZnS-Bedampfung. Im obersten Schichtbereich ist eine Anreicherung von Cu und Sn zu erkennen.

Um den strukturellen Mechanismus der Kesteritbildung zu untersuchen, wurden an Proben nach kurzer (2 min) und langer (40 min) Bedampfungszeit Texturmessungen durchgeführt. Die entsprechende Messung an einer 2 min bedampften Probe ist bereits in Abbildung 5.20 auf Seite 106 vorgestellt worden. Nach dieser Messung tritt in diesen Proben eine <111>-Textur auf. Abbildung 5.33 zeigt das Ergebnis derselben Messung an einer Cu-Sn-S-Schicht nach 45 Minuten ZnS-Bedampfung. Wie bei der Prozessierung von ZnS-Precursoren in Abschnitt 5.1 sind neben den Polen der {111}-Ebenen jetzt auch Pole der {200}-Ebenen senkrecht zur Substratoberfläche zu erkennen. Das Verhältnis der Intensitätsmaxima von 200/111 beträgt etwa 0,05. Das theoretische Intensitätsverhältnis der Summe aus 200- und 004-Reflex zum 112-Reflex im Kesterit beträgt etwa 0,15 (Berechnung mit dem Softwarepaket *PowderCell* gemäß der Strukturdaten des Kesterit [7]). Damit lässt sich qualitativ aussagen, dass der Anteil von Polen in <111>-Richtung höher ist als der von Polen in <100>-Richtung.

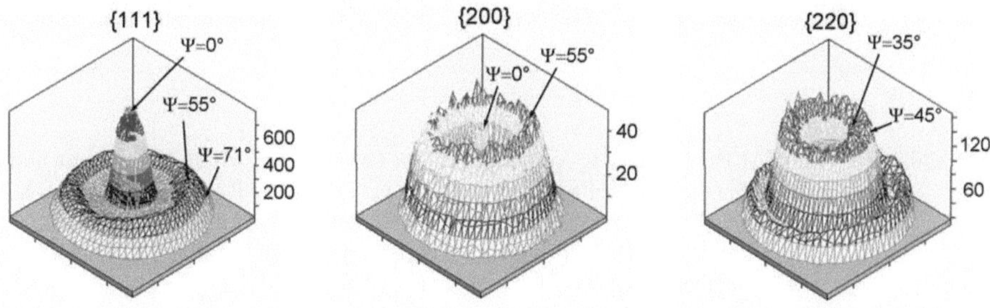

Abbildung 5.33.: Polfiguren eines Cu-Sn-S-Precursors nach 45 min ZnS-Bedampfung und teilweiser Umsetzung zu Kesterit. Die Diffraktometermessung wurde gemäß Abschnitt 3.3.1 durchgeführt. Die Indizierung erfolgte entsprechend eines kubischen Sphaleritgitters. Wie im Precursor ist auch hier eine Textur in <111>-Richtung zu erkennen.

Die weitgehende Beibehaltung der Textur des Precursors in der prozessierten Schicht spricht für einen topotaktischen Wachstumsmechanismus des Kesterit. Um diesen Aspekt genauer zu untersuchen, wurde an der morphologischen Grenzfläche der Probe nach 10,5 Minuten ZnS-Bedampfung eine TEM-Hochauflösungsaufnahme erstellt. In Abbildung 5.34 sind für den Precursorbereich Netzebenen mit Abständen von ca. 0,3 nm zu erkennen. In der darüber liegenden Produktschicht deuten sich ebenfalls Netzebenen mit 0,3 nm Abstand an. Beide Ebenenscharen werden deshalb kubischen {111}-Ebenen zugeordnet. Verschiedene {111}-Ebenen schneiden sich im kubischen Gitter unter einem Winkel von 109,5° (bzw. 70,5°). Um die abweichende Ausrichtung der Ebenenscharen zu erklären, müssen die beiden dargestellten Körner um mindestens 15° gegeneinander verkippt sein. Aufbauend auf diese Ergebnisse wird im folgenden Abschnitt ein strukturelles Wachstumsmodell diskutiert.

Abbildung 5.34.: TEM-Hochauflösungsaufnahme an der Grenzfläche zwischen Precursor und der darüber liegenden Produktschicht. Der Verlauf der Korngrenze ist durch eine gestrichelte Linie angedeutet. Die Abstände der gefundenen Netzebenen liegen in beiden Körnern bei ca. 0,3 nm, sie werden daher als {111}-Ebenen eingeordnet.

5.2.2. Entwicklung eines Wachstumsmodelles

Die Temperaturvariation zeigt, dass für die Substrattemperatur bei der Herstellung von Kesteritschichten nach der Abfolge Cu_2SnS_3-ZnS ein Prozessfenster mit einer Weite von weniger als 150 Kelvin existiert. Als optimale Temperatur wurde 380 °C bestimmt, ein systematischer Fehler von bis zu 50 Kelvin bei der Temperaturmessung muss berücksichtigt werden. Die REM-Aufnahmen in Abbildung 5.10 zeigen, dass bei niedrigeren Temperaturen lediglich eine dünne ZnS-Deckschicht auf dem Cu_2SnS_3-Precursor gebildet wird. Nach den Röntgenbeugungsmessungen in Abbildung 5.22 wird in diesen Fällen noch kein Kesterit gebildet. Bei hoher Substrattemperatur (Experiment bei 450 °C) kommt es entsprechend der XRF-Messung in Abbildung 5.23 zu einem signifikanten Sn-Verlust aus den Schichten. In der Röntgenbeugungsmessung wird deutlich, dass der Sn-Verlust zur Bildung von Kupfersulfiden und einem ZnS-Überschuss führt. In der REM-Aufnahme der Schicht in Abbildung 5.24 sind ZnS-Einschlüsse über die gesamte Schichttiefe zu erkennen. Die in-situ Experimente in Abschnitt 4.2.3 zeigten, dass im Temperaturbereich um 450 °C massiv Sn aus Cu_2SnS_3-Schichten verloren geht. Damit ist es sehr plausibel, dass auch bei diesen Experimenten der Sn-Verlust über die Dissoziation von Cu_2SnS_3 in Cu_2S, SnS(g) und S abläuft. Um den Sn-Verlust zu vermeiden, wurde für die anschließende Serie von Abbruchexperimenten die Substrattemperatur auf 380 °C beschränkt.

Die Texturmessung zeigt, dass die Cu_2SnS_3-Kristallite eine <111>-Vorzugsrichtung senkrecht zur Schichtoberfläche haben. Diese Vorzugsrichtung äußert sich auch in der starken Ausrichtung der stängelartigen Cu_2SnS_3-Kristallite. Die Kristallitmorphologie des Precursors ist in Abbildung 5.35 modellhaft dargestellt. Die {111}-Netzebenen sind schematisch und nicht maßstabsgetreu durch eine Schraffur angedeutet. Wie beim ZnS-Precursor in Abschnitt 5.1 bleibt auch beim Cu_2SnS_3-Precursor nach der anschließenden Umsetzung der Schichten zu Kesterit eine <111>-Textur erhalten. Auch für den Cu_2SnS_3-Precursor zeigt sich in der HRTEM-Aufnahme in Abbildung 5.34 eine deutliche Verkippung zwischen Precursor- und Kesteritkörnern. Wie beim ZnS-Precursor in Abschnitt 5.1.2 werden die Messergebnisse durch ein Wachstumsmodell erklärt, nach dem sich zunächst einzelne Kesteritkeime an der Schichtoberfläche bilden. Diese Keime weisen eine Vorzugsorientierung in der kubischen <111>-Richtung auf. Die Ausrichtung kann entweder auf eine generelle energetische Bevorzugung der <111>-Wachtumsrichtung zurückzuführen sein. Oder sie ist durch das epitaktische/topotaktische Anwachsen der Keime in der Keimbildungsphase begründet. Bei einer Keimbildung an einer ZnS-ZnS-Korngrenze ist es dabei auch denkbar, dass die Orientierung des anwachsenden Keimes einen Zwischenzustand einnimmt und dehalb mit beiden benachbarten ZnS-Körnern nicht exakt übereinstimt. Dieses Modell der Keimbildung ist in Abbildung 5.35 schematisch dargestellt. Die Keime breiten sich im Laufe der Prozessierung aus und bedecken dabei auch umliegende Precursorkörner. Da die einzelnen Precursorkörner gegeneinander verkippt sind, enstehen dabei zwangsläufig Korngrenzen zwischen verkippten Precursor- und Produktkörnern. Trotz gleichbleibender <111>-Textur der Schicht ergeben sich so nicht-kohärent Übergänge zwischen Precursor und Produkt. Dieses Modell ist in Abbildung 5.36 schematisch dargestellt.

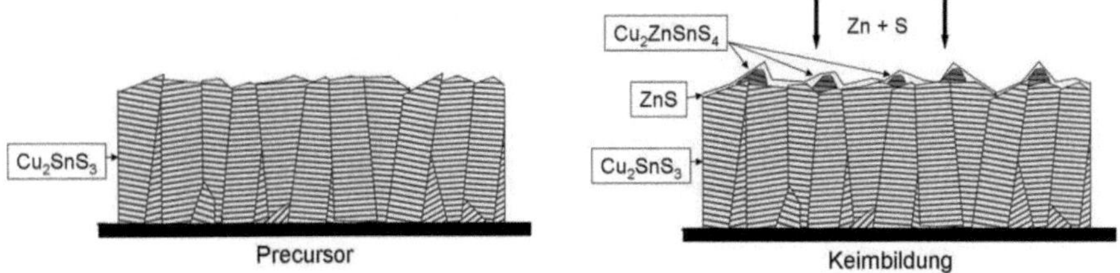

Abbildung 5.35.: Modell für das Anfangsstadium des Kesteritwachstums bei Verwendung eines Cu_2SnS_3-Precursors. $\{111\}_{kub}$-Ebenen und deren Ausrichtung in den verschiedenen Körnern sind durch eine Schraffur (nicht maßstabsgetreu) angedeutet. In der Anfangsphase bildet sich eine dünne bedeckende ZnS-Schicht aus. Es bilden sich Cu_2ZnSnS_4-Keime, die epitaktisch am Precursor orientiert sein können.

Im weiteren Verlauf der Prozessierung bildet sich eine durchgehende Produktschicht an der Oberfläche. Nach den XRD-Messungen in Abbildung 5.25 ist spätestens nach 10 Minuten Prozessierung Kesterit nachweisbar. Nach 10 Minuten hat sich auch eine klare Grenzfläche zwischen der Produkt- und Precursorschicht entwickelt. Da nur im Schichtbereich über der morphologischen Grenzfläche eindeutig Zn nachgewiesen werden kann, muss das gebildete Cu_2ZnSnS_4 in diesem Bereich liegen. Nach den EDX-Messungen weist die Zn-Konzentration in diesem Schichtbereich einen Gradienten auf. Ein Vergleich mit den EDX-Ergebnissen der ZnS-Precursorvariante zeigt, dass in unmittelbarer Nähe der morphologischen Grenzfläche weitaus geringere Zn-Anteile gefunden werden, als bei der ZnS-Precursorvariante nahezu homogen über die gesamte Schichttiefe. Dies lässt sich dadurch erklären, dass sich ausgehend von der morphologischen Grenzfläche ein Mischkristall Cu_2SnS_3-Cu_2ZnSnS_4 in Richtung Oberfläche erstreckt. Eine Mischkristallbildung in diesem System wird durch das Phasendiagramm von ROY-CHOUDHURY [67] bestätigt (siehe Abbildung B.7 auf Seite 133 des Anhangs). Entsprechend der EDX-Messung in Abbildung 5.28 steigt mit fortschreitender Prozessierung der Zn-Anteil in den Schichten an. Der kontinuierlich abnehmende Zn-Anteil in der Tiefe der Schicht sowie die morphologische Homogenität des Mischkristallbereichs deuten darauf hin, dass diese Zn-Anreicherung nicht durch die Bildung neuer Zn-reicher Körner sondern durch einen topotaktischen Ionenaustausch-Mechanismus getragen wird.

An der Schichtoberfläche liegt entsprechend der REM- und STEM-EDX-Messungen ein Zn-Überschuss vor. Aufgrund der geringen Löslichkeit von ZnS in Cu_2ZnSnS_4 äußert sich dieser Überschuss in der Bildung von ZnS-Körnern bzw. einer ZnS-Schicht im Oberflächenbereich der Schicht. Die XRF-Messung in Abbildung 5.26 zeigt auch, dass der Zn-Einbau in die Schichten konstant über die Prozesszeit verläuft. Die Bildung einer ZnS-Schicht an der Oberfläche scheint sich dabei zunächst nicht mit den Beobachtungen zur ZnS-Bedampfung in Abschnitt 5.1.1.1 zu decken. Dort konnte gezeigt werden, dass bei Substrattemperaturen über 200 °C die ZnS-Adsorption auf Mo-Substraten, sowie auch auf vorher mit ZnS beschichteten Substraten, gegen null geht. Die Erklärung für diese Abweichung kann die TEM-EDX-Messung in Abbildung 5.32 liefern, nach der die ZnS-Schicht bei diesen Experimenten eine Cu- und Sn-Anreicherung an der Oberfläche aufweist. Diese oberste Schicht erhöht die Adsorption von ZnS (bzw. Zn und S_2) aus der Gasphase signifikant. Offensichtlich überwächst die Cu- und Sn-Anreicherung an der Oberfläche ständig das adsorbierte Material und führt so zu einer über die Zeit konstanten Adsorption von ZnS an der Oberfläche.

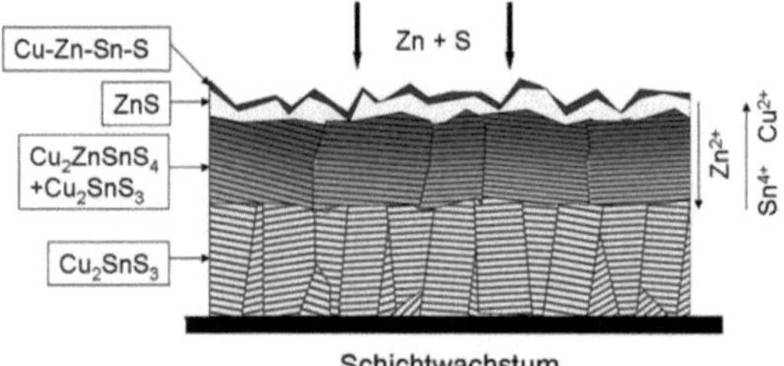

Abbildung 5.36.: Modell für das Kesterit-Schichtwachstum bei Verwendung eines Cu_2SnS_3-Precursors. $\{111\}_{kub}$-Ebenen und deren Ausrichtung in den verschiedenen Körnern sind durch eine Schraffur (nicht maßstabsgetreu) angedeutet. Die Produktschicht wird als Cu_2ZnSnS_4-Cu_2SnS_3-Mischkristall angenommen. Die Cu- und Sn-Anreicherung in der ZnS-Oberflächenschicht wird ohne Angabe einer Phasenzusammensetzung als Cu-Zn-Sn-S bezeichnet.

Wie bei der ZnS-Precursorvariante in Abschnitt 5.1 wird auch bei der Prozessierung des Cu_2SnS_3-Precursors angenommen, dass die Diffusivität der Anionen gering ist und die Bildung von Kesterit damit durch eine wechselseitige Diffusion der Kationen getragen wird (siehe dazu auch Abschnitt 2.2.3 auf Seite 17). Wie in dem Wachstumsmodell in Abbildung 5.36 dargestellt, erfolgt das Wachstum im unteren Bereich der Produktschicht in diesem Fall entsprechend Gleichung 5.2.

$$4\,Cu_2SnS_3 + 3\,Zn^{2+} \rightarrow 3\,Cu_2ZnSnS_4 + 2\,Cu^+ + Sn^{4+} \tag{5.2}$$

Bei vollständiger Diffusion der Cu- und Sn-Ionen in den oberen Schichtbereich, wird dort Kesterit nach Gleichung 5.3 wachsen.

$$ZnS + 2\,Cu^+ + Sn^{4+} + 3\,S^{2-} \rightarrow Cu_2ZnSnS_4 \tag{5.3}$$

Die S^{2-}-Ionen sind dabei durch die Diffusion von Zn^{2+} in den unteren Schichtbereich entstanden. Nach diesem Modell wächst die Kesteritschicht dreimal schneller in Richtung der Cu_2SnS_3-Schicht als in Richtung des ZnS an der Oberfläche. Dieser Ansatz stellt eine Vereinfachung dar, da er die Bildung eines Mischkristalls aus Cu_2SnS_3- Cu_2ZnSnS_4 nicht berücksichtigt.

5.3. Ein Vergleich zwischen ZnS- und Cu_2SnS_3-Precursor

In den vorangehenden Abschnitten 5.1 und 5.2 konnte gezeigt werden, dass bei Prozesstemperaturen um 380 °C aus beiden Precursortypen Kesterit gebildet werden kann. Welche Prozessierungsvariante sich besser für die Herstellung von Dünnschichtabsorbern eignet, wird im Folgenden anhand von verschiedenen Gesichtspunkten diskutiert.

Ein erstes Kriterium ist dabei die Morphologie der Schichten. Grundsätzlich sind große Körner (weniger Grenzflächen) und dichte, porenfreie Absorber günstig. Beide Schichttypen zeigen in den REM- und TEM-Aufnahmen Korngrößen bis ca. 0,5 µm, die Schichten sind dicht und weisen keine Hohlräume und Löcher auf. Die Homogenität in der Morphologie der Schichtquerschnitte spiegelt sich dabei nicht in der Tiefenverteilung der Elemente wider. Während beim ZnS-Precursor in der aufwachsenden Produktschicht noch eine sehr gleichmäßige Verteilung der Elemente über die Schichttiefe gefunden wird (siehe Abbildung 5.12), ist beim Cu_2SnS_3-Precursor ein deutlicher Zn-Gradient in der Produktschicht zu erkennen (siehe Abbildung 5.30). Dieser Gradient deutet darauf hin, dass in letzterem Fall die Produktschicht aus einem Cu_2SnS_3-Cu_2ZnSnS_4-Mischkristall aufgebaut ist. Nach diesem Verfahren können damit keine einphasigen Kesterit-Schichten hergestellt werden. Dazu kommt, dass beim Cu_2SnS_3-Precursor diese Mischkristallschicht deutlich langsamer wächst als die Kesteritschicht im Falle des ZnS-Precursors. Die Entwicklung der Produktschichtdicke ist in Abbildung 5.37 dargestellt. Für den ZnS-Precursor wurden dafür die Dickenwerte aller Abbruchexperimente aus Abbildung 5.9 mit ihren Fehlerintervallen aufgetragen. Wie bereits in Abschnitt 5.1 ausgeführt wurde, deutet sich für den ZnS-Precursor eine lineare Entwicklung der Produktschichtdicke über die Zeit an, die auf die Cu-Bedampfungsrate als limitierenden Faktor schließen lässt. Anhand der Dickenwerte nach 10,5 Minuten und 20,5 Minuten Wachsumszeit wurde, dunkel schraffiert, ein Wachstumsbereich für die Cu_2ZnSnS_4-Bildung aus dem ZnS-Precursor eingezeichnet. Für den Cu_2SnS_3-Precursor wurden nur die Dickenwerte nach 10, 17 und 45 Minuten aus Abbildung 5.27 mit ihrem Fehlerintervall in Abbildung 5.37 aufgetragen. Anhand dieser Datenpunkte wurde die Entwicklung der Schichtdicke x über die Zeit t gemäß einem parabolischen Zeitgesetz der Form $x = \sqrt{2 \cdot D \cdot t}$ angepasst. Dabei ist D die Ratenkonstante einer diffusionskontrollierten Reaktion, eine Herleitung des parabolischen Wachstumsgesetzes findet sich in Abschnitt 2.2.2. Das Ergebnis der Anpassungsrechnung ist in Abbildung 5.37 als hellgrau schraffierter Bereich dargestellt. Der Vergleich in Abbildung 5.37 zeigt, dass beim ZnS-Precursor eine 2 µm dicke Produktschicht bereits nach 20-40 Minuten gebildet werden kann. Für die Bildung einer 2 µm dicken Cu_2SnS_3-Cu_2ZnSnS_4-Mischkristallschicht aus dem Cu_2SnS_3-Precursor sind dagegen mehr als 60 Minuten nötig. Die langsame Kinetik der Kesteritbildung und die Bildung eines ausgeprägten Konzentrationsgradienten sind ein starker Nachteil des Cu_2SnS_3-Precursors. Der Grund für die langsame Reaktion liegt wohl in der langsamen Diffusion eines der beteiligten Kationen durch die Produktschicht. Welches Kation am langsamsten diffundiert und die Geschwindigkeit kontrolliert, sowie die Ursache für die langsamere Diffusion im Vergleich zum ZnS-Precursor, kann aus den experimentellen Ergebnissen nicht klar abgeleitet werden.

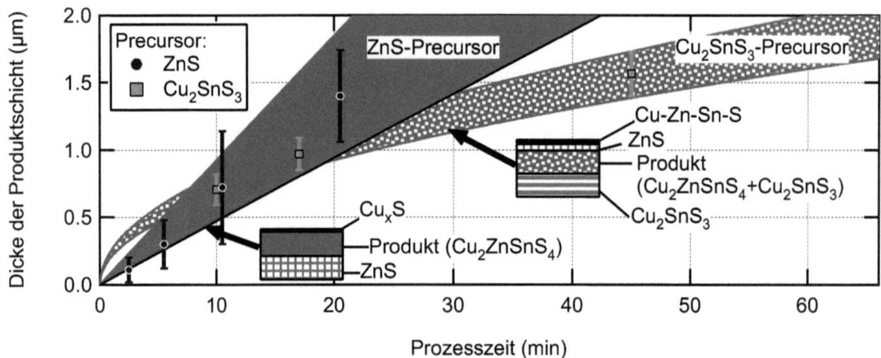

Abbildung 5.37.: Vergleich der Entwicklung der Produktschichtdicke für die Experimentserien mit ZnS- und Cu_2SnS_3-Precursor bei einer Temperatur von 380 °C, gemäß den Experimenten in Abschnitt 5.1 und 5.2. Die schraffierten Bereiche geben schematisch die Wachstumsbereiche für den linearen Fall (ZnS-Precursor) und für den parabolischen Fall (Cu_2SnS_3-Precursor) wieder.

Ein weiterer Nachteil des Cu_2SnS_3-Precursors ist die unkontrollierte Adsorption des ZnS während des Bedampfungsprozesses. Als Ursache dafür wurde eine wenige nm dicke, Cu- und Sn-haltige Oberflächenschicht auf dem ZnS identifiziert. Um Kesterit-Absorberschichten zu erhalten, müsste die resultierende ZnS-Bedeckung nachträglich entfernt werden, z.B. in einem nasschemischen Prozess mit HCl. Auch dann bleibt allerdings noch der Zn-Diffusionsgradient in der darunter liegenden Produktschicht. Bei der Prozessierung des ZnS-Precursors konnte dagegen ein kontrollierter Sn-Einbau in die Schichten beobachtet werden. Trotz hohem Sn-Angebot bildeten sich hier keine Kupferzinnsulfide oder Zinnsulfide an der Oberfläche. Die beobachtete Kupfersulfid-Deckschicht kann wie beim $CuInS_2$ durch eine KCN-Lösung selektiv abgeätzt werden [140]. Der ZnS-Precursor eignet sich daher besser für die Entwicklung eines robusten und reproduzierbaren Aufdampfprozesses. Ein weiterer Vorteil des ZnS-Precursors liegt in den optischen Eigenschaften des ZnS. Mit einer optischen Bandlücke von ca. 3,6 eV [193, 194] ist es möglich, die Entwicklung der ZnS-Precursordicke durch einen relativ einfachen optischen Aufbau (Laser-Lichtstreuung, für Details siehe [109]) in-situ zu detektieren.

Weitere Schritte für die Entwicklung eines Mehrstufenprozesses

Wie in diesem Abschnitt gezeigt werden konnte, ist der ZnS-Precursor für die Bildung von Cu_2ZnSnS_4 in einem Mehrstufen-Aufdampfprozess besser geeignet als der Cu_2SnS_3-Precursor. Die Experimente zur Substrattemperaturvariation machten dabei aber auch deutlich, dass bei dieser Prozessierungsvariante ab Temperaturen von 450 °C nicht mehr ausreichend Sn in die Schichten eingebaut wird. Im Vergleich werden bei der Herstellung von Chalkopyrit-Absorbern ($CuInS_2$ und $Cu(In,Ga)Se_2$) üblicherweise Substrattemperaturen um 550 °C verwendet [1, 177]. Die opto-elektronischen Eigenschaften der Schichten verschlechtern sich dabei typischerweise mit abnehmender Substrattemperatur [195]. Durch die höhere Temperatur können Kristalldefekte in den Schichten abgebaut bzw. deren Entstehung gehemmt werden, eine höhere Substrattemperatur wäre damit auch für photovoltaische Absorberschichten auf Basis von Kesterit von Vorteil. Wie sich bei der Untersuchung des Sn-Verlustes aus Cu_2ZnSnS_4 in Abschnitt 4.4 gezeigt hat, können auch Kesteritschichten mehrere Minuten bei ca. 500 °C ohne Sn-Verlust getempert werden. Bei der Weiterentwicklung eines Mehrstufenprozesses sollte daher NACH der Umsetzung des Precursors zu Kesterit ein Hochtemperaturschritt geschaltet werden, um Defekte in den Schichten abzubauen. Es ist dabei auch denkbar diesen Hochtemperaturschritt unter Inertgasatmosphäre durchzuführen, um durch einen hohen Restgasdruck das Abdampfen von SnS zusätzlich kinetisch zu hemmen.

6. Zusammenfassung und Schlussfolgerungen

In dieser Arbeit wurden kinetische und strukturelle Aspekte der Bildung von Cu_2ZnSnS_4-Dünnschichten behandelt. Die wichtigsten Ergebnisse und ihre Relevanz für das Wachstum von Cu_2ZnSnS_4-Absorberschichten sind im Folgenden zusammengefasst.

ZnS-Rekristallisation Die in-situ Heizexperimente zeigten, dass die Rekristallisation von feinkristallinem ZnS durch Kupfersulfide katalysiert wird. Die Rekristallisation von II-VI-Halbleitern unter Einfluss von Gruppe I-Elementen ist aus der Literatur bekannt und konnte in dieser Arbeit erstmals auch in-situ durch Röntgenbeugung beobachtet werden. Auch in I-III-VI-Halbleitern, z.B. $CuInS_2$, wird ein ähnlicher Effekt bei Cu-reichem Wachstum beobachtet. Es ist zu vermuten, dass auch im I-II-IV-VI-Halbleiter Cu_2ZnSnS_4 durch einen gezielten Cu-Überschuss das Kornwachstum gefördert werden kann. Größere Körner senken die Anzahl an Grenzflächendefekten und können so die elektrischen Eigenschaften eines photovoltaischen Absorbers verbessern.

SnS-Verlust bei hohen Substrattemperaturen Für alle Sn-haltigen, sulfidischen Verbindungen im Materialsystem Cu-Zn-Sn-S konnte bei Temperaturen unter 600 °C und bei Drücken um 10^{-2} Pa ein Zinnverlust aus den Schichten beobachtet werden. Dieser Effekt ist auf das Verdampfen von SnS von der Schichtoberfläche zurückzuführen, die Sn-haltigen Verbindungen dissoziieren dabei und es bleiben Kupfersulfide und Zinksulfide in der Schicht zurück. Die Verdampfungsrate konnte durch die Auswertung der Sn-Fluoreszenzintensität in den in-situ Heizexperimenten quantitativ erfasst werden. Die Rate steigt demnach entlang der Reihenfolge $Cu_2ZnSnS_4 \rightarrow Cu_4SnS_4 \rightarrow Cu_2SnS_3 \rightarrow SnS_2$ an. Bei Cu_2ZnSnS_4 tritt erst bei Temperaturen über 500 °C nachweisbar Sn-Verlust auf. Der Effekt des SnS-Verdampfens aus den Schichten wurde in dieser Arbeit erstmalig gefunden und untersucht. Aus der Literatur sind zahlreiche Experimentserien zu Heizprozessen unter Atmosphärendruck bekannt, bei denen dieser Effekt nicht beobachtet wird. Der SnS-Verlust bei niedrigen Drücken ist nachteilig bei Heizprozessen an Precursoren, die bereits entsprechend der Cu_2ZnSnS_4-Stöchiometrie zusammengesetzt sind. Bei Precursoren mit hohem Cu- und Sn-Anteil ist es hingegen denkbar, den SnS-Verlust gezielt für die Bildung einer Cu-reichen Cu_2ZnSnS_4-Schicht einzusetzen. Die entstehenden Kupfersulfide könnten, wie bei Cu-reich gewachsenem $CuInS_2$, nachträglich abgeätzt werden.

Schnelle Bildung von Cu_2ZnSnS_4 Durch eine Experimentserie an Precursorschichten mit variierter Schichtdicke konnte der Einfluss des Materialtransports auf die Bildung von Cu_2ZnSnS_4 untersucht werden. Die Auswertung der experimentellen Ergebnisse entsprechend eines diffusionskontrollierten Wachstumsmodells zeigt, dass die verwendeten Schichten bei 500 °C in wenigen Minuten zu Cu_2ZnSnS_4 umgewandelt werden können. Diese Wachstumsraten bewegen sich in der selben Größenordnung wie beim Wachstum von $CuInS_2$ aus metallischen Precursoren. Die aus der Literatur bekannten, mehrstündigen Heizprozesse für die Bildung von Cu_2ZnSnS_4-Schichten sind daher nicht auf eine grundsätzliche kinetische Hemmung der Cu_2ZnSnS_4-Bildung zurückzuführen. Es ergibt sich damit die Option, auch für Kesteritschichten ein schnelles thermisches

Prozessierungsverfahren (*R*apid *T*hermal *P*rocessing, *RTP*) einzuführen, wie es bei $CuInS_2$ erfolgreich eingesetzt wird.

Orientierungsbeziehungen beim Aufdampfprozess Für die Entwicklung eines Mehrstufen-Aufdampfprozesses wurden die Precursorphasen Cu_2SnS_3 und ZnS ausgewählt, da sie für die Bildung von Cu_2ZnSnS_4 in einer topotaktischen Reaktion geeignet sind. Beide Precursorschichten konnten mit einer $<111>_{kub}$-Fasertextur senkrecht zur Substratoberfläche abgeschieden werden. Diese Textur ist auch nach der Umsetzung zu Cu_2ZnSnS_4 weitgehend erhalten, allerdings konnte in TEM-Hochauflösungsaufnahmen die erwartete kohärente Orientierung von benachbarten Precursor- und Produktkörnern nicht bestätigt werden. Es wird daher ein Wachstumsmodell vorgeschlagen, nach dem Cu_2ZnSnS_4-Keime entweder (A) aus Gründen der Oberflächenenergie oder (B) durch einen epitaktischen/topotaktischen Mechanismus mit einer $<111>_{kub}$-Vorzugsorientierung auf den Precursor wachsen. Im Fall (A) ist keine exakte Kohärenz der Gitterebenen in benachbarten Precursor- und Produktkörnern zu erwarten. Im Fall (B) geht diese Kohärenz durch das laterale Wachstum der Keime über benachbarte Precursorkörner weitgehend verloren. In beiden Fällen bleibt aber auch nach der Umsetzung der Schicht zu Kesterit eine $<111>_{kub}$-Fasertextur erhalten. Es ist anzunehmen, dass sich die Keimdichte im Anfangsstadium der Schichtbildung auf die Korngrößen in der gebildeten Kesteritschicht auswirkt (hohe Keimdichte$\rightarrow$ viele, kleine Körner). Ein Ansatzpunkt für die gezielte Beeinflussung der Keimdichte zur Optimierung der Schichteigenschaften eines Kesteritabsorbers kann in der Optimierung der Bedampfungsrate im Stadium der Keimbildung liegen.

Selbstkontrollierte Aufdampfprozesse Ein selbstkontrollierter Wachstumsprozess kann erreicht werden, wenn der Einbau von Komponenten aus der Gasphase nur in Folge einer chemischen Reaktion erfolgt. Notwendige Voraussetzung dafür ist, dass die physikalische Adsorption der betreffenden Gaspartikel unter den gegebenen Prozessbedingungen (Substrattemperatur, Restgasdruck, Bedampfungsrate) vernachlässigbar ist. Mit diesem Ansatz konnten Cu_2SnS_3- und Cu_4SnS_4-Schichten von hoher Phasenreinheit abgeschieden werden - bei einem Sn-Angebot aus der Gasphase, das etwa um einen Faktor 2 bzw. 4 über den stöchiometrischen Werten für diese beiden Phasen lag. Nach diesem Konzept sollte auch die Bildung von Cu_2ZnSnS_4 aus einem Cu_2SnS_3-Precursor durch ZnS-Bedampfung gesteuert werden. Es zeigte sich dabei allerdings, dass ZnS nicht nur zur Bildung von Cu_2ZnSnS_4 in die Schichten eingebaut wird, sondern auch physikalisch auf den Schichten adsorbiert wird. Als plausible Ursache für die hohe Adsorption des ZnS konnte eine wenige nm dicke, Cu- und Sn-angereicherte Oberflächenschicht auf den ZnS-Ausscheidungen identifiziert werden. Bei der Bildung von Cu_2ZnSnS_4 aus einem ZnS-Precursor durch (Cu+Sn+S)-Bedampfung ließ sich dagegen ein selbstkontrollierter Sn-Einbau in die Schichten einstellen. Die Präparation der Schichten erfolgte unter starkem Sn-Überschuss, ohne dass dies zur Bildung von Zinnsulfiden oder Kupferzinnsulfiden führte. Neben dem kontrollierten Sn-Einbau konnte für diese Prozessierungvariante eine deutlich höhere Rate der Kesteritbildung gefunden werden als bei Verwendung des Cu_2SnS_3-Precursors. Für das Wachstum von Cu_2ZnSnS_4-Absorbern in einem Mehrstufen-Aufdampfprozess empfiehlt sich deshalb die (Cu+Sn+S)-Bedampfung auf einem ZnS-Precursor.

In der Arbeit konnten damit zwei neue Optionen für das Wachstum von Cu_2ZnSnS_4-Absorberschichten gezeigt werden. Die erste Option besteht darin, den bisher verfolgten Weg der Prozessierung von Precursorschichten in einem Heizprozess in Richtung kürzere und damit wirtschaftlichere Prozesszeiten zu entwickeln. Mit dieser Arbeit konnten dazu wichtige Ansätze zu Minimalwerten der Prozesszeiten sowie zur kontrollierten Nutzung von Sn-Verlust aus den Schichten erarbeitet werden. Die zweite Option ist ein Mehrstufen-Aufdampfprozess, der nach den Ergebnissen aus dieser Arbeit aus einer primären Abscheidung einer ZnS-Schicht und einer nachgeschalteten (Cu+Sn+S)-Bedampfung bei hohen Substrattemperaturen besteht. Dieser, in seinen Parametern noch zu optimierende Prozess, stellt eine viel versprechende Möglichkeit für die reproduzierbare und kontrollierte Bildung von Cu_2ZnSnS_4-Absorberschichten dar.

A. Anhang : Aufdampfparameter

In diesem Abschnitt sind die Bedampfungsrate und Bedampfungszeit für die verschiedenen Precursoren der in-situ EDXRD-Experimente aufgelistet. Die Rate ist dabei als Metallmasse pro Zeit und Fläche definiert. Diese Metallrate wurde entweder aus Kalibrationsmessungen (ohne Schwefel) vor der eigentlichen Bedampfung bestimmt oder sie wurde aus der Masse des abgeschiedenen Sulfids, entsprechend der im XRD gefundenen Phasen, berechnet. Letztere Methode wurde beim Verdampfen aus Binärquellen (also ZnS und SnS) verwendet. Die entsprechenden Raten sind in den Tabellen A.1 und A.2 zusammengefasst.

Tabelle A.1.: Aufdampfparameter der verschiedenen Schichttypen für die in-situ Heizexperimente. Die Raten beziehen sich auf die abgeschiedenen Metalle. Die Auflistung ist in Tabelle A.2 auf der nächsten Seite fortgesetzt.

Schichttyp	Schichtaufbau (Phasen gemäß XRD)	Quellen-material	Rate (µg/(cm²min))	Zeit (min)
SnS_1	SnS_2	Sn+S	11,5	21
SnS_2	SnS	SnS	8,5	27
ZnS_1	ZnS	ZnS	9,5	15
CuS_1	CuS	Cu+S	11,5	30
ZTS_1	ZnS / SnS	ZnS	7,0	15
		SnS	11,0	19
CZS_1	CuS / ZnS	Cu+S	18,0	30
		ZnS	12,5	18
CZS_2	ZnS / CuS	ZnS	18,0	20
		Cu+S	11,0	30
CTS_1	CuS / SnS (300°C)	Cu+S	14,5	17
		SnS	7,0	45
CTS_2	CuS / SnS	Cu+S	13,5	18
		SnS	9,0	27
CTS_3	Cu_2SnS_3	Sn+S	13,0	17
		Cu+S	14,5	17

Tabelle A.2.: Fortsetzung der Auflistung aus Tabelle A.1.

Schichttyp	Schichtaufbau (Phasen gemäß XRD)	Quellen-material	Rate (µg/(cm²min))	Zeit (min)
CZTS_1	ZnS / CuS / SnS	ZnS	9,5	16
		Cu+S	13,5	18
		SnS	8,5	27
CZTS_2, 4, 5	1x, 4x, 8x: ZnS / CuS / SnS_x	ZnS	12,0	14
		Cu+S	13,0	17
		Sn+S	14,5	17
CZTS_3	2x: ZnS / CuS / SnS_x	ZnS	11,0	14
		Cu+S	9,5	35
		Sn+S	11,0	15,0
CZTS_6	ZnS + Cu_2SnS_3 + Cu_2ZnSnS_4	ZnS	8,0	18
		Cu+S	17,5	18
		Sn+S	11,0	18
CZTS_7	ZnS / Cu_2SnS_3 + Cu_4SnS_4	ZnS	10,0	14
		Cu+S	14,5	21
		Sn+S	11,0	19
CZTS_8	ZnS / Cu_2SnS_3 + Cu_4SnS_4	ZnS	10,0	14
		Cu+S	14,5	21
		Sn+S	10,0	13,5

B. Anhang : Relevante Phasendiagramme im System Cu-Zn-Sn-S

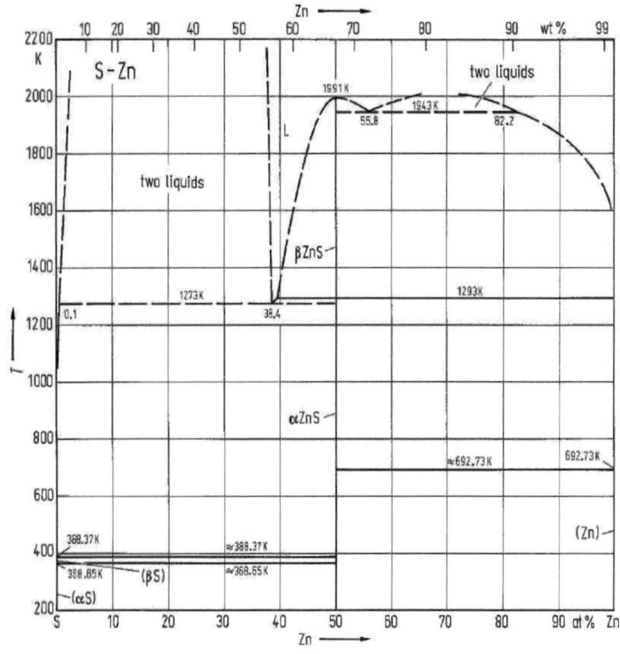

Abbildung B.1.: Phasendiagramm des Systems Zn-S nach SHARMA [18].

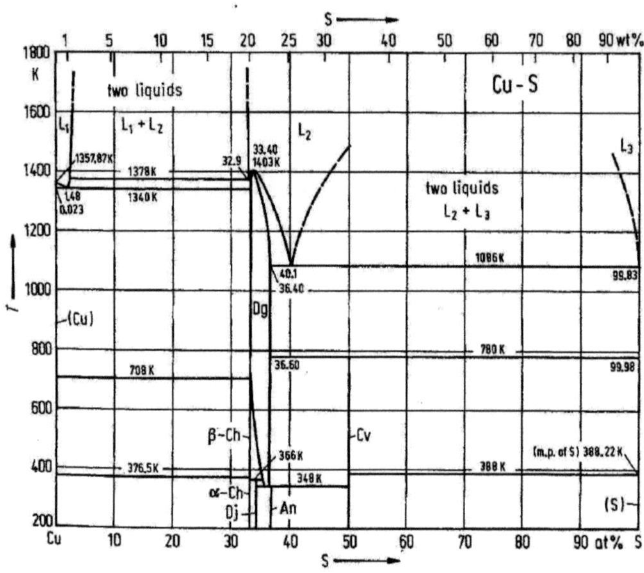

Abbildung B.2.: Phasendiagramm des Systems Cu-S nach CHAKRABARTI [143].

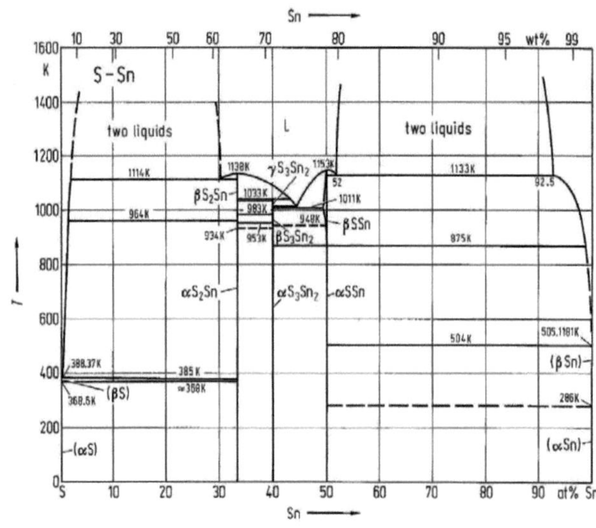

Abbildung B.3.: Phasendiagramm des Systems Sn-S nach SHARMA [37].

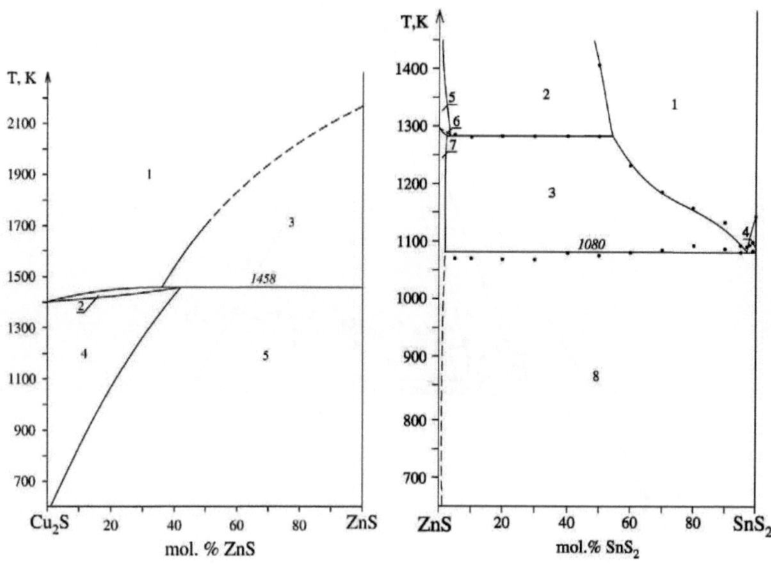

Abbildung B.4.: Phasendiagramme der quasibinären Schnitte Cu_2S-ZnS (links) und ZnS-SnS_2 (rechts) nach OLEKSEYUK [65].

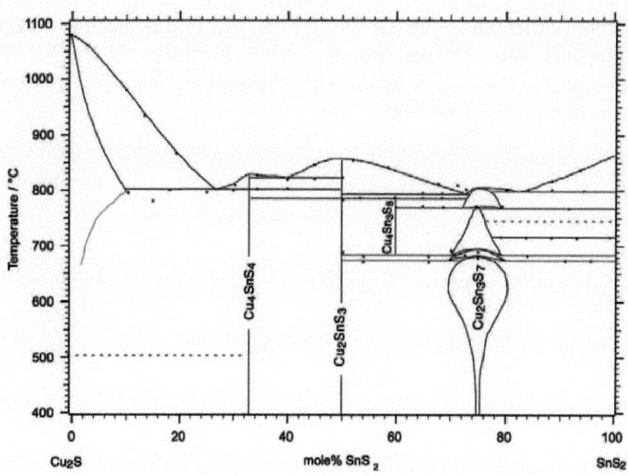

Abbildung B.5.: Phasendiagramm des quasibinären Schnittes Cu_2S-SnS_2 nach FIECHTER [43]. Ähnliche Diagramme finden sich bei KHANAFER [44] und PISKACH [45].

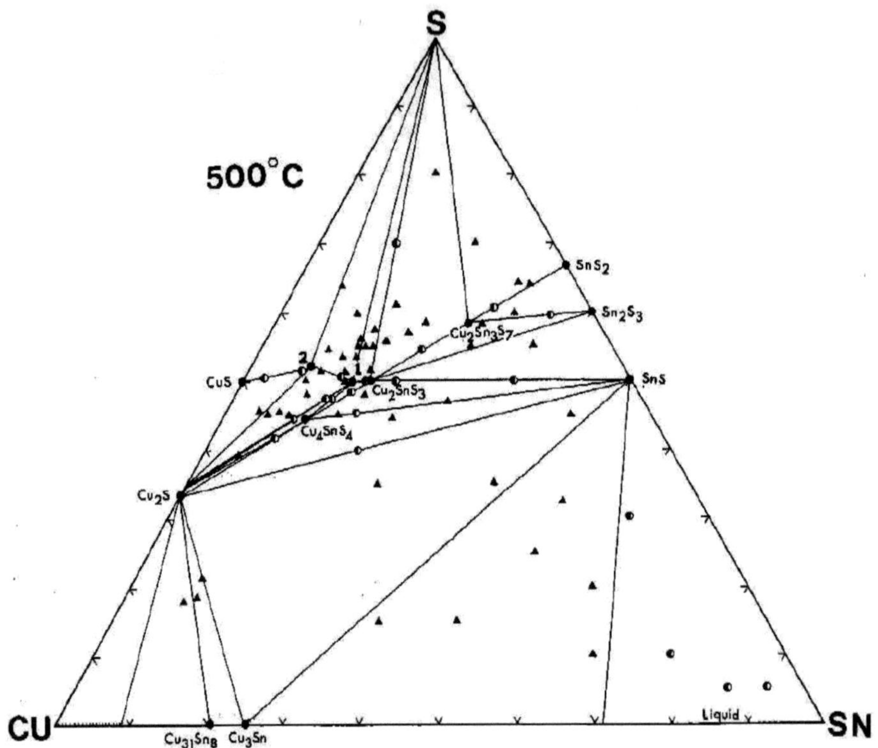

Abbildung B.6.: Ternäres Phasendiagramm des Systems Cu-Sn-S bei 500 °C nach WU [55]. Die Darstellung bezieht sich auf Atomanteile. Die Symbole bedeuten: Dreiecke = Dreiphasengebiet, halb gefüllte Kreise = Zweiphasengebiet, Kreise = Einphasengebiet. Die „1“ steht für die Phase $Cu_5Sn_2S_7$, die „2“ für die Verbindung $Cu_{10}Sn_2S_{12}$ (vtl. Cu_4SnS_6). MOH [63] stellt ein ähnliches Phasendiagramm des Systems Cu-Sn-S für 600 °C vor.

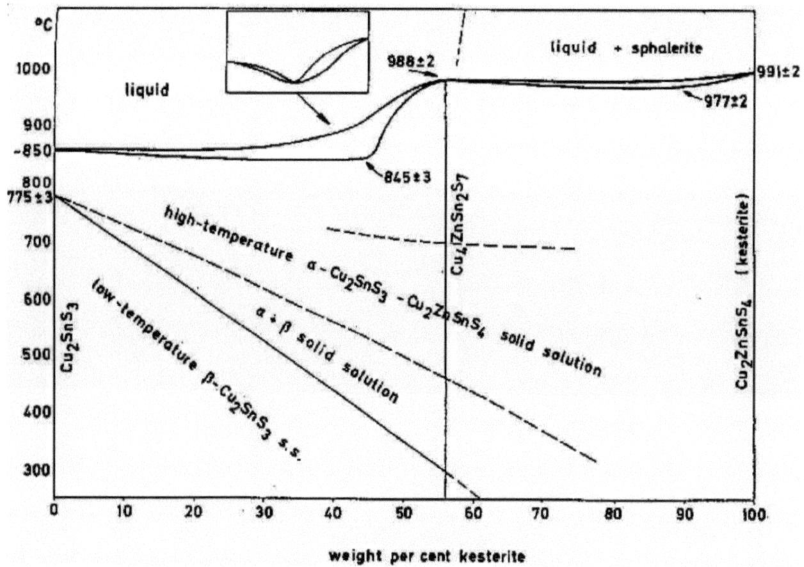

Abbildung B.7.: Phasendiagramm des quasibinären Schnittes Cu_2SnS_3-Cu_2ZnSnS_4 nach ROY-CHOUDHURY [67].

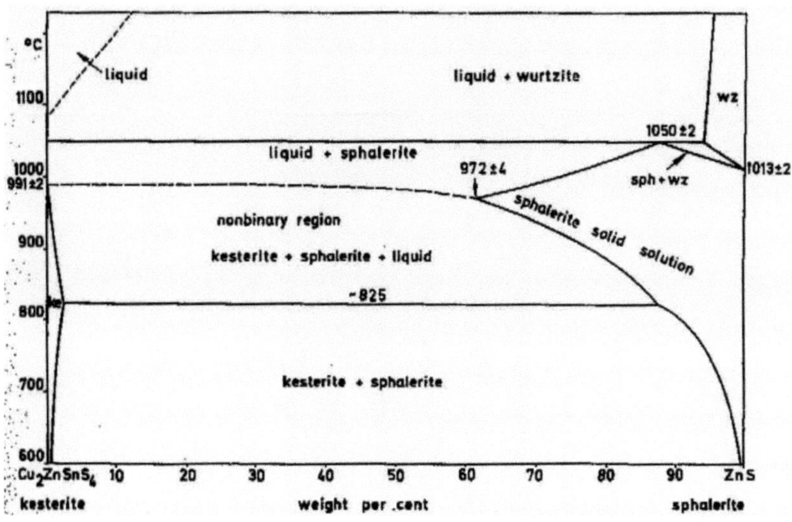

Abbildung B.8.: Phasendiagramm des quasibinären Schnittes ZnS-Cu_2ZnSnS_4 nach MOH [63].

Literaturverzeichnis

[1] CONTRERAS, M.A. ; ROMERO, M.J. ; NOUFI, R.. – In: *Thin Solid Films* 511-512 (2006), S. 51–54.

[2] TOLCIN, A.C.: Mineral Commodity Summaries - Indium , U.S. Geological Survey. Version: 2008. http://minerals.usgs.gov/minerals/pubs/commodity/indium

[3] ORLOVA, Z.V.. – In: *Trudy Vses. Magadansk Nauchno-Issled. Inst. Magadan* 2 (1956), S. 76.

[4] IVANOV, V.V. ; PYATENKO, Y.A.. – In: *Zapiski Vses. Mineral. Obshch.* 88 (1959), S. 165–168.

[5] FLEISCHER, M.. – In: *American Mineralogist* 43 (1958), S. 1222–1223.

[6] FLEISCHER, M.. – In: *American Mineralogist* 44 (1959), S. 1329.

[7] HALL, S.R. ; SZYMANSKI, J.T. ; STEWART, J.M.. – In: *Canadian Mineralogist* 16 (1978), S. 131–137.

[8] ITO, K. ; NAKAZAWA, T.. – In: *Japanese Journal of Applied Physics* 27 (1988), S. 2094–2097.

[9] FRIEDLMEIER, T. M. ; DITTRICH, H. ; SCHOCK, H. W.: In: *11th Conference on ternary and multinary compounds.* Salford, 1997, S. 345–348.

[10] FRIEDLMEIER, T.M. ; WIESER, N. ; WALTER, T. ; DITTRICH, H. ; SCHOCK, H. W.: In: *14th European PVSEC* Bd. P4B.10. Barcelona, 1997.

[11] KATAGIRI, H. ; SASAGUCHI, N. ; HANDO, S. ; HOSHINO, S. ; OHASHI, J. ; TAKAHARU, Y.. – In: *Solar Energy Materials and Solar Cells* 49 (1997), S. 407–414.

[12] KATAGIRI, H. ; SAITOH, K. ; WASHIO, T. ; SHINOHARA, H. ; KURUMADANI, T. ; MIYAJIMA, S.. – In: *Solar Energy Materials and Solar Cells* 65 (2001), S. 141–148.

[13] KATAGIRI, H.. – In: *Thin Solid Films* 480-481 (2005), S. 426–432.

[14] KATAGIRI, H. ; JIMBO, K. ; YAMADA, S. ; KAMIMURA, T. ; SHWE MAW, W. ; FUKANO, T. ; ITO, T. ; MOTOHIRO, T.. – In: *Applied Physics Express* 1 (2008), Nr. 41201, S. 1–2.

[15] KATAGIRI, H. ; ISHIGAKI, N. ; ISHIDA, T. ; SAITO, K.. – In: *Japanese Journal of Applied Physics* 40 (2001), S. 500–504.

[16] JIMBO, K. ; KIMURA, R. ; KAMIMURA, T. ; YAMADA, S. ; SHWE MAW, W. ; ARAKI, H. ; OISHI, K. ; KATAGIRI, H.. – In: *Thin Solid Films* 515 (2007), S. 5997–5999.

[17] KOBAYASHI, T. ; JIMBO, K. ; TSUCHIDA, K. ; SHINODA, S. ; OYANAGI, T. ; KATAGIRI, H.. – In: *Japanese Journal of Applied Physics* 44 (2005), S. 783–787.

[18] SHARMA, R. C. ; CHANG, Y. A.. – In: *Journal of Phase Equilibria* 17 (1996), S. 261–266.

[19] KISI, E.H. ; ELCOMBE, M.M.. – In: *Acta Crystallographica* C45 (1989), S. 1867–1870.

[20] CHAO, G. Y. ; GAULT, R.A.. – In: *Canadian Mineralogist* 36 (1998), S. 775–778.

[21] STEINBERGER, I. T. ; KIFLAWI, I. ; KALMAN, Z. H. ; MARDIX, S.. – In: *Philosophical Magazine* 27 (1973), Nr. 1, S. 159 – 175.

[22] EVANS, Jr. H. T. H. T. ; MCKNIGHT, E.T.. – In: *American Mineralogist* 44 (1959), S. 1210–1218.

[23] MYER, G.H.. – In: *American Mineralogist* 47 (1962), S. 977–979.

[24] RABADANOV, M.Kh. ; LOSHMANOV, A.A. ; SHALDIN, Y.V.. – In: *Kristallografiya* 42 (1997), S. 649.

[25] GRAY, J.N. ; CLARKE, R.. – In: *Physical Review B* 33 (1986), S. 2056–2058.

[26] RAU, Hans. – In: *Journal of Physics and Chemistry of Solids* 28 (1967), Nr. 6, S. 903–916.

[27] WILL, G. ; HINZE, E. ; ABDELRAHMAN, A.R.. – In: *European Journal of Mineralogy* 14 (2002), S. 591–598.

[28] JANOSI, A.. – In: *Acta Crystallographica* 17 (1963), S. 311–312.

[29] EVANS, Jr. H. T. H. T.. – In: *Nature (Physical Science)* 232 (1971), Nr. 29, S. 69–70.

[30] CAVA, R. J. ; REIDINGER, F. ; WÜNSCH, B. J.. – In: *Solid State Ionics* 5 (1981), S. 501–504.

[31] OLIVERIA, M. ; MCMULLAN, R. K. ; WÜNSCH, B. J.. – In: *Solid State Ionics* 28-30 (1988), Nr. Part 2, S. 1332–1337.

[32] EVANS, H.T.. – In: *Zeitschrift für Kristallographie* 150 (1979), S. 299–320.

[33] KOTO, K. ; MORIMOTO, N.. – In: *Acta Crystallographica* B 26 (1970), S. 915.

[34] JIANG, T. ; OZIN, G.. – In: *Journal of Material Chemistry* 8 (1998), Nr. 5, S. 1099–1108.

[35] EHM, I. ; KNORR, K. ; DERA, P. ; KRIMMEL, A. ; BOUVIER, P. ; MEZOUAR, M.. – In: *Journal of Physics: Condensed Matter* 16 (2004), S. 3545–3554.

[36] HAZEN, R.M. ; FINGER, L.W.. – In: *American Mineralogist* 63 (1978), S. 289–292.

[37] SHARMA, R. C. ; CHANG, Y. A.: *Binary alloy phase diagrams*. Materials Information Soc., Materials Park, Ohio, 1990.

[38] CHATTOPADHYAY, T. ; PANNETIER, J. ; VON SCHNERING, H. G.. – In: *Journal of Physics and Chemistry of Solids* 47 (1986), Nr. 9, S. 879–885.

[39] SCHNERING, H. G. ; WIEDEMEIER, H.. – In: *Zeitschrift für Kristallographie* 156 (1981), S. 143.

[40] DELBUCCHIA, S. ; MAURIN, M.. – In: *Acta Crystallographica Section B* 37 (1981), Nr. 10, S. 1903–1905.

[41] Kniep, R. ; Mootz, D. ; Severin, U. ; Wunderlich, H.. – In: *Acta Crystallographica* 38 (1982), S. 2022–2023.

[42] Günter, J.R. ; Oswald, H.R.. – In: *Naturwissenschaften* 55 (1968), S. 177–177.

[43] Fiechter, S. ; Martinez, M. ; Schmidt, G. ; Henrion, W. ; Tomm, Y.. – In: *Journal of Physics and Chemistry of Solids* 64 (2003), Nr. 9-10, S. 1859–1862.

[44] Khanafer, M. ; Rivet, J. ; Flahaut, J.. – In: *Bulletin de la Societe Chimique de France* 12 (1974), S. 2670–2676.

[45] Piskach, L. V. ; Parasyuk, O. V. ; Olekseyuk, I. D.. – In: *Journal of Alloys and Compounds* 279 (1998), Nr. 2, S. 142–152.

[46] Wang, N.. – In: *Neues Jahrbuch der Mineralogie, Monatshefte* (1974), S. 424–431.

[47] Kovalenker, V.A.. – In: *Zap. Vses. Mineral. Obsestva* 111 (1982), S. 110.

[48] Onoda, M. ; Chen, X. ; Sato, M. ; Wada, H.. – In: *Materials Research Bulletin* 35 (2000), S. 1563–1570.

[49] Fleischer, M. ; Cabri, L.J. ; Chao, G. Y. ; Pabst, A.. – In: *American Mineralogist* 65 (1980), S. 1065–1070.

[50] Chen, X. a. ; Wada, H. ; Sato, A.. – In: *Materials Research Bulletin* 34 (1999), Nr. 2, S. 239–247.

[51] Kovalenker, V.A. ; Evstigneeva, T.L. ; Troneva, N.V. ; Vyalsov, L.N.. – In: *Zap. Vses. Mineral. Obsestva* 108 (1979), S. 564.

[52] Nickel, E.H. ; Nichols, M.C.: Official IMA-CNMNC list of mineral names , Materials Data Inc. Version: 2008. `http://www.ima-mineralogy.org/`

[53] Moh, G.: *Sufide systems containing Sn, Yearbook 62.* Carnegie Institute, Washinton DC, 1963.

[54] Moh, G.. – In: *Neues Jahrbuch der Mineralogie, Abhandlungen* 144 (1982), S. 291–342.

[55] Wu, D. ; Knowles, C. R. ; Chang, L. Y.. – In: *Mineralogical Magazine* 50 (1986), S. 323.

[56] Wang, N.. – In: *Neues Jahrbuch der Mineralogie, Monatshefte* 8 (1981), S. 337–343.

[57] Wang, N.. – In: *Neues Jahrbuch der Mineralogie, Monatshefte* (1976), S. 241–247.

[58] Jaulmes, P.S. ; Rivet, J. ; Laruelle, P.. – In: *Acta Crystallographica Section B* 33 (1977), Nr. 2, S. 540–542.

[59] Jambor, J.L. ; Burke, E.A.. – In: *American Mineralogist* 75 (1990), S. 1431–1437.

[60] Chen, Xue-an ; Wada, Hiroaki ; Sato, Akira ; Mieno, Masahiro. – In: *Journal of Solid State Chemistry* 139 (1998), Nr. 1, S. 144–151.

[61] Fleischer, M. ; Pabst, A.. – In: *American Mineralogist* 68 (1983), S. 280–283.

[62] Jaulmes, P.S. ; Julien-Pouzol, M. ; Rivet, J. ; Jumas, C. ; Maurin, M.. – In: *Acta Crystallographica Section B* 38 (1982), Nr. 1, S. 51–54.

[63] Moh, G.. – In: *Chemie der Erde* 34 (1975), S. 1–59.

[64] Chen, S. ; Gong, X.G. ; Walsh, A. ; Wei, S.H.. – In: *Applied Physics Letters* 94 (2009), Nr. 041903, S. 1–3.

[65] Olekseyuk, I. D. ; Dudchak, I. V. ; Piskach, L. V.. – In: *Journal of Alloys and Compounds* 368 (2004), S. 135–143.

[66] Schäfer, W. ; Nitsche, R.. – In: *Materials Research Bulletin* 9 (1974), S. 945–954.

[67] Roy-Choudhury, K.. – In: *Neues Jahrbuch der Mineralogie, Monatshefte* 9 (1974), S. 432–434.

[68] Atkins, P.W.: *Physikalische Chemie.* Wiley-VCH Verlagsgesellschaft mbH, Weinheim, 1995.

[69] Knacke, O. ; Kubaschewski, O. ; Hesselmann, K.: *Thermochemical properties of inorganic substances, Vol. I and II, Second Edition.* Springer Verlag, Berlin, 1991.

[70] Stull, D.R.: *JANAF Thermochemical Tables, 2nd edition.* US Govt. Printing Office, Washington, 1971.

[71] Mills, K.C.: *Thermodynamic data of Sulphides, Selenides and Tellurides.* Butterworths, London, 1974.

[72] Barin, I. ; Knacke, O.: *Thermochemical properties of inorganic substances.* Springer Verlag, Berlin, 1973.

[73] Kubaschewski, O.: *Metallurgical Thermochemistry, 4th edition.* Pergamon Press, Oxford, 1967.

[74] Eriksson, G.. – In: *Acta Polytechnica Scandinavica* 99 (1971), Nr. II, S. 20–32.

[75] Jackson, K.A.: *Kinetic Processes.* Wiley-VCH Verlag GmbH, Weinheim, 2004.

[76] Schmalzried, H.: *Festkoerperreaktionen Chemie des festen Zustandes.* Verlag Chemie GmbH, Weinheim, 1971.

[77] Sestak, J. ; Berggren, G.. – In: *Thermochimica Acta* 3 (1971), Nr. 1, S. 1–12.

[78] Koch, E.. – In: *Angewandte Chemie* 95 (1983), S. 185–201.

[79] Chen, David T. Y. ; Lai, Kai-Wing. – In: *Journal of Thermal Analysis and Calorimetry* 20 (1981), Nr. 1, S. 233–243.

[80] Schütze, M.: *Corrosion and environmental degradation.* Wiley-VCH Verlags GmbH, Weinheim, 2000.

[81] Michaelsen, C. ; Barmak, K. ; Weihs, T. P.. – In: *Journal of Physics D: Applied Physics* 30 (1997), Nr. 23, S. 3167–3186.

[82] Ma, E. ; Thompson, C. V. ; Clevenger, L. A.. – In: *Journal of Applied Physics* 69 (4) (1991), S. 2211–2218.

[83] MITTEMEIJER, E.J.. – In: *Journal of Materials Science* 27 (1992), S. 3977–3987.

[84] KISSINGER, H.. – In: *Journal of Research of the National Bureau of Standards* 57 (1956), S. 217–220.

[85] COATS, A.W. ; REDFERN, J.P.. – In: *Nature* 201 (1964), S. 68–69.

[86] ORTEGA, A. ; PEREZ-MAQUEDA, L. A. ; CRIADO, J. M.. – In: *Thermochimica Acta* 282-283 (1996), S. 29–34.

[87] GÜNTER, J.R. ; OSWALD, H.R.. – In: *Journal of Applied Crystallography* 3 (1969), S. 21–26.

[88] HESSE, D.. – In: *Solid Sate Ionics* 95 (1997), S. 1–15.

[89] LOTGERING, F.K.. – In: *Journal of Inorganic Nuclear Chemistry* 9 (1959), S. 113–123.

[90] SIMPSON, Y.K. ; CARTER, C.B.. – In: *Philosophical Magazine A* 53 (1986), S. 1–6.

[91] SIEBER, H ; HESSE, D. ; SENZ, S. ; HEYDENREICH, J. ; PAN, X.. – In: *Zeitschrift für Anorganische und Allgemeine Chemie* 622 (1996), Nr. 10, S. 1658–1666.

[92] WADA, T. ; KOHARA, N. ; NEGAMI, T. ; NISHITANI, M.. – In: *Journal of Materials Research* 12 (1996), S. 1456–1462.

[93] CONTRERAS, M.A. ; EGAAS, B. ; KING, D. ; SWARTZLANDER, A. ; DULLWEBER, T.. – In: *Thin Solid Films* 361-362 (2000), S. 167–171.

[94] SHANNON, Robert D. ; ROSSI, Ronald C.. – In: *Nature* 202 (1964), Nr. 4936, S. 1000–1001.

[95] HERGERT, F. ; JOST, S. ; HOCK, R. ; PURWINS, M.. – In: *Journal of Solid State Chemistry* 179 (2006), S. 2394–2415.

[96] HERGERT, F. ; HOCK, R.. – In: *Thin Solid Films* 515 (2007), S. 5953–5956.

[97] HERGERT, F. ; JOST, S. ; HOCK, R. ; PURWINS, M. ; PALM, J.. – In: *Physica Status Solidi (a)* 203 (2006), S. 2615–2623.

[98] CONDIT, R.H. ; HOBBINS, R.R. ; BIRCHENHALL, C.E.. – In: *Oxidation of Metals* 8 (1974), S. 409–455.

[99] MROWEC, S.. – In: *Oxidation of Metals* 44 (1995), S. 177–209.

[100] TERESHKOVA, S. G.. – In: *Kinetics and Catalysis* 39 (1998), Nr. 2, S. 217.

[101] BARTKOWICZ, I. ; STOKLOSA, A.. – In: *Oxidation of Metals* 25 (1985), Nr. 5/6, S. 305–318.

[102] WRIGHT, K. ; JACKSON, R. A.. – In: *Journal of Material Chemistry* 5 (1995), Nr. 11, S. 2037–2040.

[103] KATZ, G. ; ROY, R.. – In: *Acta Crystallographica Section A* 31 (1975), Nr. 5, S. 654–660.

[104] PENG, Ding-Yu ; ZHAO, Jianjun. – In: *The Journal of Chemical Thermodynamics* 33 (2001), Nr. 9, S. 1121–1131.

[105] GREENBANK, J.C. ; ARGENT, B.B.. – In: *Trans. Faraday Soc.* 61 (1965), S. 655–664.

[106] PIACENTE, V. ; FOGLIA, S. ; SCARDALA, P.. – In: *Journal of Alloys and Compounds* 177 (1991), S. 17–30.

[107] TUKHLIBAEV, O. ; ALIMOV, U.Z.. – In: *Optics and Spectroscopy* 88 (2000), S. 506–509.

[108] GEIGER, F. ; BUSSE, C. A. ; LÖHRKE, R. I.. – In: *International Journal of Thermophysics* 8 (1987), Nr. 4, S. 425–436.

[109] PIETZKER, C.: *In-situ Wachstumsuntersuchungen beim reaktiven Anlassen von Cu, In Schichten in elementarem Schwefel.* Dissertation, Universität Potsdam, 2003.

[110] SMITH, D. L.: *Thin Film Deposition.* McGraw-Hill, Boston, 1995.

[111] SCOFIELD, J.H.. – In: *Physical Review A* 9 (1974), S. 1041–1049.

[112] BEARDEN, J. A.. – In: *Reviews of Modern Physics* 39 (1967), Nr. 1, S. 78–124.

[113] RAO, P. V. ; CHEN, Mau H. ; CRASEMANN, Bernd. – In: *Physical Review A* 5 (1972), Nr. 3, S. 997–1012.

[114] MCMASTER, W. H. ; GRANDE, N. Kerr d. ; MALLETT, J. H. ; HUBBELL, J. H.: *Lawrence Livermore National Laboratory Report UCRL-50174, Sec. II, Rev. 1.* Lawrence Livermore National Laboratory, Livermore CA, 1969-70.

[115] BAMBYNEK, Walter ; CRASEMANN, Bernd ; FINK, R. W. ; FREUND, H. U. ; MARK, Hans ; SWIFT, C. D. ; PRICE, R. E. ; RAO, P. V.. – In: *Reviews of Modern Physics* 44 (1972), Nr. 4, S. 716–813.

[116] MAINZ, R.: *In-situ Analyse und Wachstum photovoltaischer Absorber mit Bandlückengradienten.* Dissertation, Freie Universität Berlin, 2008.

[117] OTTO, J.W.. – In: *Nuclear Instruments and Methods in Physics Research A* 384 (1997), S. 552–557.

[118] KUSZEWSKI, M.L.: *Detector user manual - Gamma and X-ray detectors.* Princeton Gamma-Tech Instruments Inc., Princeton, 2005.

[119] ELLMER, K. ; MIENTUS, R. ; WEISS, V. ; ROSSNER, H.. – In: *Measurement Science and Technology* 14 (2003), S. 336–345.

[120] BRADLEY, L. T. ; MILOS, Toth. – In: *Journal of Applied Physics* 97 (2005), Nr. 5, S. 051101.

[121] SEILER, H.. – In: *Journal of Applied Physics* 54 (1983), Nr. 11, S. R1–R18.

[122] CAZAUX, Jacques. – In: *Ultramicroscopy* 108 (2008), Nr. 12, S. 1645–1652.

[123] CAZAUX, J.. – In: *Journal of Applied Physics* 59 (1986), Nr. 5, S. 1418–1430.

[124] YUAN, J. ; LI, W. ; XUELING, Q. ; JINGYONG, F. ; YINQI, Z. ; XUEDONG, X. ; TAOXING, Z. ; BIN, W. ; CUIXIU, L.. – In: *Scanning* 29 (2007), Nr. 5, S. 230–237.

[125] BRADA, Y.. – In: *Physical Review B* 39 (1989), Nr. 11, S. 7645.

[126] BRINGUIER, E.. – In: *Journal of Applied Physics* 75 (1994), Nr. 9, S. 4291–4312.

[127] NAIR, M.T.S. ; NAIR, P.K.. – In: *Semiconductor Science and Technology* 6 (1991), S. 132–134.

[128] THANGARAJU, B. ; KALIANNAN, P.. – In: *Journal of Physics D (Applied Physics)* 33 (2000), Nr. 9, S. 1054–1059.

[129] CHANGZHENG, Wu ; ZHENPENG, Hu ; CHENGLE, Wang ; HUA, Sheng ; JINLONG, Yang ; YI, Xie. – In: *Applied Physics Letters* 91 (2007), Nr. 14, S. 143104.

[130] LI, Bin ; XIE, Yi ; HUANG, Jiaxing ; QIAN, Yitai. – In: *Journal of Solid State Chemistry* 153 (2000), Nr. 1, S. 170–173.

[131] NAIR, M. T. S. ; LOPEZ-MATA, C. ; GOMEZDAZA, O. ; NAIR, P.K.. – In: *Semiconductor Science and Technology* 18 (2003), S. 755–759.

[132] ROSSO, K. M. ; HOCHELLA, Jr. M. F. M. F.. – In: *Surface Science* 423 (1999), Nr. 2-3, S. 364–374.

[133] HE, Y. B. ; POLITY, A. ; ÖSTERREICHER, I. ; PFISTERER, D. ; GREGOR, R. ; MEYER, B. K. ; HARDT, M.. – In: *Physica B: Condensed Matter* 308-310 (2001), S. 1069–1073.

[134] OKAMOTO, K. ; KAWAI, S.. – In: *Japanese Journal of Applied Physics* 12 (1973), S. 1130–1138.

[135] EL-NAHASS, M.M. ; ZEYADA, H.M. ; AZIZ, M.S. ; EL-GHAMAZ, N.A.. – In: *Optical Materials* 20 (2002), S. 159–170.

[136] CIFUENTES, C. ; BOTERO, M. ; ROMERO, E. ; CALDERON, C. ; GORDILLO, G.. – In: *Brazilian Journal of Physics* 36 (2006), Nr. 3b, S. 1046–1049.

[137] SINGH, J.P. ; BEDI, R.K.. – In: *Thin Solid Films* 199 (1991), S. 9.

[138] REDDY, K. T. R. ; REDDY, P.P.. – In: *Materials Letters* 56 (2002), S. 108–111.

[139] PRICE, L.S. ; PARKIN, I.P. ; HARDY, A.M. ; CLARK, J.H. ; HIBBERT, T.G. ; MOLLOY, K.C.. – In: *Chem. Materials* 11 (1999), S. 1792–1799.

[140] FRIEDLMEIER, T. M.: *Multinary Compounds and Alloys for Thin-Film Solar Cells: Cu2ZnSnS4 and Cu(In,Ga)(S,Se)2*. Doktorarbeit, Unviersitaet Stuttgart, 2001.

[141] KLOPMANN, C. v. ; DJORDJEVIC, J. ; RUDIGIER, E. ; SCHEER, R.. – In: *Journal of Crystal Growth* 289 (2006), S. 121–133.

[142] FJELLVAG, H. ; GRONVOLD, F. ; STOLEN, S. ; ANDRESEN, A.F. ; MÜLLER-KÄFER, R. ; SIMON, A.. – In: *Zeitschrift für Kristallographie* 184 (1988), S. 111–121.

[143] CHAKRABARTI, D. J. ; LAUGHLIN, D. E.. – In: *Bulletin of Alloy Phase Diagrams* 4 (1983), S. 254–258.

[144] CASSAIGNON, S. ; PAUPORTE, T. ; GUILLEMOLES, J. F. ; VEDEL, J.. – In: *Ionics* 4 (1998), S. 364–371.

[145] BAN, V. S. ; WHITE, E. A. D.. – In: *Journal of Crystal Growth* 33 (1976), S. 365–368.

[146] GOLDFINGER, P. ; JEUNEHOMME, M.. – In: *Transactions of the Faraday Society* 59 (1963), S. 2851–2867.

[147] RITTER, E. ; HOFFMANN, R.. – In: *Journal of Vacuum Science and Technology* 6 (1969), Nr. 4, S. 733–736.

[148] SUBBAIAH, Y. P. V. ; PRATHAP, P. ; REDDY, K. T. R.. – In: *Applied Surface Science* 253 (2006), Nr. 5, S. 2409–2415.

[149] JAMIESON, J.C. ; DEMAREST, H.H.. – In: *Journal of Physics and Chemistry of Solids* 41 (1980), S. 963–964.

[150] ELLMER, K. ; MIENTUS, R. ; WEISS, V. ; ROSSNER, H.. – In: *Measurement Science and Technology* 14 (2003), S. 336–345.

[151] NAKANISHI, Y. ; SHIMAOKA, G.. – In: *Journal of Vacuum Science and Technology* A 5 (1987), S. 2092–2097.

[152] MOH, G.. – In: *Neues Jahrbuch der Mineralogie, Abhandlungen* 94 (1960), S. 1125–1146.

[153] CLARK, A. H. ; SILLITOE, R. H.. – In: *American Mineralogist* 55 (1970), S. 1021–1025.

[154] CRAIG, J. R. ; KULLERUD, G.. – In: *Mineralium Deposita* 8 (1973), S. 81–91.

[155] VECHT, A.. – In: *Journal of Vacuum Science and Technology* 6 (1969), S. 773–776.

[156] ADDISS, R. R.. – In: *Tenth National Symposium on Vacuum Technology Transactions* (1963)

[157] GILLES, J. M. ; VAN CAKENBERGHE, J.. – In: *Nature* 182 (1958), Nr. 4639, S. 862–863.

[158] HERINCKX, C. ; SUTTER, W. D. ; FOURDEUX, A. ; TERAO, N.. – In: *Physica Status Solidi (a)* 10 (1972), Nr. 2, S. 387–399.

[159] KAHLE, W. ; BERGER, H.. – In: *Physica Status Solidi (a)* 2 (1970), S. 717–723.

[160] TE VELDE, T. S.. – In: *Electrochemical Abstracts* 13 (1964), S. 70–73.

[161] GOBRECHT, H. ; NELKOWSKI, H. ; BAARS, J. W. ; WEIGT, M.. – In: *Solid State Communications* 5 (1967), Nr. 9, S. 777–778.

[162] WILLIAMS, V. A.. – In: *Journal of Materials Science* 7 (1972), S. 807–812.

[163] BLOUNT, G. H. ; MARLOR, G. A. ; BUBE, R. H.. – In: *Journal of Applied Physics* 38 (1967), Nr. 9, S. 3795.

[164] BERGER, R. ; BUCUR, R. V.. – In: *Solid State Ionics* 89 (1996), Nr. 3-4, S. 269–278.

[165] AVEN, M. ; HALSTED, R. E.. – In: *Physical Review* 137 (1965), Nr. 1A, S. A228.

[166] VECHT, A.. – In: *Physics of Thin Films* 3 (1966), S. 165–210.

[167] TRIBOULET, R.. – In: *Crystal Research Technology* 38 (2003), S. 215–224.

[168] BRUNKEN, S. ; MIENTUS, R. ; SEEGER, S. ; ELLMER, K.. – In: *Journal of Applied Physics* 103 (2008), Nr. 6, S. 063501.

[169] GABOR, A.M. ; TUTTLE, J.R. ; ALBIN, D.S. ; CONTRERAS, M.A. ; NOUFI, R. ; HERMANN, A.M.. – In: *Applied Physics Letters* 65 (1994), S. 198–200.

[170] XUE-AN, Chen ; WADA, H. ; SATO, A. ; MIENO, M.. – In: *Journal of Solid State Chemistry* 139 (1998), Nr. 1, S. 144–151.

[171] KIM, S. ; KIM, W.K. ; KACZYNSKI, R.M. ; ACHER, R.D. ; YOON, S. ; ANDERSON, T.J. ; CRISALLE, O.D.. – In: *Journal of Vacuum Science and Technology* 23 (2005), S. 310–315.

[172] KIM, W.K. ; PAYZANT, E.A. ; KIM, S. ; SPEAKMAN, S.A. ; CRISALLE, O.D. ; ANDERSON, T.J.. – In: *Journal of Crystal Growth* 310 (2008), S. 2987–2994.

[173] KIM, W.K. ; KIM, S. ; PAYZANT, E.A. ; SPEAKMAN, S.A. ; YOON, S. ; KACZYNSKI, R.M. ; ACHER, R.D. ; ANDERSON, T.J. ; CRISALLE, O.D. ; LI, S.S. ; CRACIUN, V.. – In: *Journal of Physics and Chemistry of Solids* 66 (2005), S. 1915–1919.

[174] SIEMER, K. ; KLÄR, J. ; LUCK, I. ; BRUNS, J. ; KLENK, R. ; BRÄUNIG, D.. – In: *Solar Energy Materials and Solar Cells* 67 (2001), S. 159–166.

[175] ZWEIGART, S. ; SUN, S.M. ; BILGER, G. ; SCHOCK, H. W.. – In: *Solar Energy Materials and Solar Cells* 41/42 (1996), S. 219–229.

[176] KLENK, R. ; WALTER, T. ; SCHOCK, H. W. ; CAHEN, D.. – In: *Advanced Materials* 5 (1993), S. 114–119.

[177] KAIGAWA, R. ; NEISSER, A. ; KLENK, R. ; LUX-STEINER, M.. – In: *Thin Solid Films* 415 (2002), S. 266–271.

[178] TANAKA, T. ; KAWASAKI, D. ; NISHIO, M. ; GUO, Q. ; OGAWA, H.. – In: *Physica Status Solidi (c)* 3 (2006), S. 2844–2847.

[179] RUDIGIER, E. ; BARCONES, B. ; LUCK, I. ; JAWHARI-COLIN, T. ; PEREZ-RODRIGUEZ, A. ; SCHEER, R.. – In: *Journal of Applied Physics* 95 (2004), S. 5153–5158.

[180] SASAKURA, H. ; KOBAYASHI, H. ; TANAKA, S. ; MITA, J. ; TANAKA, T. ; NAKAYAMA, H.. – In: *Journal of Applied Physics* 52 (1981), Nr. 11, S. 6901–6906.

[181] TANNINEN, V. P. ; OIKKONEN, M. ; TUOMI, T.. – In: *Thin Solid Films* 109 (1983), Nr. 3, S. 283–291.

[182] PRATHAP, P. ; REVATHI, N. ; VENKATA SUBBAIAH, Y. P. ; RAMKRISHNA REDDY, K. T.. – In: *Journal of Physics: Condensed Matter* 20 (2008), Nr. 35205, S. 1–10.

[183] WRIGHT, K. ; WATSON, G.W. ; PARKER, S.C. ; VAUGHAN, D.J.. – In: *American Mineralogist* 83 (1998), S. 141–146.

[184] TASKER, P.W.. – In: *Journal of Physics C: Solid State Physics* 12 (1979), S. 4977–4984.

[185] FUJITA, S. ; MIMOTO, H. ; TAKEBE, H. ; NOGUCHI, T.. – In: *Journal of Crystal Growth* 47 (1979), S. 326–334.

[186] HARTMANN, H.. – In: *Journal of Crystal Growth* 42 (1977), S. 144–149.

[187] MATSUMOTO, K. ; SHIMAOKA, G.. – In: *Journal of Crystal Growth* 79 (1986), S. 723–728.

[188] WRIGHT, K. ; WATSON, G.W. ; PARKER, S.C. ; VAUGHAN, D.J.. – In: *American Mineralogist* 83 (1998), S. 141–146.

[189] WILD, C. ; HERRES, N. ; KOIDL, P.. – In: *Journal of Applied Physics* 68 (1990), S. 973–978.

[190] OPHUS, C. ; LUBER, E. ; MITLIN, D.. – In: *Acta Materialia* Zur Veroeffentlichung freigegeben. (2008)

[191] HAHN, T. ; METZNER, H. ; REISLÖHNER, U. ; CIESLAK, J. ; EBERHARDT, J. ; MÜLLER, M. ; WITTHUHN, W.. – In: *Thin Solid Films* 480-481 (2005), S. 332–335.

[192] KHANAFER, M. ; GOROCHOV, O. ; RIVET, J.. – In: *Materials Research Bulletin* 9 (1974), Nr. 11, S. 1543–1552.

[193] CARDONA, Manuel ; HARBEKE, Gunther. – In: *Physical Review* 137 (1965), Nr. 5A, S. A1467.

[194] VES, S. ; SCHWARZ, U. ; CHRISTENSEN, N. E. ; SYASSEN, K. ; CARDONA, M.. – In: *Physical Review B* 42 (1990), Nr. 14, S. 9113.

[195] KAUFMANN, C.A. ; CABALLERO, R. ; UNOLD, T. ; HESSE, R. ; KLENK, R. ; SCHORR, S. ; NICHTERWITZ, M. ; SCHOCK, H. W.. – In: *Solar Energy Materials Solar Cells* Zur Veroeffentlichung angenommen. (2009)

Printed by Books on Demand GmbH, Norderstedt / Germany